JN219225

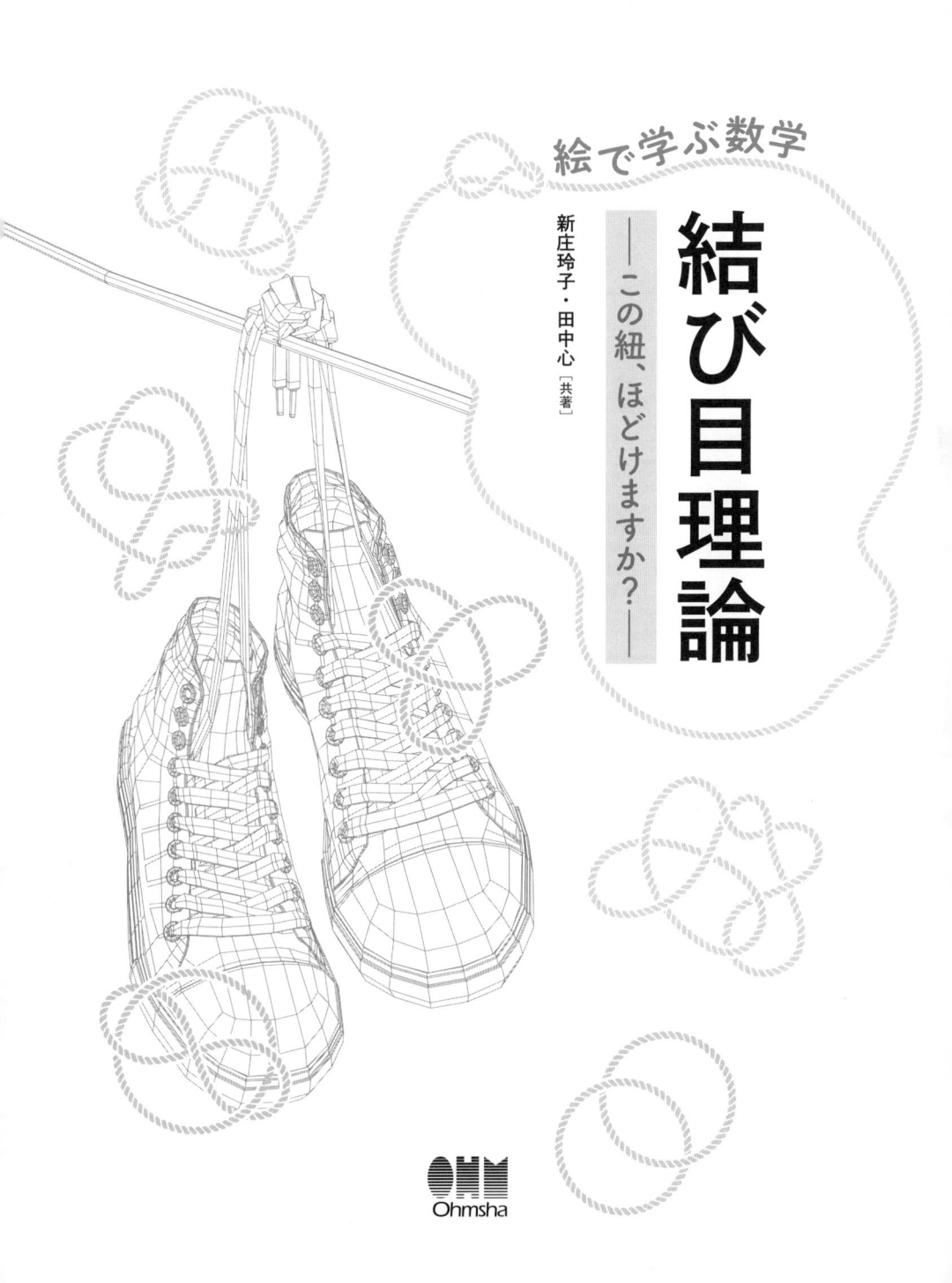

絵で学ぶ数学

新庄玲子・田中心［共著］

結び目理論

—この紐、ほどけますか？—

Ohmsha

まえがき

　多くの人は「数学」に対して「計算」というイメージを持つかもしれません。しかし，幾何学の一分野である「結び目理論」では「結び目」を研究対象とします。それを聞いただけでも，一般的にイメージされる数学とは違うと感じませんか。私たちが研究する際には，研究対象である「結び目」を視覚的に捉え，絵を描いて考える場面も多いのです。何枚もの計算用紙が絵だけで埋め尽くされることだってあります。数学者が数式でなく「絵」を描いているのです。そんな数学を想像できますか。本書では結び目理論を「計算する数学」とは異なる「絵を描く数学」として，楽しみながら理解してもらうことを目指しました。読者の皆さんが内容を理解できているかどうかを確認できるように，演習問題をふんだんに取り入れています。複雑で絡み合った紐をたくさん見ることになり，最初は頭がこんがらかるかもしれません。しかしご安心あれ。こんがらかったままにならないように，丁寧に解説しています。

　この機会に本書執筆の経緯を記しておきます。オーム社の津久井靖彦氏より「結び目理論をテーマにした一般向けの本を作れないか」と声をかけていただきました。結び目理論の入門書としては執筆に際し参考にした『結び目の数学』〔C. アダムス（著）・金信泰造（訳），丸善〕や『結び目のはなし 新装版』〔村上斉（著），日本評論社〕が有名ですが，さらにハードルの低い書籍を目指すことになりました。ちょうど執筆の最中に，NHK のテレビ番組「笑わない数学 第 2 シーズン #4 結び目理論」の数学監修に関わる機会を得ました。本書の第 9 章で「結び目の指紋」という比喩表現が出てきますが，番組で使われていた表現をお借りしました。この比喩表現によって，数学における「不変量」の考え方が，より理解しやすくなっていると思います。

　最後になりますが，辛抱強く我々に付き合ってくださったオーム社の編集者の方々に感謝いたします。（主に田中の怠慢が原因で）当初の予定よりも大幅に時間がかかってしまい，反省しております。また，テレビ番組の数学監修に関わる機会を与えてくださった千代田ラフトの山下雅人氏と，草稿の段階から目を通し貴重な意見を寄せてくださった東京女子大学の新國亮先生に，心よりお礼申し上げます。

2024 年 10 月

著者一同

目次

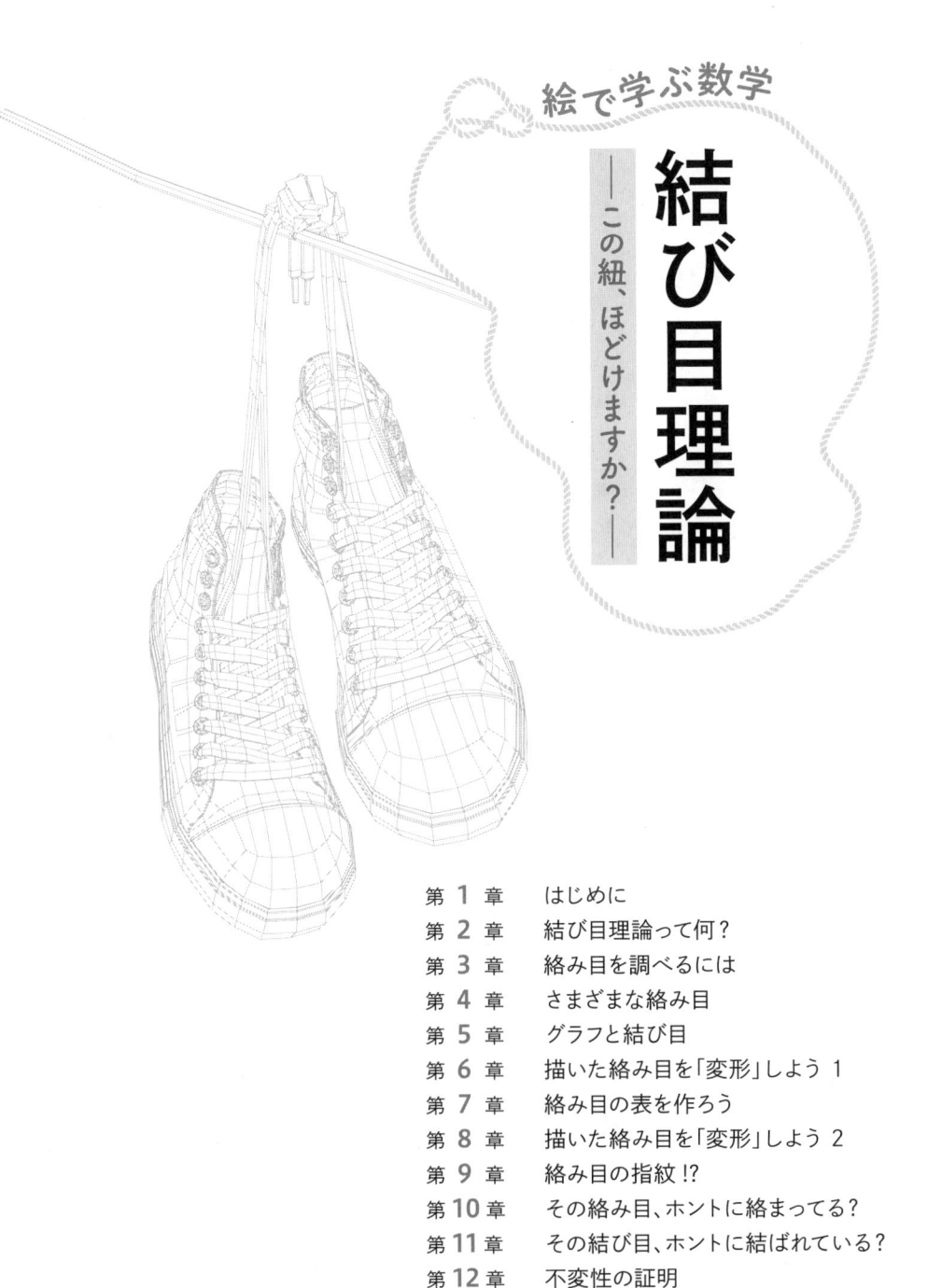

絵で学ぶ数学

結び目理論

── この紐、ほどけますか? ──

第1章

はじめに

　本書では「結び目」について学びます。結び目という言葉は，誰しもが耳にしたことがあるでしょう。実際，私達の身の回りにはたくさんの結び目が存在します。いわゆる紐を結んでできる「あれ」のことです。結び目は英語で「knot（ノット）」と呼ばれています。knot という言葉も日常的に使われる「結ぶ」とか「結び目」を意味する用語です。結び目理論とは文字どおり「結び目」について学ぶ学問ですが，数学における「結び目」は日常で目にする結び目とは少し異なります。ここでは数学における「結び目」とは，どのようなものであるのかを見ていきます。

1.1　日常の結び目

　私たちは日常的に何かを結んだりしています。また，そうやって作られた結び目には名前の付いているものがたくさんあります。それだけ結び目は私たちの生活に密着してるということです。

　裁縫では針に通した糸に「玉結び」を作ります。アウトドア好きの人やボーイスカウトの経験のある人なら，「もやい結び」なども知っているかもしれません。また，経験したことのある人はまれだと思いますが，船を岸壁に係留したりする際にも紐を結んだりします。プレゼントにかけられたリボンに見られる「蝶結び」は，装飾的なイメージが強いかもしれませんが，紐の端と端をつなげる結び方の1つです。ウエスト部分を紐で絞るズボンは，紐を蝶結びにすることで両端をつなぎ，ズボンがずれないようにしています。しかも，簡単に解くことができるという利点もあります。

　生活していると，実用的な結び目だけでなく，装飾的な結び目も目にすることがあります。例えば，ご祝儀袋にあしらわれている「結び切り」や「あわじ結び」などの水引細工がそうです。水引細工は絵馬にも見られますが，多くは「かごめ結び」と呼ばれるものです。**図 1.1** の左があわじ結びで，右がかごめ結びです。

図 1.1 「あわじ結び」と「かごめ結び」

また，デザインのモチーフとなっている「結び目」もあります。例えば「紋章」や「家紋」などにも，数多くの結び目が現れます。**図 1.2** の左は「結び三つ柏」，右は「宝結び」と呼ばれる家紋に見られる結び目です。

図 1.2 「結び三つ柏」と「宝結び」

気を付けて見てみれば，身の回りにたくさんの「結び目」を見つけることができます。

演習問題 1.1 「紐靴の紐を結ぶ」など，何かを「結ぶ」場面をいくつでもよいので探してみてください。

- -

解答 着物の帯，柔道の帯を結んだり，長さの足りない紐や毛糸をつなげるとき，雑誌や新聞をビニール紐で束ねるときなど，いろいろなところで私たちは何かを結んでいます。もっと探してみてください。

第 4 章でも，身の回りに現れる結び目をいくつか紹介します。しかし，数学における結び目は，ここで紹介したような身の回りにある結び目とは少し異なるものを指します。数学における「結び目」について，詳しくは第 2 章で説明をしますが，次の節でも簡単に説明しておきます。数学における「結び目」について説明する前に，もう少し一般的な「結び目」について見ていくことにします。

1.2 結ばれているってどんな状態？

ここでは，何をもって紐などが「結ばれている」というのかを考えてみます。

ロープやリボンなどの紐状のものを結んでできた「結び目」は「解く」ことができます。もちろん，コードやネックレスが絡まってできてしまった結び目や，針に通した糸に作った玉結びのように，固く絞った結び目は解くのが大変なものもあります。しかし，そのような状態になるまでの手順を逆に辿ることで，原理的には解くことができるはずです。具体例を見てみましょう。**図 1.3** は「止め結び」の結び方です。紐の両端を引っ張ると，「結び目」の部分は小さくなり固く結ばれます。

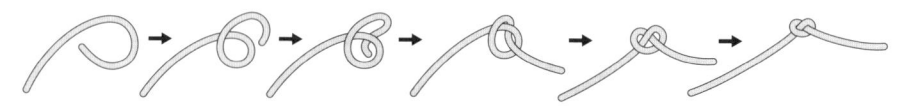

図 1.3 止め結びの結び方

しかし，**図 1.4** のように結び方の手順を逆に辿れば，紐はスルスルと解くことができます。

図 1.4 止め結びを解く

では，ここで質問です。①〜⑥のうち，どれが「紐が結ばれている」状態で，どれが「結び目が解けている」状態でしょうか。④，⑤，⑥の状態では，両端を引っ張っても結び目はできないので結ばれていないと言えそうです。では，③の状態はどうでしょうか。止め結びを知っている人の中には，③の状態を止め結びが「緩く結ばれている」と考える人もいるでしょうし，止め結び目が「緩んでいる」と考えて「結ばれていない」と判断する人もいるでしょう。一方，止め結び目の結び方を知らない人は，単に紐が絡まっていると判断するかもしれません。

もう 1 つ例を見てみましょう。**図 1.5** は「もやい結び」の結び方です。こちらも②の状態では，両端を引っ張っても結び目はできないので結ばれていないと言えそうです。④の状態を，もやい結びが「緩く結ばれている」と考える人もいれば，もやい結び目が「結ばれていない」と判断する人もいるでしょう。もやい結び目を知らなければ，単に紐が絡まっていると判断するかもしれません。しかし，③の状態ではどうでしょう。両端を引っ張ると，先ほど見た「止め結び」ができま

す。つまり③の状態は「もやい結び」としては解けていますが，「止め結び」と考えれば結ばれていると捉えることも可能になります。

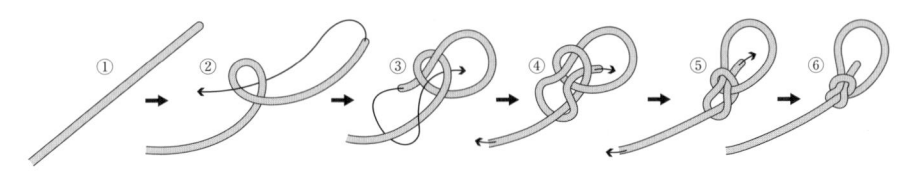

図 1.5　もやい結び目の結び方

　もちろん，**図 1.6** のように逆の手順を辿ることで，もやい結び目も簡単に解くことができます。

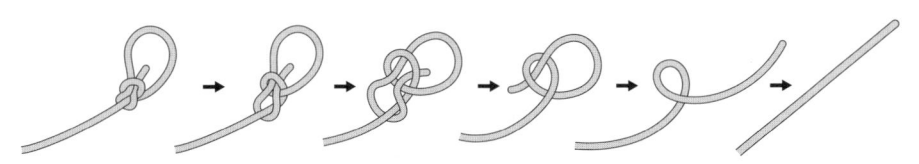

図 1.6　もやい結びを解く

　こうやって見ていくと，「結ばれている」かどうかの判断は人によって異なるので，「結ばれている」か「緩んでいるのか」か「解けているのか」を明確にするには，何らかの「約束」が必要だということがわかるでしょう。

演習問題 1.2　どんな結び方になっているかは，両端を引っ張ってきつく締めて作られる結び目で判断すればよいでしょうか。

- -

解答　例えば**図 1.7** は「引き解け結び」と呼ばれる結び方ですが，その名のとおり，紐の両端を引っ張ったら簡単に解けてしまいます。なので，そのように判断することはできません。

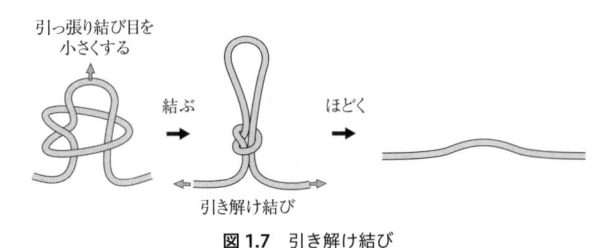

　引っ張り結び目を
小さくする

結ぶ　　　ほどく

引き解け結び

図 1.7　引き解け結び

図 1.8 は「二重引き解け結び」と，二重引き解け結び目を作った後，さらに輪をつくり紐を通すことで作ることができる「二重ひき解け結びの変形版」です。二重ひき解け結びが両端を引っ張っても解けない結び目であるのに対し，変形版は紐を輪に通すときに二つ折りにして輪に通すことで，両端を引っ張ると簡単に解くことができるようにしたものです。

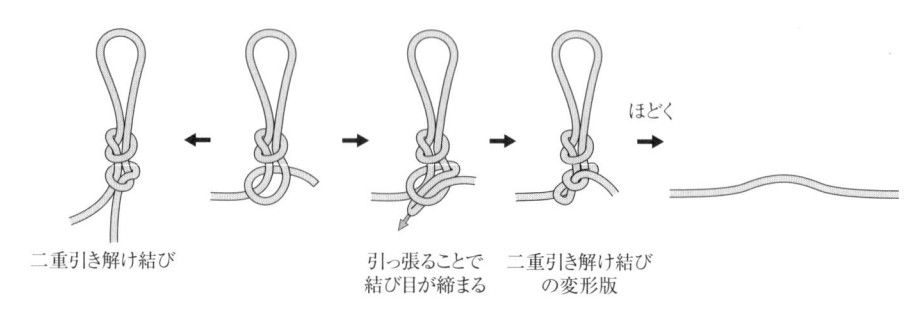

二重引き解け結び　　　　　　　引っ張ることで　　二重引き解け結び
　　　　　　　　　　　　　　　結び目が締まる　　　の変形版

図 1.8　二重引き解け結びとその変形版

　引き解け結び目と二重引き解け結び目は異なる結び目として認識されますが，端を引っ張ると解けてしまう結び目という観点では同じ結び目になっていることがわかります。このように結び方を見ていくと，日常生活において「結ばれている」という統一的な基準はないということが見えてきます。しかし，統一的な基準がないというのは，数学においては避けなければならない状況です。どの状態が結ばれているのかがはっきりしないということは，数学においてとても都合が悪いことなのです。そこで，数学では紐の両端を「つないで」から考えることにします。結び目を作らない状態で両端をつなぐと，**図 1.9** のような結ばれていない輪ゴムのような単なる輪ができあがります。

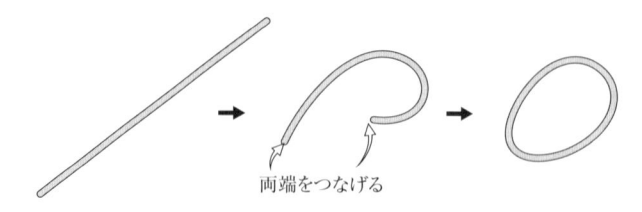

両端をつなげる

図 1.9　紐の両端をつなぐ

　次に結び目を作った状態で紐の両端をつないでみると「結び目のついた輪」ができあがります。この端を閉じた結び目を解こうとすると**図 1.10** のように解くことができ，輪ゴムのような「単なる輪」にできる結び目もあれば，**図 1.11** の

ようにそうでない結び目もあることがわかります[*1]。

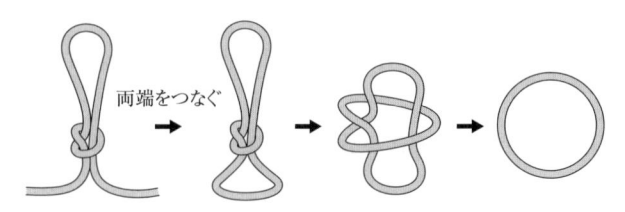

図 1.10 単なる輪にできる端を閉じた結び目

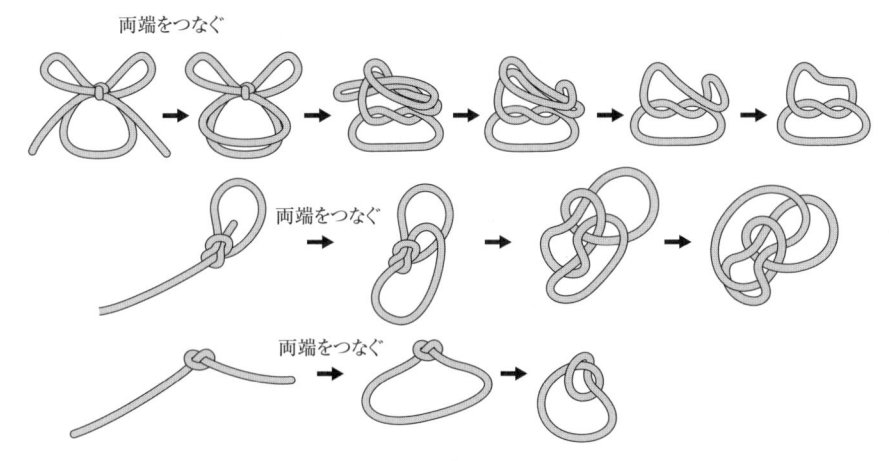

図 1.11 端を閉じた結び目を解こうとすると …

両端をつなぐ前は解くことができた結び目ですが，端を閉じてしまうと**図 1.12** のように見た目を変えることはできても，できてしまった「結び目」は紐を切らない限り解けないものが出てくるのです。

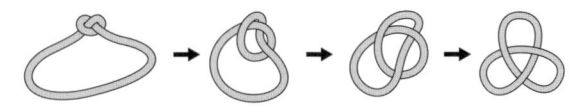

図 1.12 端を閉じた止め結び

そのため，数学においては結び目の両端を閉じることで，その結び目が「結ばれている」のか，それとも「解けている」のかを判断することにします。今後，数学において「結び目」と言ったら，紐を単に結んだものでなく，結んだ後に両

---

*1 後で述べますが，数学においては解けないことは実は「証明しなければならない」ことです。

端を閉じた紐のことを意味することと約束します。また，紐はゴム紐のように伸ばしたり縮めたりが自由にできるものと考えます。

　本書では「数学における結び目」について学んでいきます。なので今後は上で述べたように「結び目」と言ったら，両端を閉じたものをイメージできるようにしてください。また，ここまでではふれていませんが，いくつかの結び目が絡み合ってできた「絡み目」と呼ばれる数学的対象も同時に扱っていきます。絡み目については次の章で説明します。

　数学というと「数式」や「計算」をイメージする人も多いかと思いますが，本書ではほとんど計算や数式が現れない数学に触れてもらうことになります。「ほとんど」と書いたのは，簡単な四則演算程度は行ってもらうからです。次の章からは，たくさん結び目の絵を描いてもらいます。ここまでで見てきたような結び目の絵を描くのは難しいのでは・・・，と思うかもしれませんが，そこは問題ありません。実際に結び目を描いたことがなくても，多くの人は結び目を「単純化」して描く方法を既に知っているからです。単純化する方法については，次の節で説明していきます。

1.3　結び方を説明する

　知らない結び方をしてみようと思ったら，皆さんどうしますか。実際に紐を使って知っている人に習ったり，インターネットや本で調べたりするのではないでしょうか。最近は，インターネットや本でも実際の紐を使って結び方を説明しているフルカラーの写真が並んでいるものを簡単に手に入れることができますが，**図 1.13** のような「絵」を用いて説明しているものや，紐を線上に単純化して描いた**図 1.14** のような図を用いているものもたくさんあります。どちらの図を見ても紐の結び方を表していると認識できますが，「どちらが紐っぽいか」と言えば**図 1.13** のほうでしょう。

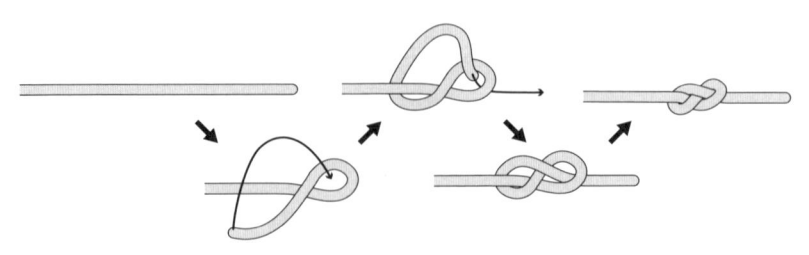

図 1.13　八の字結びの結び方

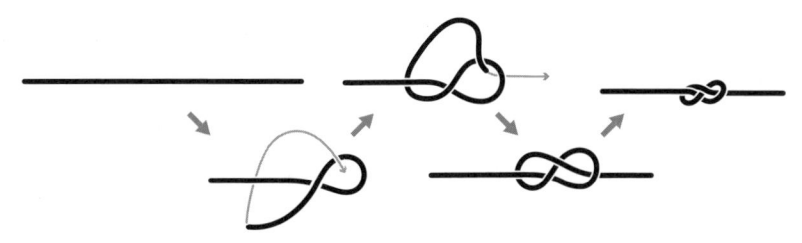

図 1.14　単純化して描かれた八の字結びの結び方

　なぜ紐っぽい**図 1.13** のような図のみでなく，**図 1.14** のような図も使用されるのでしょうか。答えは簡単です。鉛筆やペンで描こうが，パソコンやタブレットを使って描こうが，**図 1.14** のような図を描く方が圧倒的に簡単だからです。なので，結び目理論を学ぶ際には，**図 1.14** のような図を描いていくことになります。ただし，本書では認識のしやすさを考え，**図 1.13** と**図 1.14** を併用していきます。みなさんが演習問題に取り組むときには，**図 1.14** のように結び目を描いてみてください。

　余談ですが，小さい子供用のあやとりの本などには**図 1.13** のような図が使用されています。私たちは，ある程度の年齢になると，**図 1.14** を見て無意識に**図 1.13** のような紐の結び方に変換できるようになるようですが，**図 1.14** のような図では，小さい子供は「紐」だと認識することができないそうです [*2]。

　図 1.15 の左側は数学における結び目（ここでは実際に紐で作ったものを想像してください）で，右はそれを図示したものです。結び目をこのように平面上に図示したものは，結び目の「図式」と呼ばれます。

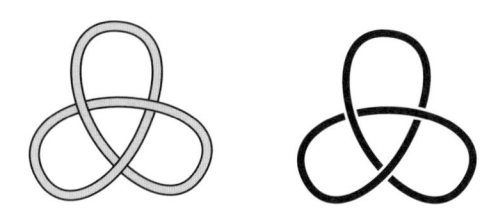

図 1.15　結び目とその図式

　結び目の「図式」に関しては後ほど詳しく触れることにして，いったん数学における結び目は忘れて，結ばれた紐をどのように考えて図示すると**図 1.16** のようになるのかを説明していくことにします。

---

*2　少なくとも筆者の子供はそうでした。

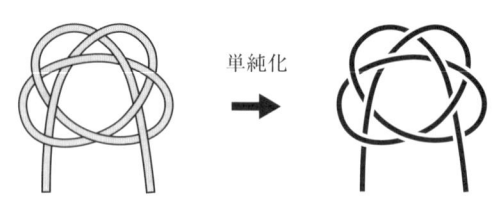

図 1.16　単純化して描く

　図 1.17 のように紐の「影」を曲線で描き，紐が交わって見える部分においては，下を通る紐に対応する部分を消して下を通っていることを表すことで単純化しています。

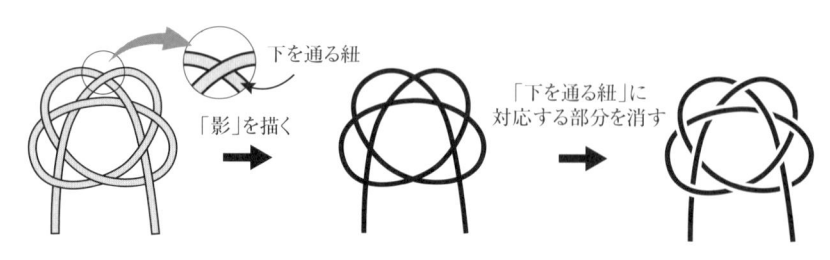

図 1.17　単純化の方法

　このような説明がなくても，「単純化」した後の図を見てこれが結ばれた紐を表していると認識できるのではないでしょうか。しかし数学では，このように一見当たり前に思えることであっても，当たり前のこととして話を進めることはできません。きちんと約束していくことが必要となります。数学においてはいつでも誰が行っても「単純化」して描くことができるように，ルールを決めておく必要があるのです。そのルールについては，第 3 章で詳しく説明することにします。

演習問題 1.3 次は「かごめ結び」の結び方です。手順の③～⑥の結び目を図 1.17 のように，単純化して表してください。ただし，紐部分だけで矢印などは書かなくてもよいです。

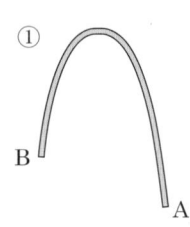
① 紐を図のように置く

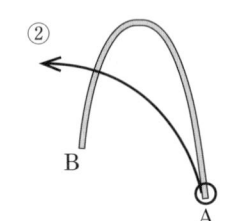
② Aを図のように矢印の方向に移動させる

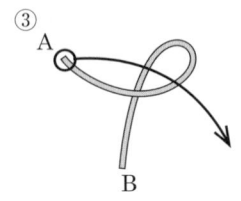
③ Aを図のように矢印の方向に移動させる

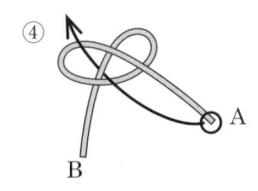
④ Aを図のように矢印の方向に移動させる。このとき,紐が上下を交差に通るよう気を付ける

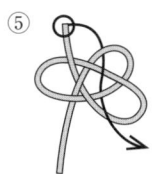
⑤ Aを図のように矢印の方向に移動させる

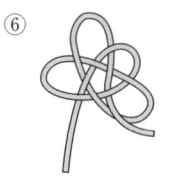
⑥ 紐が上下を交互に通るように気を付ける

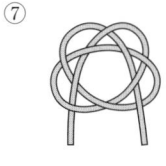
⑦ 紐の間隔を均等に整えて完成

図 1.18 「かごめ結び」の結び方

解答 ③～⑥の紐は**図 1.19** のように単純化して描くことができます。

③

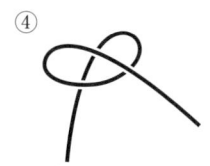
④

⑤

⑥

図 1.19 単純化した③～⑥

第1章のまとめ

(1) 結び目は英語で「knot（ノット）」と呼ばれている。

(2) 数学においては，紐を結んで両端を閉じたものを「結び目」と呼ぶ。

(3) 数学においては結び目を「単純化」して描き，研究する。

第2章

結び目理論って何？

「結び目」を数学的対象として「研究する」のが「結び目理論」です。研究すると言ってもピンとこないかもしれませんが，難しく考えることはありません。結び目理論においては，数学における結び目にはどんな「種類」があるかを調べたりしていきます。ここでは結び目理論とはどのようなものなのかを説明していきます。また結び目理論という名前が付いてはいますが，結び目の仲間である「絡み目」も研究対象となります。

2.1 結び目と絡み目

はじめに，結び目理論における研究の対象である「結び目」とその仲間である「絡み目」について説明します。既に述べたように，数学における「結び目（knot）」とは，**図 2.1** のように 1 本の紐を結んで紐の両端をくっつけて閉じたもののことでした。つまり数学において結び目と言ったら，**図 2.1** のように紐を結んでその紐の両端をつないでできた，結び目の付いた輪を指すことにします[*1]。

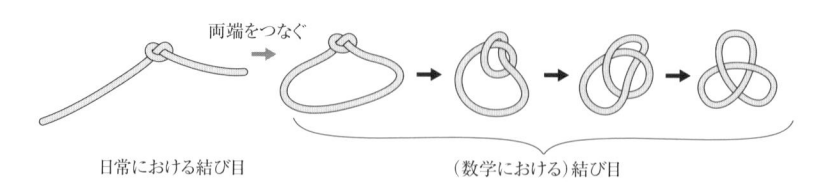

日常における結び目　　　　　　　　（数学における）結び目

図 2.1　日常における結び目と数学における結び目

図 2.2 は数学における結び目の例です。左から 2 番目は「三葉結び目」，左から 3 番目は「八の字結び目」という結び目で，結び目理論においてはさまざまな

---

*1　後で述べますが結び目の付いていない単なる輪っかのことも結び目とみなします。

ところで例として現れる非常に有名な結び目です。

図 2.2 数学におけるさまざまな結び目

　図 2.2 の一番右の結び目は「結んだ」というより「絡まった紐」に見えるかもしれませんが，これも結び目です。**図 2.3** のように変形することで八の字結び目であることがわかります。数学においてはこのように形を変えても同じ結び目とみなします。つまり，**図 2.3** に現れる結び目は見た目は異なりますが，すべて八の字結び目ということになります。

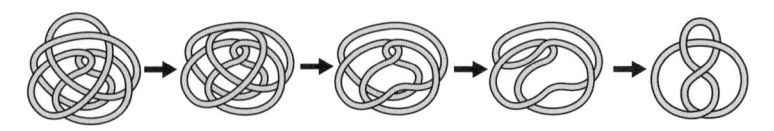

図 2.3 八の字結び目

　図 2.2 の一番左は「結ばれていない輪」ですが，これも数学においては結び目とみなします。結ばれていない輪を結び目と呼ぶことに違和感を覚えるかもしれません。結ばれていないから結び目とは呼びたくない人もいるかと思いますが，紐を結ばずそのまま両端をつないでできる，いわゆる輪ゴムのようなものも数学では結び目とみなし，「自明な結び目」と呼びます。結ばれていない輪も結び目と呼ぶのには，そう約束しておかないと都合が悪いことがあるからです。次の結び目を見て何か気づくことはないでしょうか。

図 2.4 どんな結び目か？

　図 2.1 の一番右の結び目と同じ結び目だ，と思ったかもしれませんが実はちょっとだけ違います。この結び目は，**図 2.5** のように「ほどく」ことができ，単なる輪っかになってしまうことがわかります。

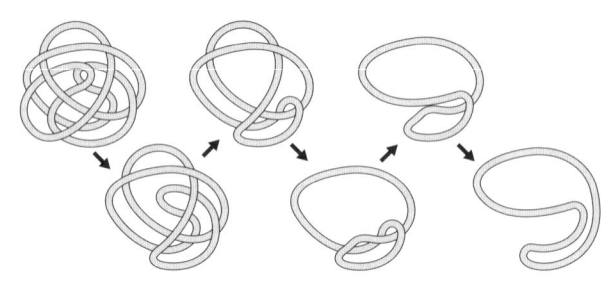

図 2.5　自明な結び目

　単なる輪っかを結び目と呼ばないことにしてしまうと，**図 2.4** の結び目は「結び目でない」ということになってしまいます。つまり，紐の両端をつないだ輪が与えられたときに，それが単なる輪っかに変形できないことを確認しないと結び目と言えなくなってしまいます。しかし，実は紐の両端をつないだ輪が単なる輪っかになるのかならないのかを判定することは難しいことであり，本書における目標の 1 つとなります。

　本書で扱うのは結び目理論ですが，前述したように結び目の仲間である「絡み目」も扱うので，ここで紹介しておきます。1 本の紐を結んでその両端をくっつけて閉じることで得られるものが数学における結び目でした。複数の紐で同じことを考えてみます。つまり複数の紐を用意して，それらを絡めてそれぞれの紐の両端をつないだものものを考えます。**図 2.6** は，3 本の紐を結んだり，互いに絡めたりしてそれぞれの端点をつないだものです。このようにして得られるいくつかの輪のことを「絡み目」と呼びます。絡み目に含まれる結び目のひとつひとつを，その絡み目の成分といい，絡み目の成分が n 個のとき n 成分絡み目といいます。**図 2.6** の絡み目は 3 つの結び目から構成されているので 3 成分絡み目です。

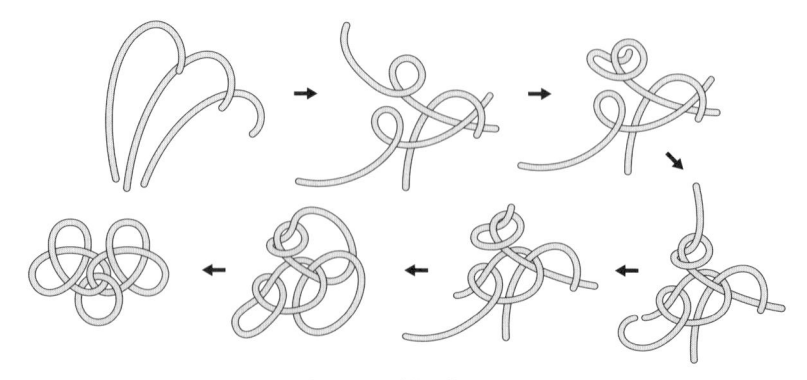

図 2.6　3 成分の絡み目

図 2.7 の絡み目は上の段が 2 成分絡み目，下の段が 3 成分絡み目の例になります。図のように成分を塗り分けることで，成分数はすぐにわかります。

　ただし，結び目は 1 成分絡み目とみなすこととします。結び目理論においては，結び目も含む絡み目全体が研究対象となります。

図 2.7　さまざまな絡み目

演習問題 2.1　　次の絡み目は何成分絡み目でしょうか。前述したように，結び目は 1 成分絡み目であることに注意してください。

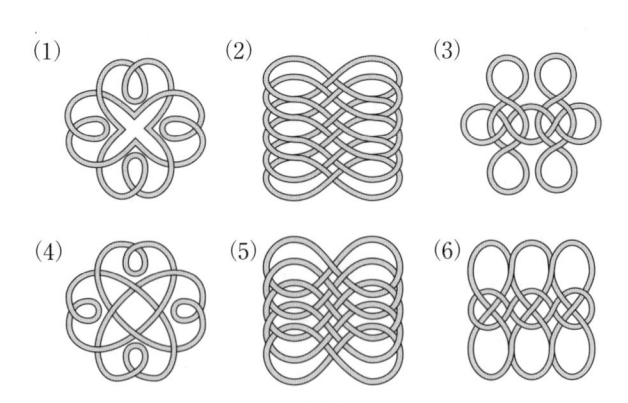

(1)　(2)　(3)

(4)　(5)　(6)

図 2.8　何成分絡み目か？

- -

解答　　図 2.9 のように図示した絡み目の各成分を異なる色で塗り分ければ，何色使用したかで何成分絡み目であるかがわかります。

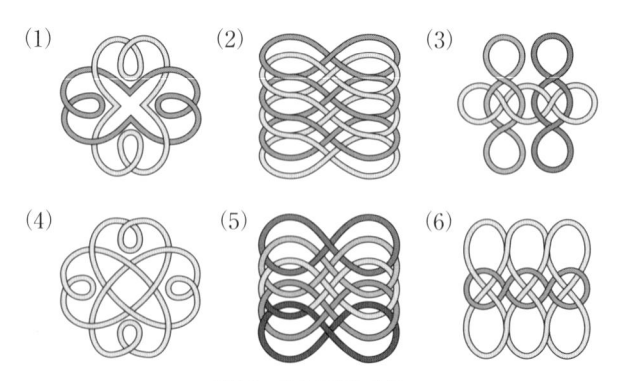

(1)　　　　　　(2)　　　　　　(3)

(4)　　　　　　(5)　　　　　　(6)

図 2.9　成分の塗り分け

解答は（1）2 成分絡み目，（2）2 成分絡み目，（3）3 成分絡み目，（4）1 成分絡み目，（5）5 成分絡み目，（6）2 成分絡み目となります。

　しかし，何色ものペンなどを用意するのは大変です。実際は，**図 2.10** のように鉛筆などで紙の上に描かれた絡み目上にスタート地点を決め，元の点に戻ってくるまで辿るということを繰り返し，成分数を数えていくとよいでしょう。

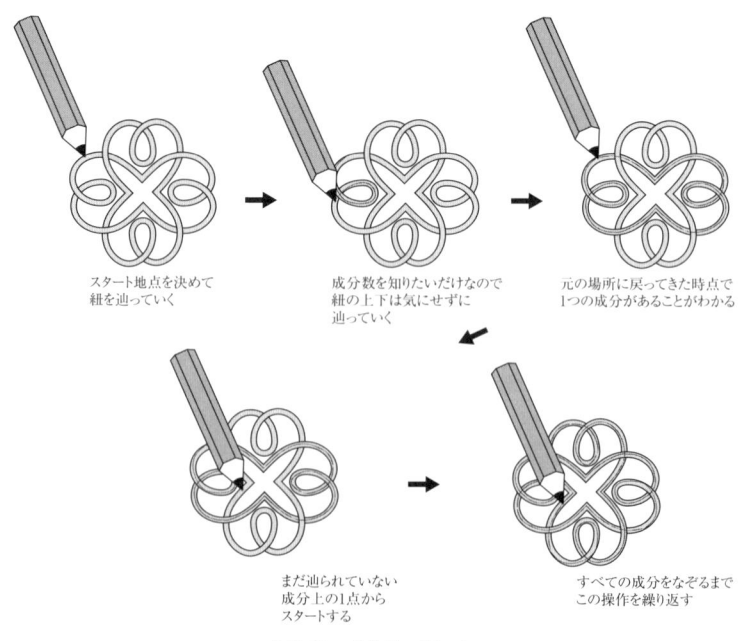

スタート地点を決めて
紐を辿っていく

成分数を知りたいだけなので
紐の上下は気にせずに
辿っていく

元の場所に戻ってきた時点で
1つの成分があることがわかる

まだ辿られていない
成分上の1点から
スタートする

すべての成分をなぞるまで
この操作を繰り返す

図 2.10　成分数の調べ方

また，**図 2.11** のようなものも絡み目と呼ぶことに注意してください。一番左と真ん中の絡み目は，自明な結び目（薄い灰色の成分）と，三葉結び目（濃い灰色の成分）からなる絡み目です。結ばれていな成分を含んでいても絡み目と言います。真ん中の結び目と一番右の絡み目は結び目を 2 つ離して並べたものです。このように成分同士が絡んでいないものも絡み目と呼びます。特に一番左の絡み目のように，すべての成分同士が絡んでおらず，かつすべての成分が自明な結び目になっているものは自明な絡み目と呼ばれます。

  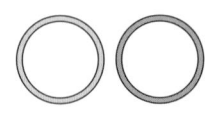

図 2.11　さまざまな 2 成分の絡み目

任意の自然数 n に対し，自明な n 成分絡み目が存在します。**図 2.12** は自明な絡み目の例です。

  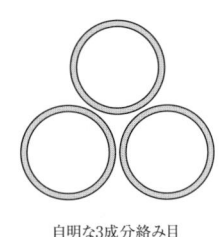 

自明な1成分絡み目　　自明な2成分絡み目　　自明な3成分絡み目　　自明な4成分絡み目
（自明な結び目）

図 2.12　自明な絡み目

図 2.13 の結び目と 2 成分絡み目は，一見，結ばれていたり，絡んでいたりするように見えるかもしれませんが，いずれも自明な絡み目です。

  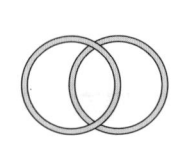 

図 2.13　自明な結び目と絡み目

　図 2.13 の結び目と 2 成分絡み目が自明な絡み目である
ことを示してください。

解答　図 2.13 に示す絡み目は，例えば図 2.14 や図 2.15 のように変形
することで，各成分が自明な結び目かつ，互いに絡まっていないことがわか
るので，これらが自明であることがわかります。

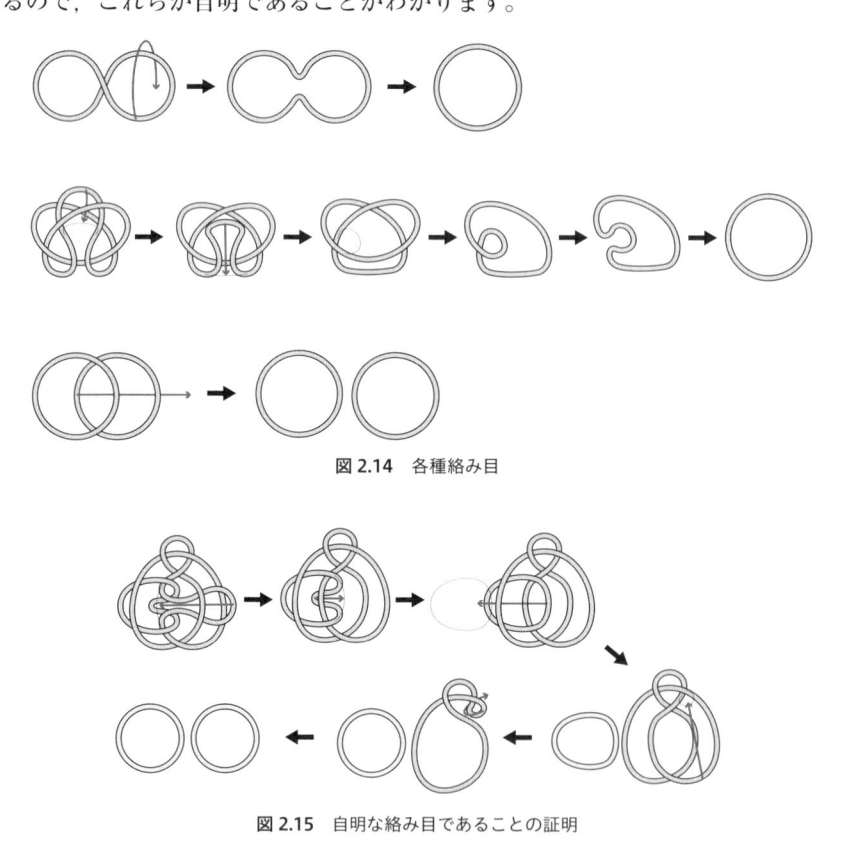

図 2.14　各種絡み目

図 2.15　自明な絡み目であることの証明

2.2　同じ結び目・異なる結び目

　結び目理論における大きな目標は，どの結び目が「同じ結び目」で，どの結び
目が「異なる結び目」なのかを判定して，結び目の「一覧表」を作成することで
す。絡み目についても同様ですが，いきなり絡み目全体を考えるのは大変なので，

結び目に限定して考えることは多いです。一覧表を作成するためには，何をもって2つの絡み目が「同じ」というのか，「異なる」というのかをきちんと約束しておかなければなりません。ここではその約束について見ていきます。日常生活においては，結び目の「形」が重視される場面が多いです。**図 2.16** の左の結び方は「引き解け結び」，右の結び方は「二重八の字結び」と呼ばれており，日常においては異なる結び方として認識されています。これらは両方とも，紐を結んだだけで端を閉じていないので数学における結び目ではないことに注意してください。

図 2.16 引き解け結びと二重八の字結び

　この2つの結び目の両端を閉じて，数学でいうところの「結び目」にしてみます。両端を閉じるのは端からスルスルほどけないようにするため，と述べましたが，この2つの結び目は端を閉じても**図 2.17** のようにスルスルとほどけてしまい，両方とも単なる輪っか状の紐，つまり自明な結び目になってしまいます。

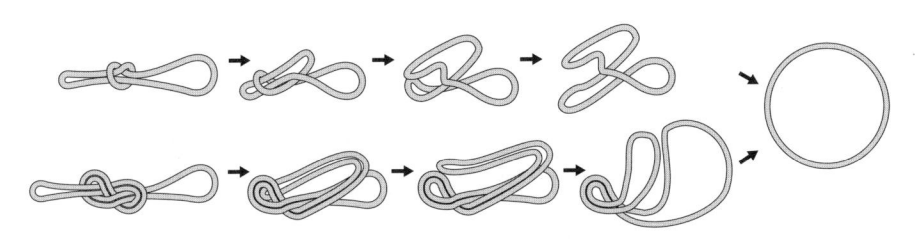

図 2.17 閉じた引き解け結びと二重八の字結び

　見た目は異なっていましたが，どちらもほどけているということで，数学においてはこの2つの結び目は同じ結び目であると考えます。この「同じ」という言葉は日常生活において何の気なしに使っていますが，実は何をもって同じというのかは難しい問題であり，数学においてはその基準をきちんと決めておく必要があります。前章で，玉結びを作った後の紐の端を閉じてしまうと，見た目を変えることができても，できてしまった結び目は紐を切らない限りほどくことはできなくなると述べました。これは，玉結びを閉じて得られる結び目と，単なる輪っか状の結び目，つまり自明な結び目は異なる結び目であることを意味します。

図 2.18　数学においては「証明」が必要なこと

　このことは日常生活では当たり前に思えるかもしれませんが，数学においては証明が必要なことです。なぜそれを証明しなければならないのかと疑問に思うかもしれませんが，その問いについては後ほど答えることにします。結び目理論においては「絡み目にはどんな種類があるか」を調べます。「種類」という言葉が何を指すのかを明らかにしておくことが必要ですが，ここではざっくりとこんな感じ，ということを話しておくことにします。

　日常において「蝶結び」と一言で言っても，輪の部分が大きいものもあれば，小さいものもあります。輪の大きさが違うなどの見た目が異なるものを「違う結び方」として認識してしまったら異なる結び目が無限にある，ということになってしまいます。これは結び目理論においても同じことが言えます。**図 2.19** の結び目は見た目が異なりますが，すべて止め結びを閉じたものなので，同じ結び目と考えたいのです。

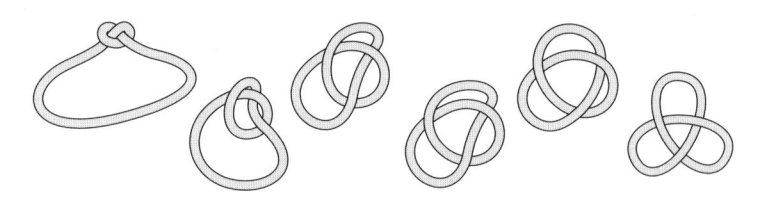

図 2.19　端を閉じた止め結び

　そこで，結び目理論においてはあやとりの要領で紐を動かし，変形することを考えます。あやとりのように絡み目を動かしていき，同じ見た目にできる絡み目は「同じ絡み目」であると約束します。この約束のもとでは，**図 2.19** の 6 個の結び目は同じ結び目であると言えます。つまり見た目がまったく異なる 2 つの絡み目が実は同じ絡み目だったり，すごく複雑に見えても自明な絡み目だった，なんていうことがあるわけです。数学において，2 つの絡み目が同じ絡み目であるとは何を意味するのか，もう少し詳しく説明してきます。

　2 つの絡み目が同じであるというのは，一方を 3 次元空間内で連続的に変形しても，もう一方に変形できることを言います。また，一方を 3 次元空間内で連続

的に変形してもう一方に変形できないときに，2つの絡み目は異なる絡み目であると言います。「連続的」と言われてもピンとこないかもしれませんが，好きなように伸ばしたり縮めたりできるゴム紐でできた絡み目を，あやとりの要領で動かしていくようなイメージです。例を使って説明していきましょう。**図 2.20** の2つの結び目を見てください。

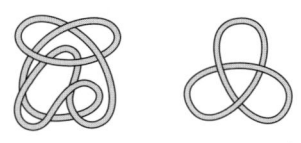

図 2.20　見た目の異なる 2 つの結び目

例えば，左の結び目は**図 2.21** のようにして右の結び目に変形することができるので，この2つの結び目は同じ結び目であると言えます。実際に紐で作って確かめてもよいでしょう。

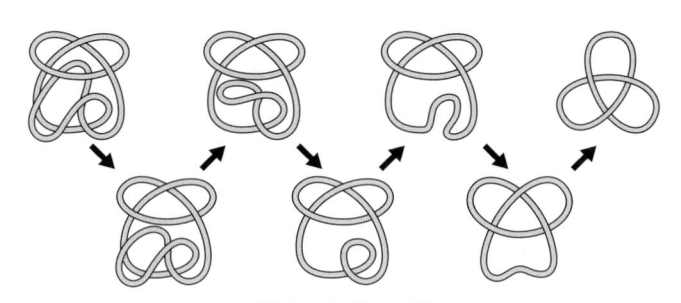

図 2.21　結び目の変形

2つの図形が合同な図形のときに「≡」という記号を使ったように，2つの絡み目が，空間内で動かして同じ見た目にできるということを**図 2.22** のように「〜」という記号を使って表します。

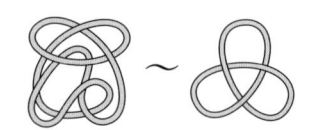

図 2.22　絡み目が同じであることを表す記号

ノートなどに描いて考える際は，紐状の結び目を描くのは大変なので，**図 2.23** のように「単純化」した図を描いていきます。

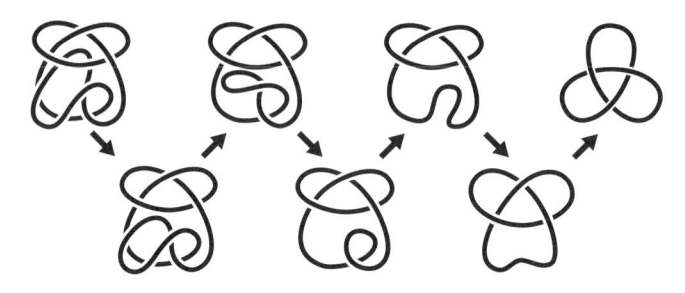

図 2.23　図 2.21 を単純化したもの

　2 つの絡み目が同じであることは，一方の絡み目をもう一方の絡み目と同じ見た目に変形できれば証明できたことになります。しかし，2 つの絡み目が異なることは見た目を変形するだけでは示すことができません。変形の仕方は無数にあるため，どのように変形しても同じ見た目にできないことを確認することはできないからです。しかしこれは 2 つの絡み目が異なることを「見た目を変形することによって証明することはできない」というだけで，証明する手段がないわけではありません。2 つの絡み目が異なることを示すためには「不変量」というものを使うことになります。不変量や結び目が異なることの証明については，第 6 章で詳しく触れることにして，ここでは，絡み目が同じであることを示す練習をしていくことにします。

演習問題 2.3　次の 2 つの結び目が同じ結び目であることを示してください。

図 2.24　2 つの結び目

解答　例えば左の結び目は，**図 2.25** のようにして右の結び目に変形することができるので，この 2 つの結び目は同じ結び目であるとわかります。

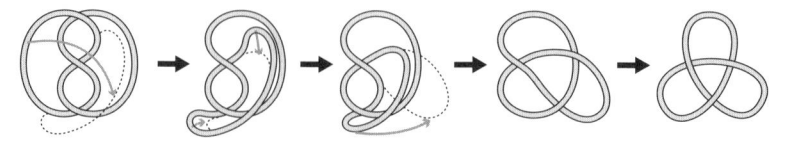

図 2.25　左の結び目から右の結び目への変形

演習問題 2.4 次の 2 つの結び目が同じ結び目であることを示してください。

 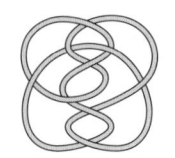

図 2.26　2 つの結び目

解答 例えば右の結び目は，**図 2.27** のようにして左の結び目に変形することができるので，この 2 つの結び目は同じ結び目であると言えます。

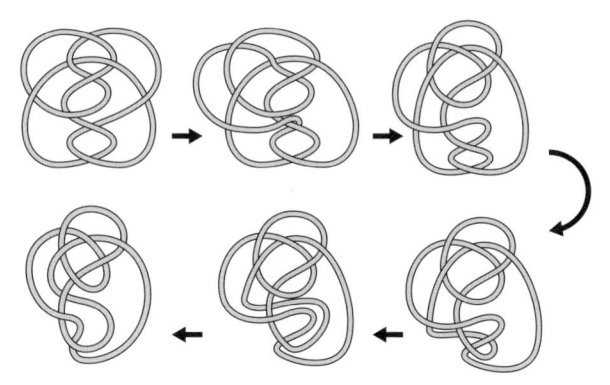

図 2.27　右の結び目から左の結び目への変形

　ここまでの問題の解答では，一方の結び目をもう一方の結び目と同じ形に変形することで 2 つの結び目が同じであることを示しています。もう一題，問題を解いてみましょう。

演習問題 2.5 次の 2 つの結び目が同じ結び目であることを示してください。

 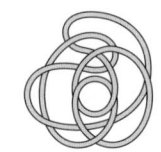

図 2.28　2 つの結び目

解答 この 2 つの結び目は**図 2.29** のようにして同じ形に変形することができるので同じ結び目であると言えます。

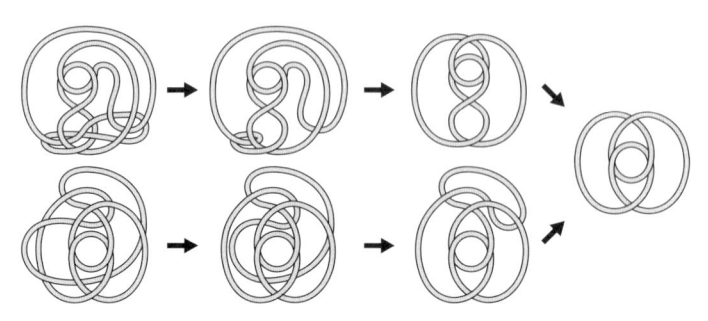

図 2.29　右の結び目と左の結び目を同じ見た目に変形する

このように一方の結び目のみを変形するのではなく，両方の結び目を変形し，同じ見た目にしたほうが効率的に証明できる場合も多いです。特にこの 2 つの結び目は紐の重なりを簡単に解消できる部分があるので，最初にその重なりを解消することを考えています。複雑なものになってくると，一方をもう一方と同じ形に変形することが困難なことも多いです。その場合，一方だけを変形するのではなく，このように両方の結び目を変形してみるとよいでしょう。2 つの絡み目が同じであることを示す場合もやることは同じです。

演習問題 2.6　　次の 2 つの 2 成分絡み目が同じ絡み目であることを示してください。

図 2.30　2 つの 2 成分絡み目

解答 ここでは左の 2 成分絡み目を右の絡み目に変形することで，この 2 つの絡み目が同じであることを示してみます。**図 2.31** では，変形がわかりやすいように各成分に異なる色を塗っておきます。この図のように，左の絡み目は右の絡み目に変形できるので，この 2 つの絡み目は同じ絡み目であることがわかります。

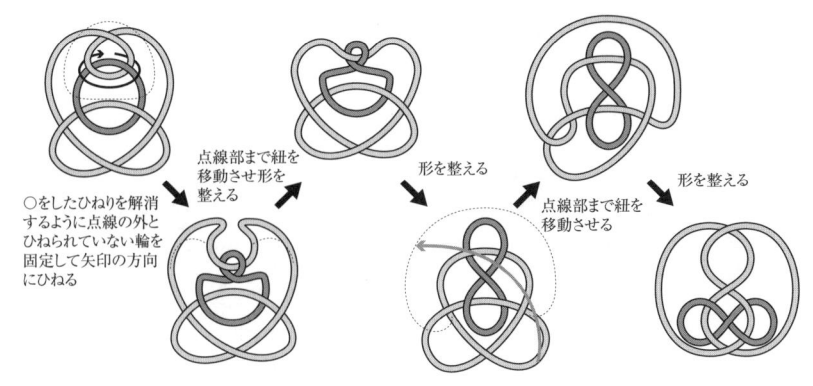

点線部まで紐を
移動させ形を
整える

形を整える

点線部まで紐を
移動させる

形を整える

○をしたひねりを解消
するように点線の外と
ひねられていない輪を
固定して矢印の方向
にひねる

図 2.31　左の絡み目から右の絡み目への変形

【注意】

この 2 成分絡み目は自明な結び目と三葉結び目が絡まったものです。ま
だ証明していませんが，自明な結び目と三葉結び目は異なる結び目です。
そのため，色まで含めると図 2.32 の 2 つの 2 成分絡み目は異なる絡み
目となります。

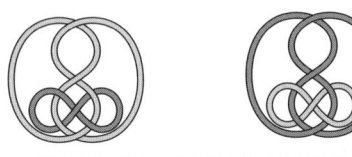

図 2.32　色まで含めると異なる絡み目

演習問題 2.7　　次の 2 つの 2 成分絡み目が同じ絡み目であることを示し
てください。

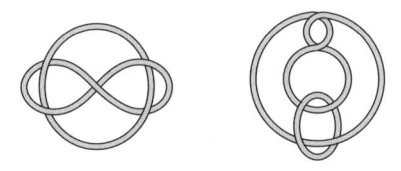

図 2.33　2 つの 2 成分絡み目

解答 例えば右の2成分絡み目は，**図 2.34** のようにして左の絡み目に変形することができるので，この2つの絡み目は同じ絡み目です。

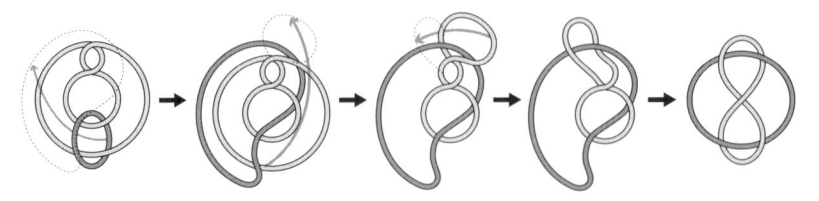

図 2.34 右の絡み目から左の絡み目への変形

　図 2.33 の絡み目は，ホワイトヘッド絡み目と呼ばれる絡み目です。各成分は自明な結び目ですが，自明な2成分絡み目ではないという特徴があります。結び目理論を学ぶのであれば，今後も目にすることになるので，覚えておいてください。また，ホワイトヘッド絡み目は**図 2.35** のように変形できるので，成分の入れ替えが可能であることがわかります。

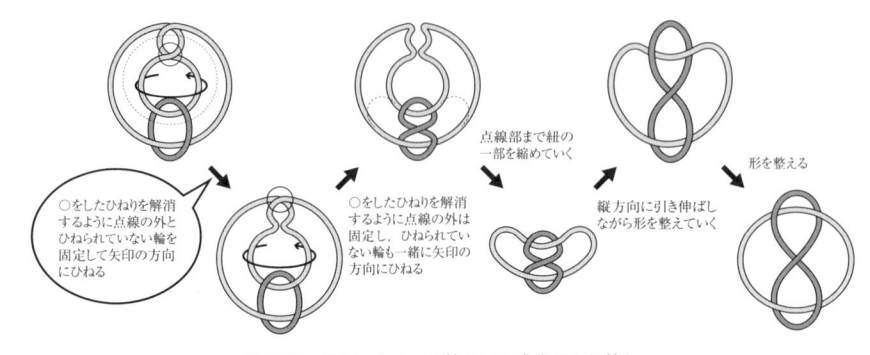

図 2.35 ホワイトヘッド絡み目の成分の入れ替え

　つまり**図 2.36** の4つの絡み目は，成分の色まで含めて同じ絡み目と言えます。ただし，本書においては成分の区別はしないで考えます。

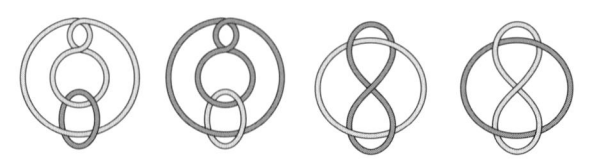

図 2.36 色まで含めると同じ絡み目とみなす4つの絡み目

絡み目（結び目も含むことに注意してください）の見た目はいくらでも変えることができますが, 紐の重なりが一番少ない形を考えて, 絡み目を「単純なもの」から並べたのが巻末の「絡み目の表」です。今後「絡み目の表」と言ったらこの表を指すものと考えてください。添え字のついた数字は絡み目の名前で, 三葉結び目は 3_1 結び目や単に 3_1 と呼ばれたりします。どのような順番で, どのような絡み目が並べられているかはもう少し絡み目について学んでからでないと説明が難しいので, 今の段階では絡み目を単純なものからリストアップしたもの, という程度に捉えておいて問題ありません。

演習問題 2.8　次の 2 成分絡み目は, 絡み目の表のどの絡み目と同じ絡み目となるか, 確認してください。

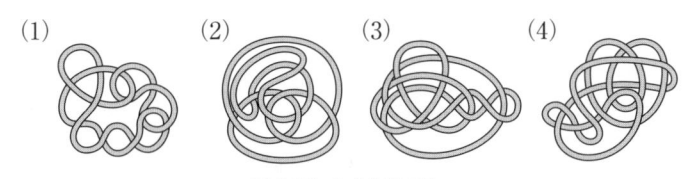

(1)　　　(2)　　　(3)　　　(4)

図 2.37　2 成分絡み目

解答　各絡み目は, 例えば**図 2.38** のように変型することで,「絡み目の表」に現れる絡み目と同じ形に変形することができます。

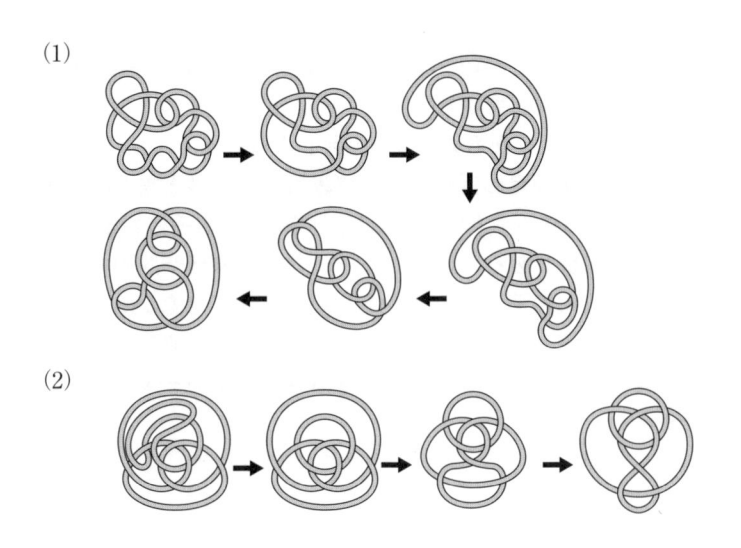

(1)

(2)

(3)

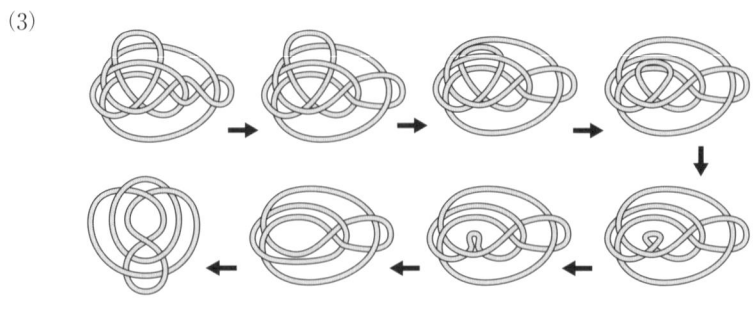

(4)

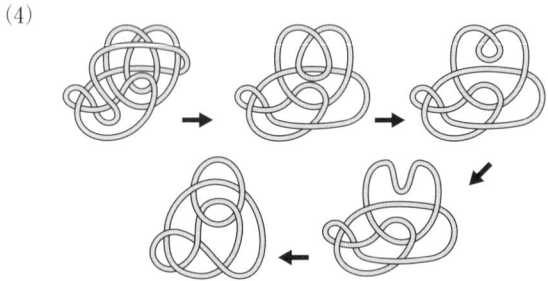

図 2.38 　結び目の変形

よって，(1) は 8^2_{12} 絡み目，(2) は 8^2_{13}，(3) は 8^2_{14}，(4) は 8^2_{15} 絡み目であることがわかります。

第 2 章のまとめ

(1) 1 本の紐を結んで両端を閉じたものを「結び目」，いくつかの紐を絡めてそれぞれの端点をつないだものを「絡み目」と呼ぶ。

(2) 絡み目に含まれる結び目の個数をその絡み目の成分数と言う。成分数が n の絡み目を n 成分絡み目と呼ぶ。結び目は 1 成分絡み目である。

(3) 2 つの絡み目が同じであるというのは，一方を 3 次元空間内で連続的に変形してもう一方に変形できることを言い，変形できないときに，2 つの絡み目は異なる絡み目であると言う。変形は自由に絡み目を，ここまでで見てきたようにあやとりをやるように動かしているようなイメージで行えばよい。

絡み目を調べるには

結び目理論においては，どの絡み目が同じ絡み目で，どの絡み目が異なる絡み目であるかを判定して分類するのが目的の 1 つとなります。しかし，実際に結び目を紐で作って調べていくのは大変です。算数や数学の授業ではノートやタブレットに板書を写したり，計算式を書いたりします。結び目理論について学んだり，研究したりする際も同様に，ノートやタブレット上で行うことができれば便利です。この章では，絡み目を描く方法について学びます。結び目理論においては，絡み目をノートに描くことが必須となります。しかし，紐状の絡み目を図示していては時間がかかってしまうので，1.3 節で見たように「単純化」して描いた絡み目の図を用います。まずは，絡み目を「単純化」して描くための約束について見ていきます。

3.1 絡み目を紙に描いてみよう

絡み目を実際に紐で作って調べるのは大変です。紙と鉛筆などを使って「描いて」研究をするには，絡み目を図示しなければなりません。ここでは第 1 章で少しだけ触れた絡み目の「図式」について詳しく見ていきます。大雑把に言うと「ある約束」の下で絡み目をノートなどに図示したものを，絡み目の「図式」と呼びます。日常生活ではあまり耳にすることのない用語かもしれませんが，多くの人が「図式」の考え方を利用しています。例えば皆さんはなんの違和感も抱くことなく，**図 3.1** を見て「八の字結び」の結び方だと認識できるのではないでしょうか。

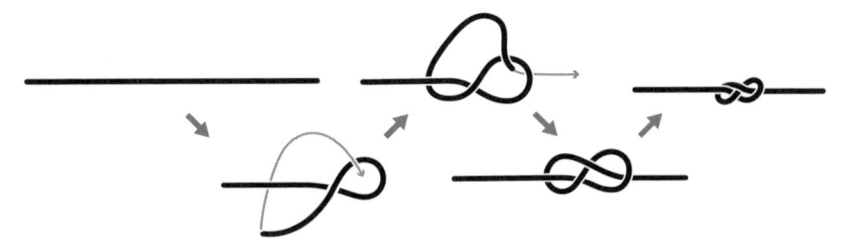

図 3.1　八の字結びの結び方

しかし，**図 3.1** の 4 つ目の図は，紐の交わり部分で下を通る紐が「切られて」おり，**図 3.2** の右側のように 5 つのパーツに分かれています。

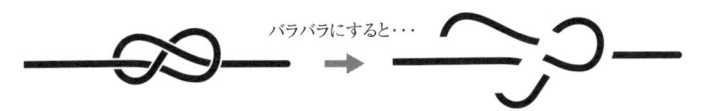

バラバラにすると…

5つのパーツに分かれていることがわかる

図 3.2　1 本の紐と認識しているが…

つまり，**図 3.2** の左側は，5 つに分けて描かれた線で 1 本の紐を表していることになります。無意識に，5 つの線分を見て 1 本の紐と認識するという作業を行っているのです。多くの人は当たり前に感じるかもしれませんが，数学においては，なんとなくとか感覚的にとかではなく，きちんと「約束する」必要があります。そこで，次節ではそのひとつひとつの約束事を明文化していきます。

3.2　絡み目の図式

絡み目の「図式」を定義する前に，まずは絡み目の「射影図」というものについて説明します。絡み目の射影図とは，「ある条件」を満たすように描かれた「絡み目の影」のことです。この「ある条件」について，自明な結び目を例にとり説明していきます。自明な結び目とは，結ばれていない 1 つの輪のことでした。空間内で変形してから影をとってみると，変形の仕方や明かりをあてる方向によって，さまざまな「影」を考えることができます。例えば自明な結び目は**図 3.3** のように変形することができるので，さまざまな「影」を得ることができます。

紐の太さを無視すれば，結び目の影は一筆書きのようにして平面上に描くことができます。これは紐状の結び目を描くより圧倒的に簡単です。そこで，この影を使って結び目を表すことを考えます。

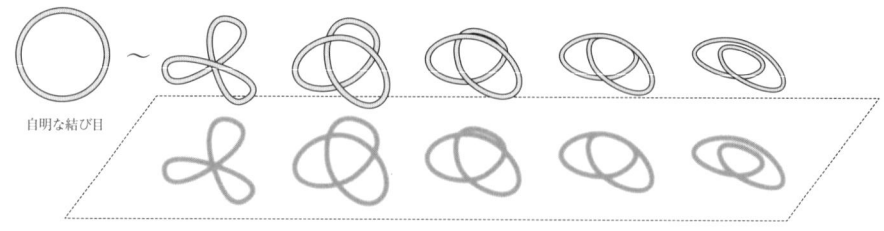

図 3.3　自明な結び目とその影

図 3.3 の自明な結び目の 5 つの影は，すべて多重点を持ちます。多重点とは紐の影が重なる部分のことを言います。特に，n 本の紐の影が重なっている点を n 重点と呼びます。また，どの 2 本の紐も十字のように重なっているとき，対応する多重点は横断的であると言います。**図 3.4** の左の影は 1 つの横断的な三重点を持ち，右の影は 3 つの横断的な二重点を持ちます。

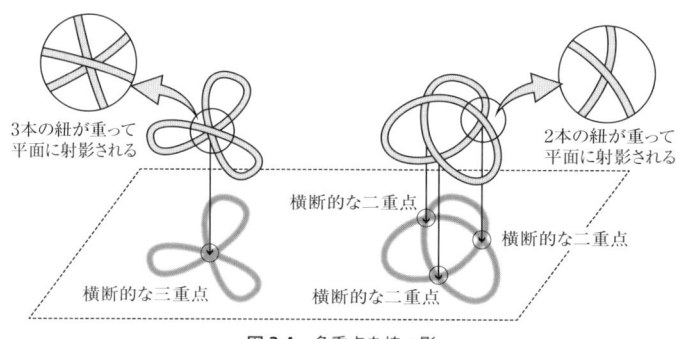

図 3.4　多重点を持つ影

演習問題 3.1　横断的ではない二重点とはどのような二重点でしょうか。

解答　例えば，**図 3.3** の右から 2 番目の影は，2 本の紐の影が重なった点，つまり二重点を持ちます。しかし，この点は 2 本の紐が十字に重なってできたものではないので横断的な二重点ではありません。

演習問題 3.2 どの絡み目も射影図を持つでしょうか。

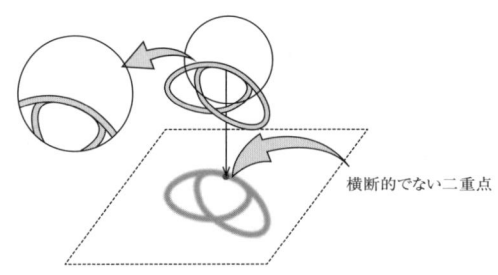

図 3.5　横断的でない二重点を持つ影

解答　結び目の影が接している部分や，横断的でない二重点以外の多重点がある場合は紐を少しずらしたり，射影する方向を変えることで，そのような交点を解消して，交点は「横断的に交わる二重点のみ」にすることできます。よって，すべての結び目や絡み目は多重点が横断的な二重点のみの影を持つので，すべての絡み目は射影図を持ちます。

例えば，三重点を持つ影と，横断的でない二重点を持つ影は，影を取っている結び目の一部を**図 3.6** のように紐を少しずらすことで，その三重点や二重点を解消することができます。

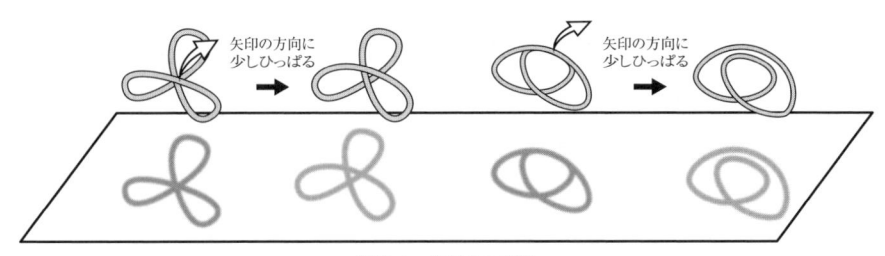

図 3.6　多重点の解消

このようにして横断的な二重点でない多重点は，少し絡み目を動かすことで，影を取り直し簡単に解消することができます。そのため，**図 3.7** のように，今後は多重点が横断的な二重点のみである絡み目の影を考え，それを絡み目の射影図と呼ぶことにします。

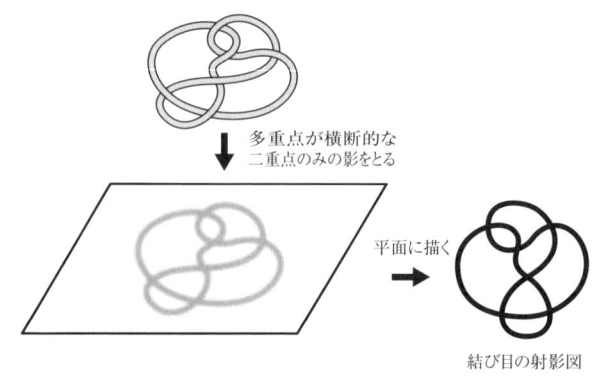

図 3.7　結び目の射影図

　しかし，絡み目の射影図だけを見て，元の絡み目がどのような絡み目であるかを知ることは特別な場合を除いてしかできません。なぜなら，**図 3.8** を見るとわかるように，影をとることで交点に対応する部分の高さの情報がわからなくなってしまうからです。つまり，射影図だけからは，交点においてどちらの紐が上を通りどちらの紐が下を通るかを判断することができません。

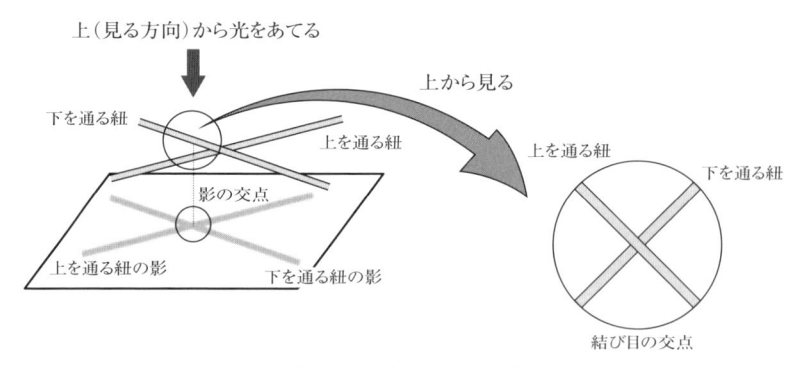

図 3.8　紐の重なる部分と対応する部分の影

演習問題 3.3　交点をちょうど 3 つ持つ結び目の射影図で，元の結び目が決定できるものを描いてください。

解答　例えば，**図 3.9** のような射影図を持つすべての結び目は自明な結び目となることがすぐにわかると思います。

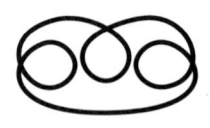

図 3.9 自明な結び目しか得られない射影図

　ここまでの知識では証明することはできませんが，**図 3.10** の３つの結び目は異なる結び目です。この３つの結び目はまったく同じ射影図を持つので，射影図だけを見て元の結び目は特定することはできません。

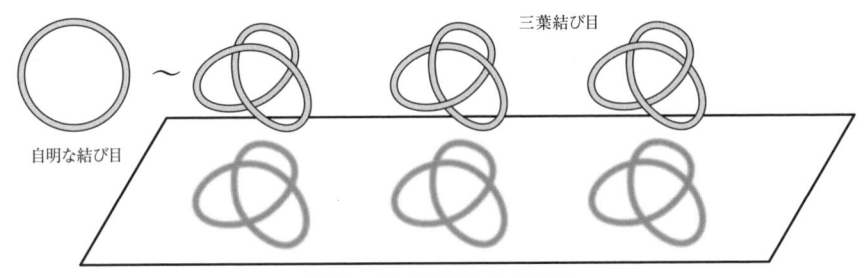

図 3.10 同じ射影図を持つ結び目

　図 3.11 の２つの結び目はいずれも三葉結び目と呼ばれますが，異なる結び目です。区別する際には，右の結び目を右手系三葉結び目，左の結び目を左手系三葉結び目と呼びます。残念ながら本書の知識では，これらが異なる結び目であることは証明できませんが，事実として知っておいてください。

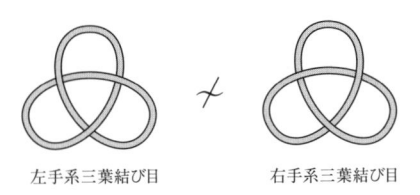

左手系三葉結び目　　　　　右手系三葉結び目

図 3.11 異なる三葉結び目

　図 3.11 の２つの結び目に対して紙面に垂直な方向から光をあて影をとることで，まったく同じ射影図を得ます。この射影図を描くのは難しくありませんが，右手系三葉結び目か，左手系三葉結び目であるかは特定できません。そこで，**図 3.12** のように，各交点において「下を通る紐」に対応する影の一部を消してどちらの紐が上を通るかを表すことで，交点の上下の情報を与えます。このように

して絡み目の射影図の交点に上下の情報を与えたものを，絡み目の「図式」と呼びます。

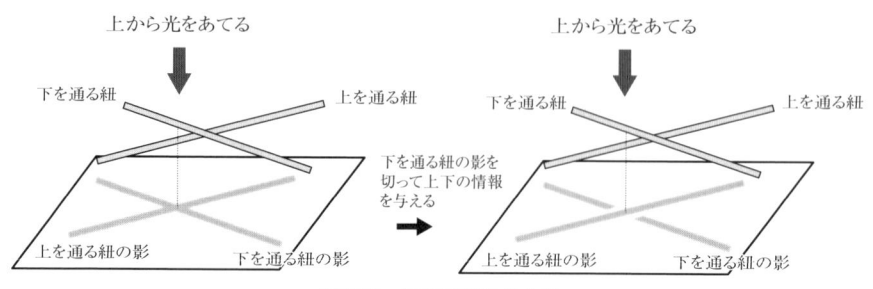

図 3.12　上下の情報の与え方

　ただし，影をバラバラにしているわけではないことに注意してください。バラバラに見えるのに，バラバラにしているわけではない，というのは矛盾しているように思うかもしれませんが，「バラバラに見えるようにすることで下を通ることを表している」のであり，単に見えなくなっているだけだと考えてください。他にも上下の情報の与え方を考えることはできますが，**図 3.13** で与えた上下の情報のうち，どれが一番扱いやすいでしょうか。上下の情報の与え方として，影の一部を消して表すという方法が広く浸透しているのは，下を通る紐の一部を消して表すというこの方法が，最も扱いやすいからではないかと思います。

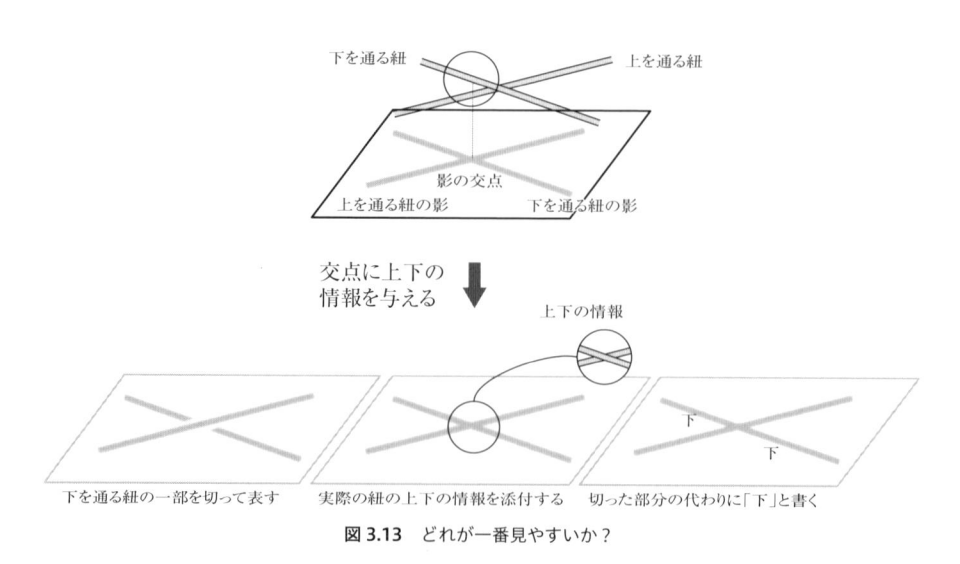

図 3.13　どれが一番見やすいか？

下を通る紐の一部を消して表すというこの方法で交点の上下を与えたのが，**図 3.14** です。

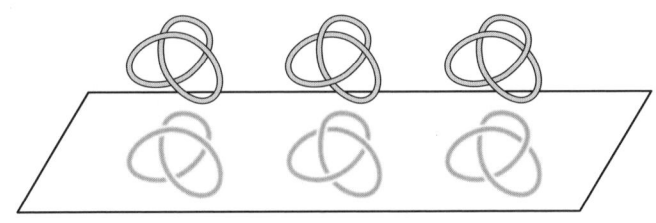

図 3.14　交点の上下の情報を与えた影

　図 3.15 のように，絡み目に対し交点が横断的な二重点のみになるような影をとり，射影図を描き，各交点に対し「上下の情報」を与えたものをその絡み目の「図式」と呼びます。図式においても射影図の交点に対応する部分を図式の交点と呼びます。

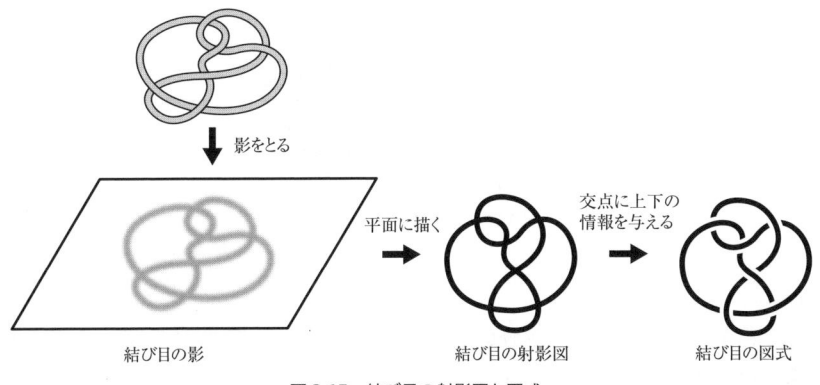

影をとる

平面に描く

交点に上下の情報を与える

結び目の影　　　　　結び目の射影図　　　　　結び目の図式

図 3.15　結び目の射影図と図式

演習問題 3.4 次の結び目の射影図と，その射影図から得られる図式を描いてみましょう。

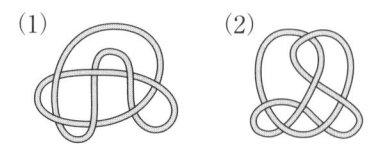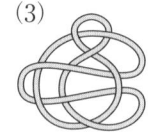

(1) (2) (3)

図 3.16 問題の結び目

解答 それぞれの結び目から自然に得られる射影図を描き，各交点に紐の上下の情報を与えることで，**図 3.17** のような図式を得ることができます。

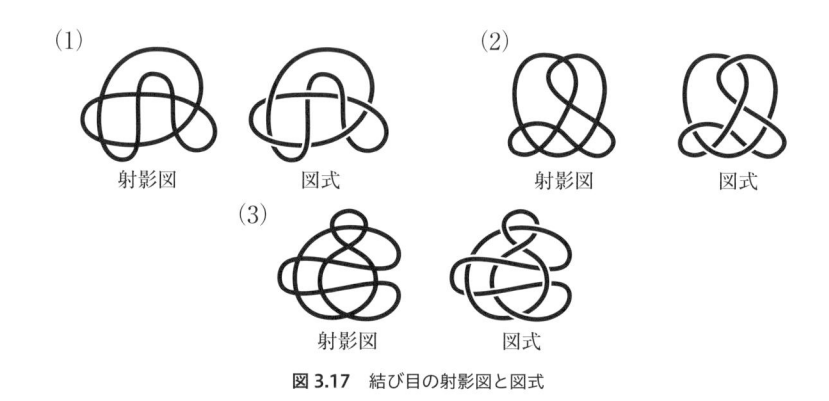

(1)

射影図　　　　図式　　　　(2)　射影図　　　　図式

(3)

射影図　　　　図式

図 3.17 結び目の射影図と図式

演習問題 3.5 次の 2 成分の絡み目の射影図と，その射影図から得られる絡み目の図式を描いてみましょう。

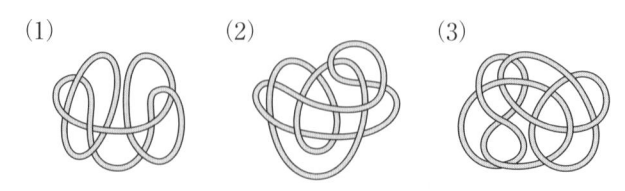

(1) (2) (3)

図 3.18 問題の絡み目

解答 演習問題 3.4 と同様に，それぞれ絡み目から自然に得られる射影図を描き，各交点に紐の上下の情報を与えることで**図 3.19** のような図式を得ることができます。

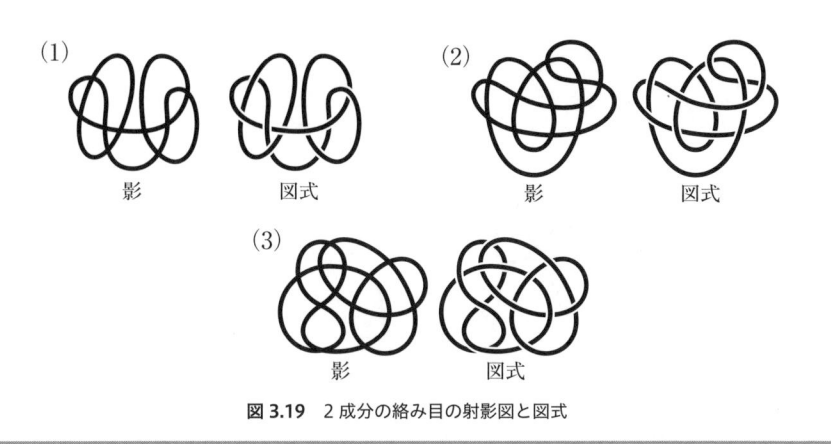

(1)　影　　図式　　(2)　影　　図式

(3)　影　　図式

図 3.19　2 成分の絡み目の射影図と図式

　演習問題 3.4 と演習問題 3.5 のいずれの場合も見た目を変えてから射影図をとることで，さまざまな図式を描くことができることに注意してください。

演習問題 3.6　次の射影図の交点に適当に上下の情報を与えることで得られる結び目の図式は自明な結び目と三葉結び目の図式のいずれかであることを示してください。

図 3.20　問題の射影図

- -

解答 この射影図は 3 つの交点を持ちます。各交点に対し 2 通りの上下の情報の与え方があるので $2 \times 2 \times 2 = 8$ 通りの図式を得ることができます。その 8 個の図式が，自明な結び目または三葉結び目の図式であることを確認できればよいことになります。見落としがないように，**図 3.21** のように樹形図を描いて確認します。

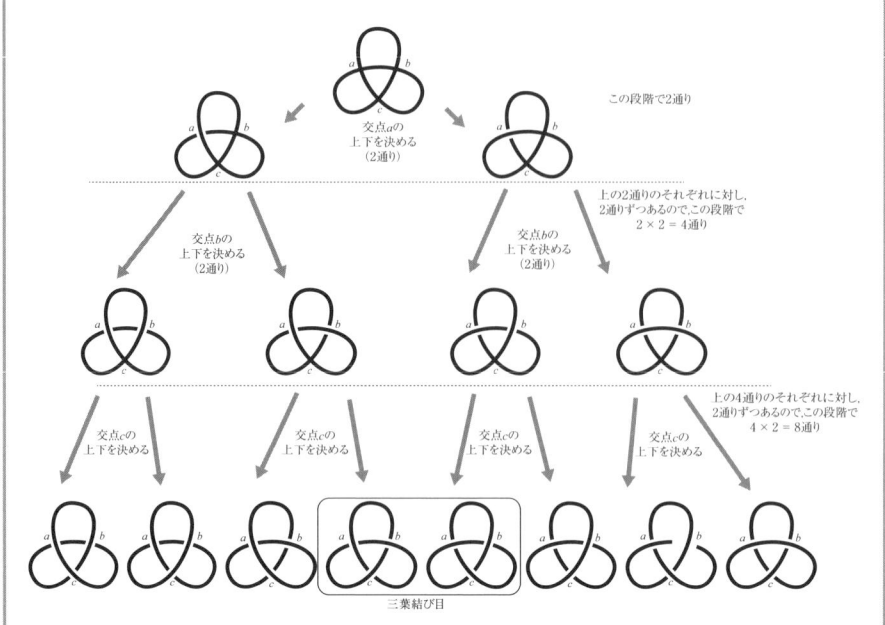

図 3.21 交点の上下の情報の与え方

　まずは与えられた射影図の 3 つの交点に a, b, c と名前を付けておき，a, b, c の順に上下を付けていきます。

(i) 交点 a の上下を決定する

　　交点 a の上下の情報の与え方は 2 通りあるので，交点 a に上下の情報が与えられた射影図は 2 通りが考えられます。

(ii) 交点 b の上下を決定する

　　(i) で得られた射影図それぞれに対し，交点 b の上下の情報の与え方は 2 通りあるので，交点 a と b に上下の情報が与えられた射影図は $2 \times 2 = 4$ 通りが考えられます。

(iii) 交点 c の上下を決定する

　　(iii) で得られた射影図それぞれに対し，交点 c の上下の情報の与え方は 2 通りあります。

　よって，この射影図の交点 a, b, c に上下の情報を与えて得られる結び目図式は一番下の段に現れる 8 個の図式となります。この 8 つの図式のうち，2 つが三葉結び目，残りが自明な結び目であることを確認するのは難しくないでしょう。

演習問題 3.7 次の（八の字結び目ではない）結び目の射影図の交点に上下の情報を与えることで得られる，八の字結び目の図式を描いてください。

 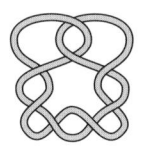

図 3.22 問題の結び目

解答 与えられた結び目の射影図をとり，例えば**図 3.23** のように上下の情報を与えることで八の字結び目の射影図を得ることができます。

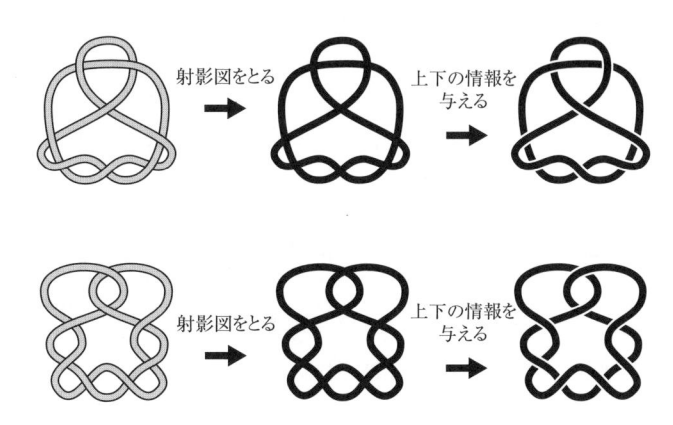

図 3.23 八の字結び目の図式を得るための上下の情報の与え方

このようにして上下の情報を与えて得られた図式が八の字結び目の図式であることは，**図 3.24** のようにして確認できます。

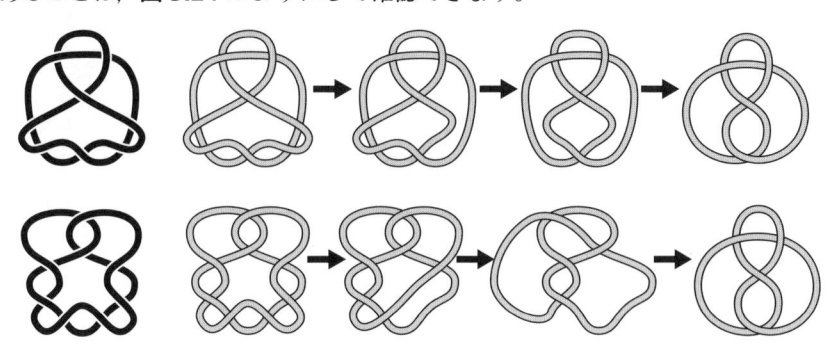

図 3.24 結び目の変形

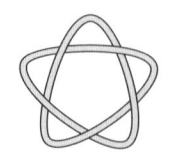

演習問題 3.8 次の（八の字結び目ではない）結び目の射影図の交点に上下の情報を与えることで得られる，八の字結び目の図式を描いてください。

図 3.25　問題の結び目

解答　演習問題 3.7 の解答のように，この見た目のまま射影図をとっても，八の字結び目の図式を得られる射影図を得ることはできません。どのように交点に上下の情報を与えても，八の字結び目の図式にはならないことは各自確認してみてください。そのため，結び目を変形してから射影図をとることを考えます。例えば，**図 3.26** のように変形してから射影図をとり，交点に上下の情報を与えることで，八の字結び目の図式を得ることができます。

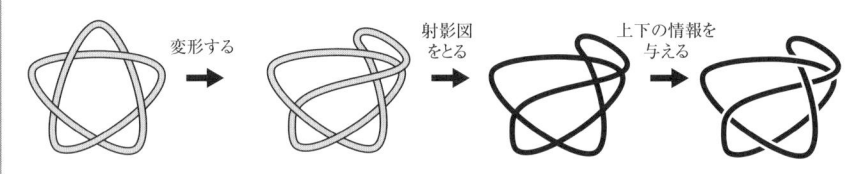

図 3.26　八の字結び目の図式を得るための変形

　実際，このようにして得られた図式が表す結び目は，**図 3.27** のように変形することで，八の字結び目になっていることが確認できます。

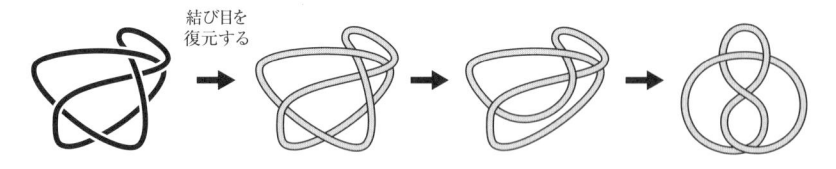

図 3.27　八の字結び目の図式であることの確認

　交点にうまく上下の情報を与えると，次の図のどちらの結び目の図式も得ることができる射影図を描いてください。

図 3.28　問題の結び目

解答　例えば，**図 3.29** に示す右の結び目から自然に得られる，**図 3.30** のような射影図を考えます。

図 3.29　右の結び目の射影図

　この射影図から右の結び目の図式が得られることはすぐにわかります。また，この射影図の交点に**図 3.30** のように上下の情報を与えると，左の結び目の図式になることも確認できます。よって，この図式が求める図式となります。

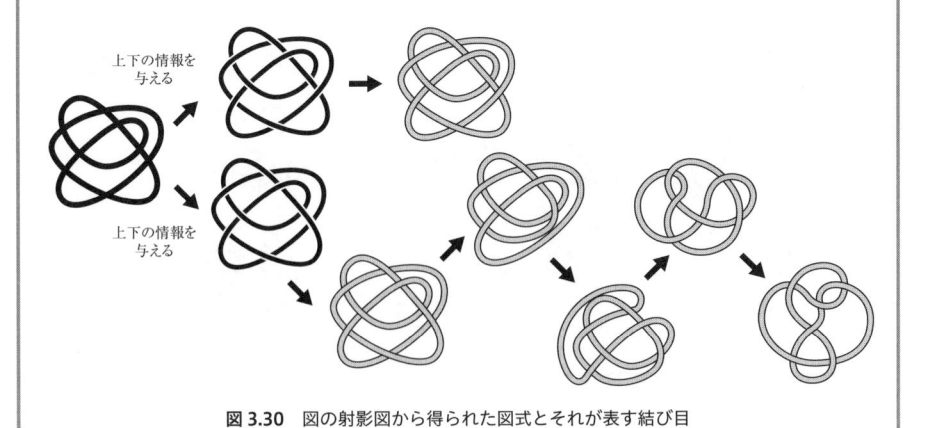

図 3.30　図の射影図から得られた図式とそれが表す結び目

① 既約な図式

　与えられた絡み目の図式を考える際はなるべく交点の数が少ない図式を考えることが多いです。結び目の図式が与えられたとき，交点の数がそれより少ない図式を持つかはすぐにわからない場合もありますが，そのような図式を簡単に見つけることができる場合あります。

> **演習問題 3.10**　次の交点の数が 9 である図式を持つ結び目が，交点の数が 8 の図式も持つことを確認してください。

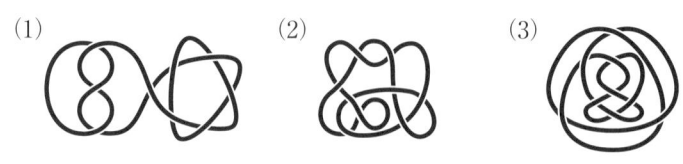

図 3.31　交点の数が 9 である図式

> **解答**　各図式が表す結び目を考えると，**図 3.32** のように，各図式内の○をした交点に対応する紐の重なりは，空間内で矢印の方向に捻ることで解消できます。紐の重なりを解消するように捻った後に図式をとりなおすと，それぞれ交点の数が 8 の図式が得られることがわかります。

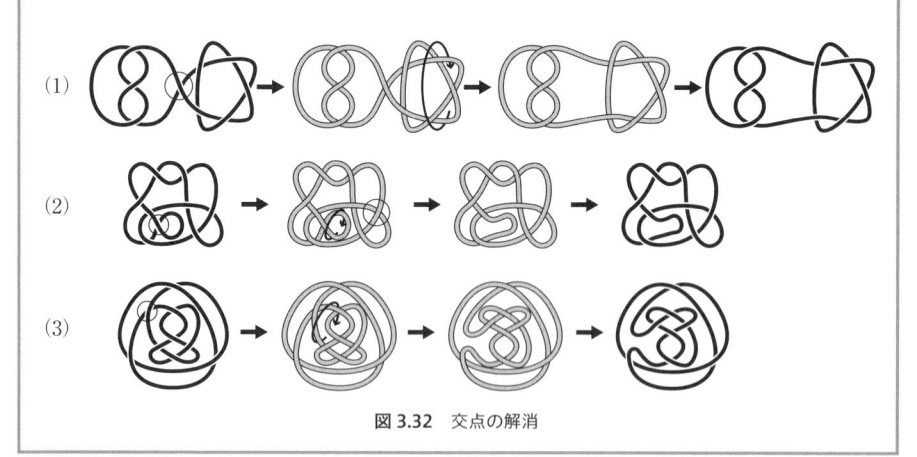

図 3.32　交点の解消

　（1）〜（3）の図式が持つ**図 3.33** のような簡単に解消できる交点は「無意味な交点（nugatory crossing）」と呼ばれます。この「無意味な交点」を持たない絡み目の図式は既約な図式と呼ばれます。

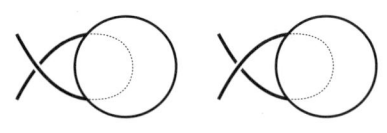

図 3.33 無意味な交点

図 3.33 の○で囲った部分は結び目図式の一部を意味しており，点線部分は「つながり方」を表しています。例えば，**図 3.33** の右側の「つながり方」として，**図 3.34** の矢印の右側のような例が挙げられます。

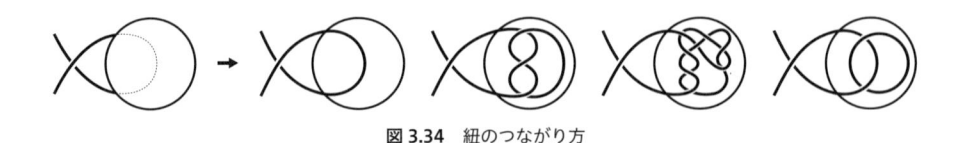

図 3.34 紐のつながり方

このような交点は，先ほどの演習問題の解答にあるように，**図 3.35** のようにして空間内で絡み目の一部を捻ることで簡単に解消することができることに注意してください。

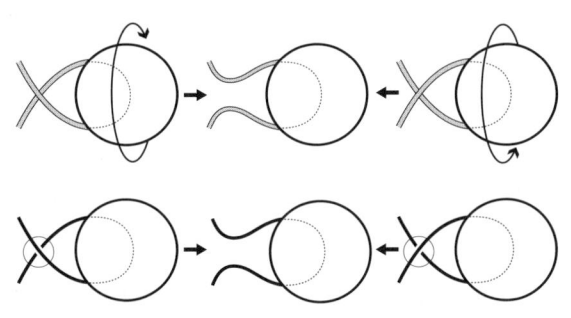

図 3.35 紐の重なりの解消と図式の交点の解消

図 3.36 の図式は，同じ結び目を表す既約な図式と，既約ではない図式です。図式内の○をした交点は「無意味な交点」です。この交点に対応する紐の重なった部分を空間内で捻ることで解消した後に，図式をとりなおすことでことで，無意味な交点がない図式を得ることができます。

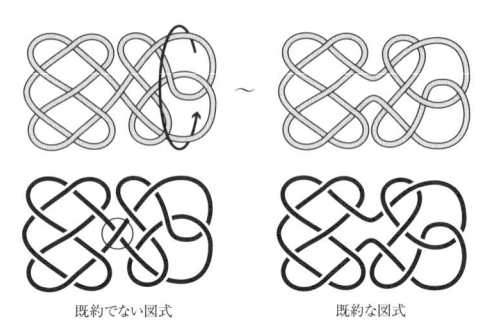

既約でない図式 　　　　　　　　　既約な図式

図 3.36 同じ結び目を表す既約な図式と既約でない図式

演習問題 3.11 次の結び目の既約な図式を描いてください。

図 3.37 問題の結び目

解答 例えば，**図 3.38** のように変形して図式をとることで既約な図式を得ることができます。

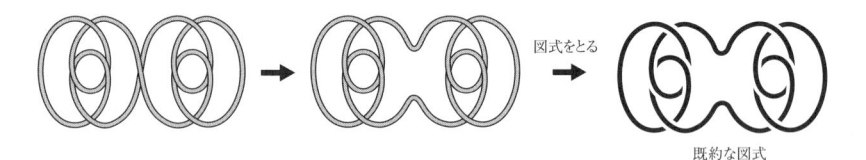

図式をとる

既約な図式

図 3.38 紐の重なりを解消して得られる既約な図式

　しかし，演習問題 3.11 の解答はこれだけではありません。既約な図式を得るために，交点を解消すると考えるのは自然なことですが，**図 3.39** のように交点を増やすことで既約な図式を構成することもできます。

図式をとる

既約な図式

図 3.39 紐の重なりを増やすことで得られる既約な図式

既約でない図式から既約な図式を得るためには，無意味な交点を解消するということは自然な考え方なのですが，このような変形でも間違いではないことを意識しておくのは大切なことです。

第 3 章

演習問題 3.12　　次の結び目の図式のうち，既約である図式はどれでしょうか。また，既約でない図式に対しては，その図式が表す結び目の既約な図式を描いてください。

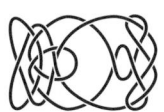

図 3.40　問題の結び目

解答　左から 2 番目と 4 番目が既約な図式で，残りが既約でない図式です。**図 3.41** の図式の○をした交点は「無意味な交点」なので，これらが既約でない図式であることがわかります。この 3 つの図式から得られる結び目は，図のように変形してから図式をとることで既約な図式を得ることができます。

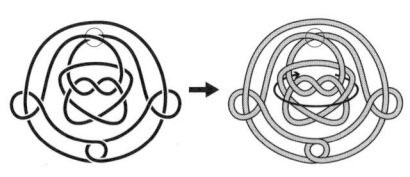

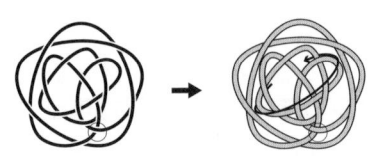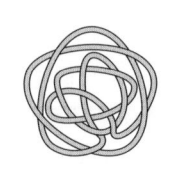

図 3.41　無意味な交点の解消

絡み目を研究する際には図式を用います。ここでは，今後使用することになる図式に関する用語を紹介していきます。絡み目の図式の交点の情報が，本当に図式をそこで切ることで与えられていると考えると，絡み目の図式はいくつかの部分に分かれます。そのそれぞれを図式の弧と呼びます。

　図式が交点の部分で切れていないと考えると射影図と同様に，図式は描かれている平面をいくつかの部分に分割します。そのそれぞれの分割されたパーツを図式の面と呼びます。結び目の影に沿ってカッターで切っていき，平面をバラバラにしているようなイメージです。**図 3.42** は結び目の図式の交点, 弧, 面の例です。

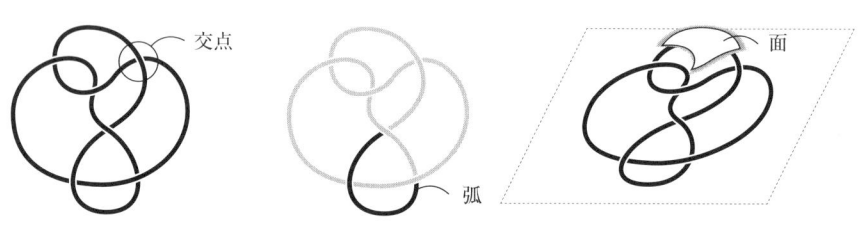

図 3.42　結び目の図式の弧と面

　また，**図 3.43** の図式が持つような円周状の部分も弧の一種と考え，円周成分と呼ぶことにします。

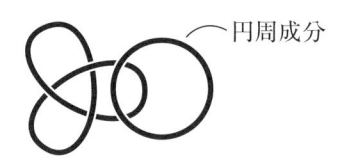

図 3.43　円周成分

　演習問題 3.13　**図 3.42** の図式の交点, 弧, 面の数はそれぞれいくつでしょうか。

- -

　解答　この図式の交点は **図 3.44** の左から 2 番目の図の黒い部分なので，6 個であることがわかります。また，左から 2 つ目の図の黒い部分が図式の弧の一例になります。交点の部分で，図式が分割されていると考えると，この図式は右から 2 つ目の図のように 6 個の部分に分かれるので，弧の数は 6 個であることがわかります。面は射影図の面と一致するので 8 個になります。

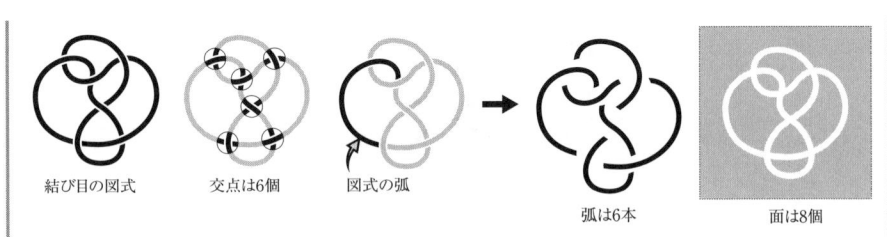

結び目の図式　　　交点は6個　　　図式の弧　　　　　　　　弧は6本　　　面は8個

図 3.44 図式の交点，弧，面の個数

　実は，図式が円周成分を持たなければ，交点の数と弧の数は，常に一致します。また，交点を1つ以上持つ結び目図式の場合，面の数は「図式の交点（もしくは弧）の数 + 2」になることも知られています。後者の事実については 5.3 節で理由を説明します。ここでは，前者の事実を練習問題として皆さんに考えてもらうことにします。

演習問題 3.14　交点を持つ結び目の図式の弧の数は，交点の数と等しくなるのはなぜでしょうか。

解答　各交点の近くを見てみると，交点1つに対し弧の端点2つが対応します。つまり，交点の数が n 個の図式は，$2n$ 個の弧の端点を持つことになります。各弧は2つの端点を持つので，弧の数も $2n \div 2 = n$ より，n 個であることがわかります。以上より，図式の弧の数は図式の交点の数に一致することがわかります。

　解答の説明がわかりにくい場合は，次のように考えるといいかもしれません。**図 3.45** のように図式の弧の端点に灰色の丸で目印を付けてみます。前述したように弧は2つの端点を持つので，弧の数は「灰色の丸の数 ÷ 2」ということになります。また交点1つに対し，灰色の丸2個が対応するので，交点の数も「灰色の丸の個数 ÷ 2」となります。つまり，図式の弧の数と交点の数が等しいことがわかります。

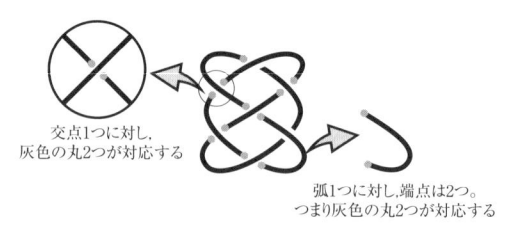

交点1つに対し,
灰色の丸2つが対応する

弧1つに対し,端点は2つ。
つまり灰色の丸2つが対応する

図 3.45 図式の弧とその端点

3.3 結び目理論における目標

結び目理論では次のような問題を考えたりします。

問題 1 図の 2 つの絡み目は同じ絡み目でしょうか，それとも異なる絡み目でしょうか。

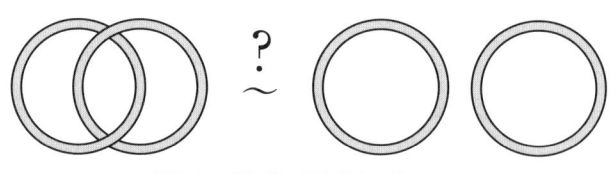

図 3.46 同じ絡み目か異なる絡み目か

問題1は「左を右のように各成分をバラバラにできるか」ということを聞いています。皆さんはどう思いますか。できないに決まってると思いますか。この2つの絡み目が異なるとしたら，どのようにして示せばよいのでしょうか。空間内で連続的に変形し互いに移りあわない絡み目は異なる絡み目ですが，絡み目が異なることを示すのは実は難しいことなのです。なお，問題1の左の2成分絡み目は「ホップ絡み目」と呼ばれており，バラバラにすることができない最も単純な絡み目であることが知られています。このことは本書の第10章で証明します。

日常生活においては「この2つの絡み目は異なる」と言い切ることには何の問題もありません。むしろ「同じ」と答えたら「変な人！」と思われてしまうでしょう。当たり前と思うこの事実ですが，「なんで？」と根拠を聞かれたらどのように答えますか。多くの人は「（左のように絡んだ2つの輪は）どうやっても外せないから」と考えるのではないでしょうか。これが「同じ」であったら，チャイニーズリング（輪をつなげたり外したりする手品）を見て面白いと思う人はいないでしょう。誰もが当たり前と思うように，この2つの絡み目は異なる絡み目で

す。でも数学においては，この2つの絡み目が異なることは，きちんと「証明」しなければならない事実なのです。それだけでは納得のいかない人もいるでしょう。そんな人は次の問題を考えてみてください。

問題2 紐を結びなおしたり，切ったりせずに左の状態から，右の状態にすることは可能でしょうか。

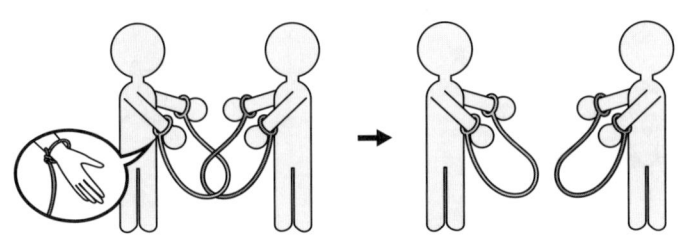

図 **3.47** 右の状態にすることは可能？

　可能です。これは「縄抜けマジック」として知られているものなので，知っている人はすぐに解答することができたと思います。タネを知らない人は，解説を見る前に荷造りの紐などを使ってやってみてください。右側の状態から左側の状態にできない人もいるでしょう。縄抜けにトライして，いくら頑張っても右の状態にできなかった人がいたとしても，必ず左の状態から右の状態にすることはできることはわかっています。実際，**図 3.48** に従って紐を動かしていけば，ちょっとした手元の操作だけで右の状態にすることができます。

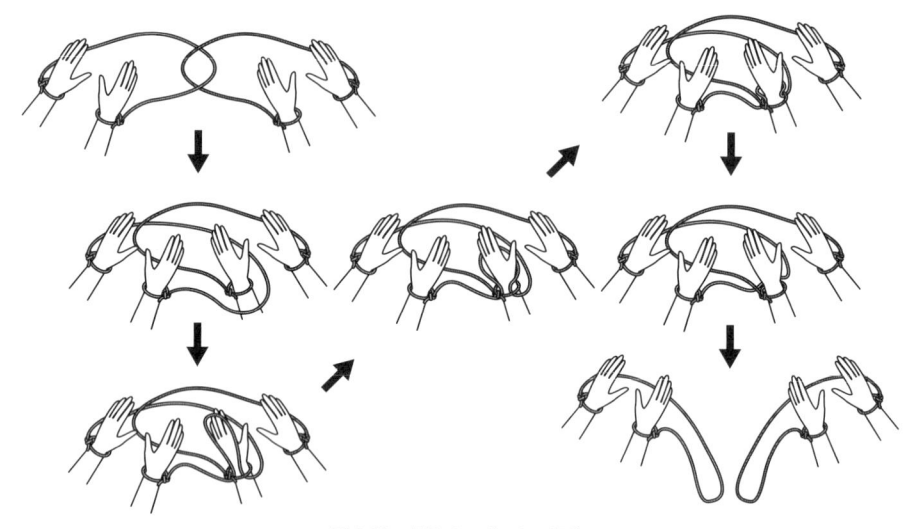

図 3.48 縄抜けマジックの解法

　この解法はいろいろと試すことで見つけられたという人もいると思いますが，実はトポロジーの考え方を使うと，どのような方針で探せばよいかという方針を立てることができます。しかし，本論からそれてしまうので本書では縄抜けの解法についての説明はここまでにしておきます。

　なぜこの手品を紹介したかというと，「がんばってもできないから不可能である」とは結論付けることができないことを認識してほしかったからです。ホップ絡み目の 2 つの輪はどうがんばってもバラバラにできない，と結論付けられるとしましょう。すると，縄抜けマジックも（タネを知らない人が）外れないから外れない，と結論付けてもよいことになってしまうのです。なので，問題 1 の解答を与えるのであれば，何らかの根拠を示す必要があります。本書では，この問題に解答を与えることを 1 つの目標として，結び目理論について学んでいきます。

> ### 第 3 章のまとめ
> （1）多重点が横断的な二重点のみの結び目の影を結び目の射影図と呼ぶ。
> （2）結び目の射影図の交点に上下の情報を与えたものを結び目の図式と呼ぶ。
> （3）「閉じた止め結びは，紐を切らずに解くことができない」ことなど，日常では当たり前に思うことでも，数学においては証明が必要なことがある。

第 **4** 章

さまざまな絡み目

第 3 章まででも「三葉結び目，八の字結び目，ホワイトヘッド絡み目」などの名前の付いた絡み目を見てきました。ここでは，日常で見られる絡み目から得られる数学における絡み目と，数学においてよく知られている絡み目を紹介していきます。日常の紐やロープなどの結び方から得られる結び目は，その結び方の名前から名付けられたものもあれば，その結び方とは異なる名前が付けられているものもあります。まずは，数学における有名な絡み目を紹介することにします。

4.1 日常における結び目から得られる結び目

本節の①から⑧では日常における結び目から得られる結び目を，⑨と⑩では絡み目を紹介します。

① 止め結び

既に何度も現れている結び目です。ある意味で一番簡単な結び目であるためよく目にします。ロープワークでは「止め結び」，裁縫では「玉結び」と呼ばれ，日常でもよく見られる**図 4.1** のような結び方です。止め結びの両端を閉じて得られる結び目は標準的な形として三つ葉の形にできるので，結び目理論において「三葉結び目」と呼ばれます。紐の重なり方が逆のものも三葉結び目と呼び，既に述べたように，それらは異なる結び目であることが知られています。区別したいときはそれぞれ**図 4.1** の一番右の結び目を右手系三葉結び目，右から 2 番目の結び目を左手系三葉結び目と呼びます。

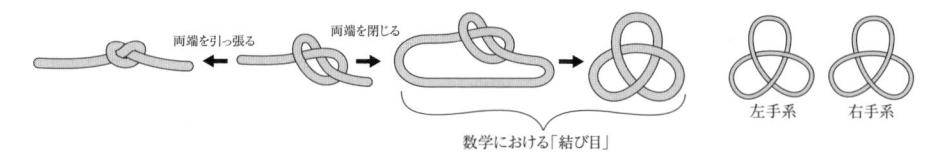

図 4.1　止め結びと三葉結び目

② 節結び

　ロープに連続した節（コブ）を作る結び方です。登山などでロープを使うときの手がかりを作ったり，簡易的な縄梯子を作るのに用いられます。**図 4.2** は節を5つ作る場合の結び方です。最初に作るループの数を変えることで，節の数を増やしたり減らしたりできます。

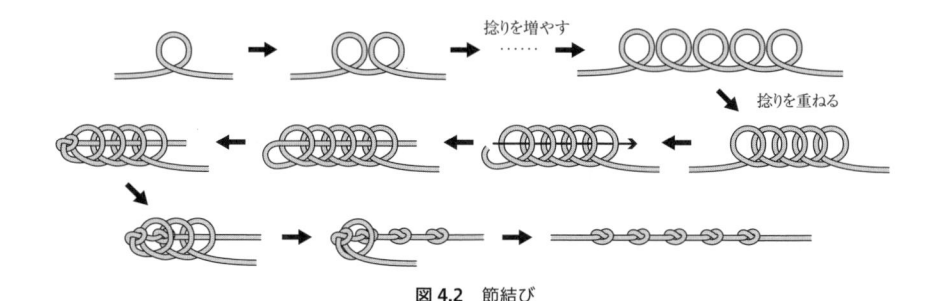

図 4.2　節結び

　節結びは，**図 4.3** のように止め結びを連続して作ったものと考えることができます。節結びを閉じて得られる結び目は，三葉結び目から「合成」という操作で得られることを，4.2 節④で説明します。

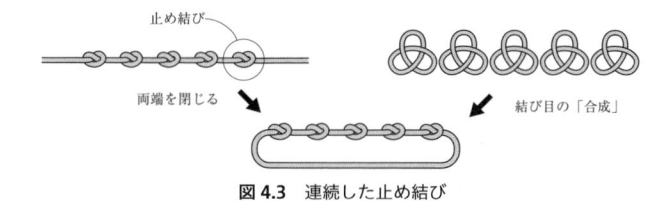

図 4.3　連続した止め結び

③ 八の字結び

　止め結びより大きなコブを作ることができる結び方で強度も高く，しかもほどきやすいため，利用度が高いです。**図 4.4** の要領で結びます。結び目が数字の「8」のような形になるところから，この名前が付いたそうです。日常では端を閉じていないものを「八の字結び」と言いますが，数学においてはこの両端をつないで

閉じたものを「八の字結び目」と呼びます。

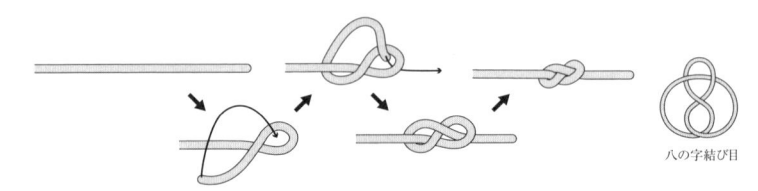

図 4.4 八の字結びと八の字結び目

④ 仲仕（なかし）結び

八の字結びより大きなこぶを作ることができる結び方です。ロープの先に作りストッパーとして使われたりします。**図 4.5** のように，途中まで八の字結びを結ぶのと同じ手順で進めますが，八の字結びより紐を余分に絡めて結んでいきます。

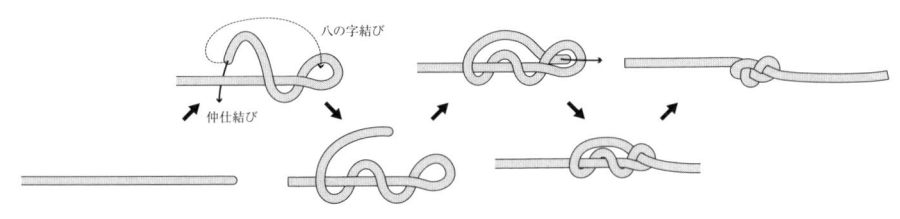

図 4.5 仲仕結び

図 4.6 は仲仕結び目の端を閉じたものですが，これを「スティーブドア（Stevedore）結び目」と呼びます。

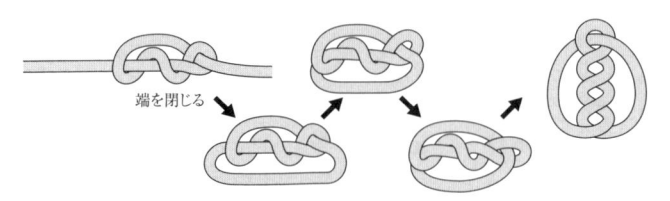

図 4.6 スティーブドア（Stevedore）結び目

演習問題 4.1　次はどちらもスティーブドア結び目です。この2つの結び目が同じ結び目であることを確認してください。

図 4.7　スティーブドア結び目

- -

解答　図 **4.8** のように右の結び目は左の結び目と同じ見た目に変形できるので，これらは同じ結び目です。

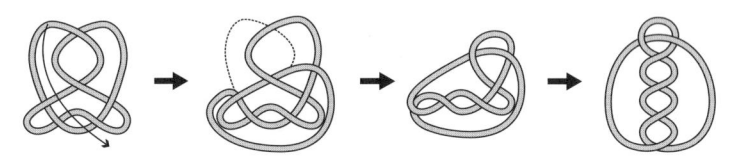

図 4.8　スティーブドア結び目の変形 1

　また，次のような考え方もあります。仲仕結びをした後に，紐の両端を**図 4.9** のように2通りでつなぎます。このようにして得られた2つの結び目を変形していくと，それぞれ問題にある2つの結び目と同じ形に変形することができます。

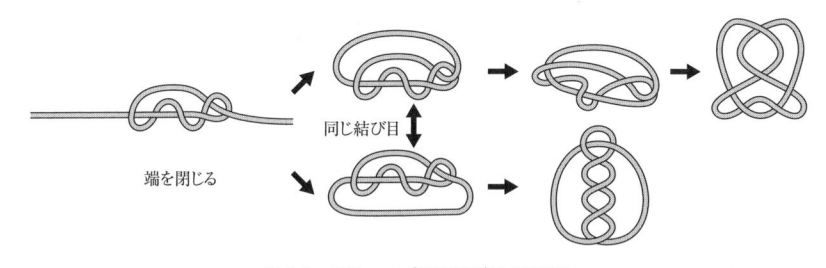

図 4.9　スティーブドア結び目の変形 2

⑤ あわじ結び

　図 4.10 は「あわじ結び」と呼ばれています。一度しっかりと結んでしまうと解くのが難しいことから，結婚祝いのご祝儀袋に見られる水引など，一度きりのお祝いのときに使われます。また両端を引っ張るとさらに固く結ばれることから，「末永く付き合う」という意味も持つそうです。「鮑（あわび）結び」とも呼ばれます。

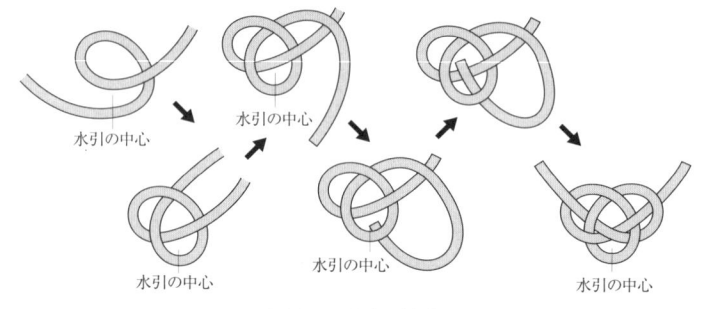

図 4.10 あわじ結び

　数学では**図 4.11** のようにあわじ結びの端を閉じたものを「あわじ結び目」と呼びます。

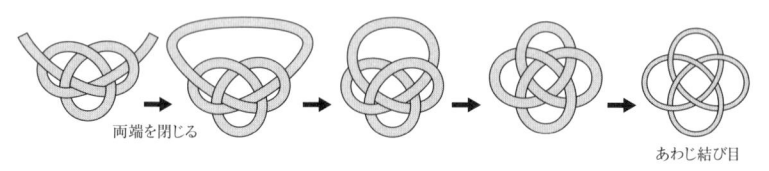

図 4.11 あわじ結び目

⑥ 本結び（スクエアノット）

　図 4.12 は紐や糸の両端をつないだり，2 本のロープなどをつなぐ基本的な結び方として知られている「本結び」と呼ばれるきつく締めると解きにくい結び方です。英語では閉じる前も閉じた後もスクエアノット（square knot）と呼ばれます[*1]。本結びの 4 つの端点を図のように閉じて得られる結び目は「本結び目」とは呼ばずに，スクエアノットと呼ぶことが多いです。

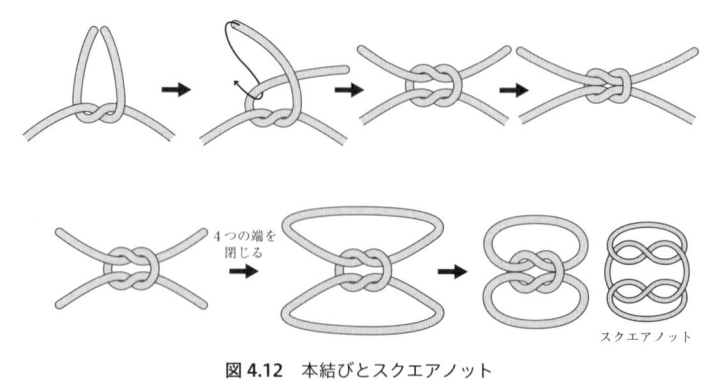

図 4.12 本結びとスクエアノット

---

*1　reef knot ともよばれる結び目です。

⑦ 外科結び

　本結びの結び方で最初の部分を結ぶときに，**図4.13**のように捻りをもう1つ加えると摩擦が増すため，本結びより強度が高い結び目を得ることができます。この結び方は手術の際の結紮に使用されていることから「外科結び」と呼ばれています。外科結びの4つの端点を，図のように閉じて得られる結び目を「外科結び目」と呼びます。

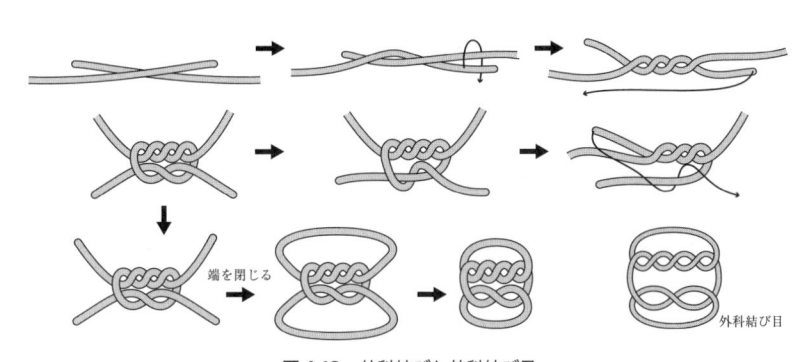

図 4.13　外科結びと外科結び目

⑧ 縦結び（グラニーノット）

　図4.14の2つ目の手順は，**図4.12**と○をした紐の重なり方の上下が逆になっています。本結びを結ぶ際2つ目の手順で紐の上下を誤ると，縦結びとよばれる結び方になります。英語では閉じる前も閉じた後も「グラニーノット（grany knot）」と言います。

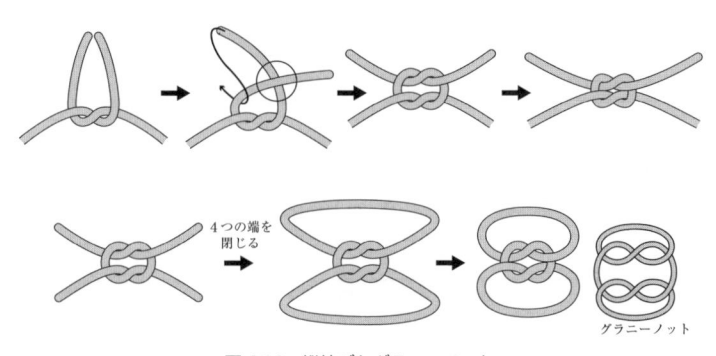

図 4.14　縦結びとグラニーノット

⑨ ソロモンの結び目

　図4.15はソロモンの結び目と呼ばれる，非常に古くから使用されている伝統

的な装飾モチーフです。「結び目」と名前が付けられていますが，数学では「2成分絡み目」に分類されます。

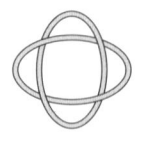

ソロモンの結び目

図 4.15 ソロモンの結び目

⑩ ボロミアン環

　3つの輪からなる**図 4.16** の左の絡み目はボロミアン環と呼ばれる絡み目です。ルネサンス時代のイタリアの貴族「ボロメオ家」の家紋に描かれている3つの輪が絡まったように見える図形のような絡み目であることから，ボロミアン環と呼ばれています。右の図は「三つ輪違い」と呼ばれている家紋ですが，ボロミアン環の図式を太らせたものとみなせます。

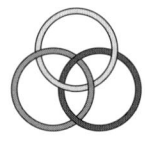

ボロミアン環　　　　　　　　三つ輪違い

図 4.16 ボロミアン環と三つ輪違い

4.2　数学的な意味を持つ絡み目

　次に数学的に意味を持ち，名前が付けられた絡み目について見ていくことにします。

① 絡み目の系列

　名前が付けられた絡み目の中には，系列として構成されているものがあります。ここでは，よく知られている絡み目の系列と，その構成法をみていきます。まずは「ツイスト結び目」と呼ばれる，結び目の系列を紹介します。名前の通りツイストされた（捻られた）部分が含まれる結び目で，ツイストの数を増やしていくことで無限個の結び目を構成することができます。

1. ツイスト結び目

　図 4.17 のように，2本の紐を1回捻ったものを1つの単位として2本の紐の

捻りを表すことを考えます。ただし，2本の紐を1回交差させたものを半捻りまたは 0.5 捻りと呼び，捻る方向で，＋の捻り，－の捻りと区別します。**図 4.17** の右の 2 つの捻りにおける数字と点々の部分は，捻りが 1, 2, 3, 4, 5, $\cdots$, n と続いていると考えてください。それぞれ $2n$ 個の -0.5 捻り，$2n$ 個の 0.5 捻りから構成されていると考えることもできます。ただし n は自然数とします。

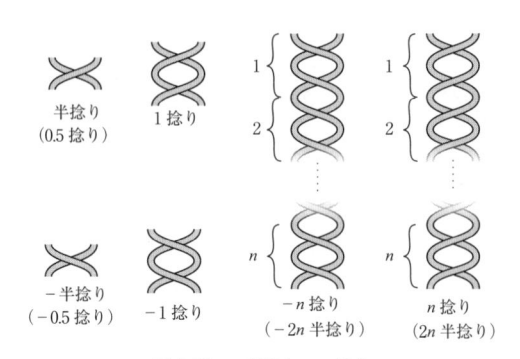

図 4.17 n 捻りと $-n$ 捻り

閉じた輪っかに**図 4.18** のような n 個の $+0.5$ 捻り，もしくは n 個の -0.5 捻りを作り，端をフックさせて得られる結び目を「ツイスト結び目」と言います。実際に紐などでツイスト結び目を作るには，フックさせるときに紐を切ってつなぎなおすという操作が必要です。捻りが 0 の場合は自明な結び目となりますが，それはツイスト結び目とは呼びません。

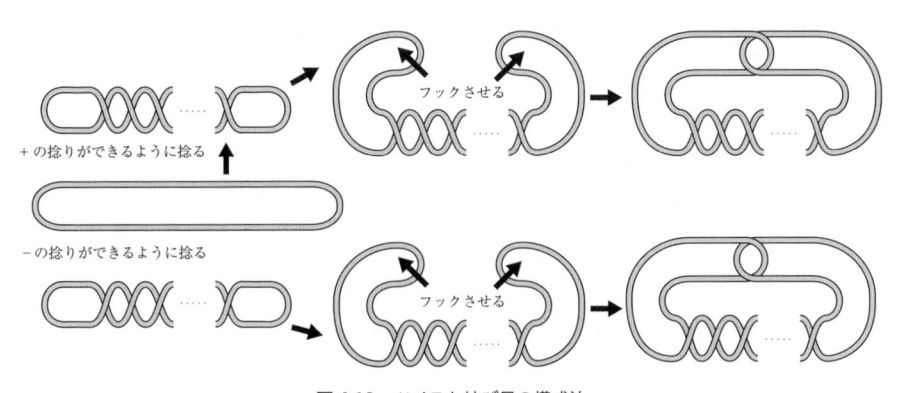

図 4.18 ツイスト結び目の構成法

捻りの数が異なるツイスト結び目が異なる結び目であることは，7.2 節で紹介する「交代図式」に関する結果を用いることで証明することができます。つまり，

無限個の互いに異なるツイスト結び目が存在することがわかります。

演習問題 4.2 三葉結び目，八の字結び目，スティーブドア結び目はツイスト結び目です。次の図の三葉結び目，八の字結び目，スティーブドア結び目は，それぞれ何個の半捻りをツイスト部分に持つかを答えてください。

図 4.19 三葉結び目，八の字結び目，スティーブドア結び目

- -

解答 図 4.20 のように変形することで，図の三葉結び目は 1 個の半捻り，八の字結び目は 2 個の半捻り，スティーブドア結び目は 4 個の半捻りのツイスト結び目であることがわかります。三葉結び目がツイスト結び目であることが見て取れる形（カッコ内のものはさらに整えたもの）もよく使用されるので覚えておくとよいでしょう。

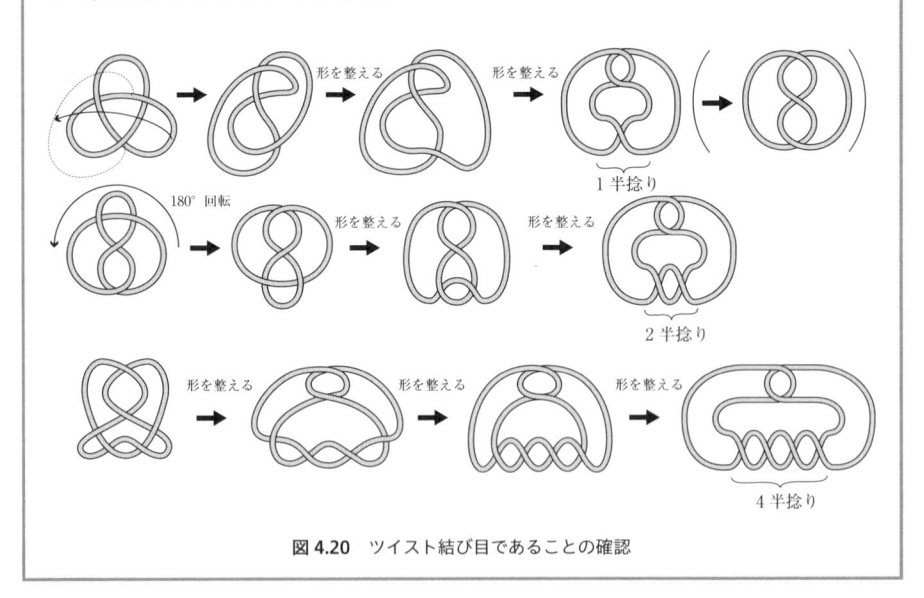

図 4.20 ツイスト結び目であることの確認

慣れてくると，変形しなくてもこれらの結び目がツイスト結び目であることは，わかるようになると思います。

2. ブルーニアン絡み目

　任意の1成分を取り除くと自明な絡み目になる非自明な絡み目のことをブルーニアン絡み目と言います。

演習問題 4.3　ボロミアン環はブルーニアン絡み目であることを示してください。ただし，ボロミアン環が非自明な絡み目であることは認めてかまいません。

解答　3つの成分それぞれを取り除いて得られる3つの2成分絡み目が分離可能であることを確認すればよいです。3つの成分のうち1つの成分を忘れて得られる2成分絡み目は**図 4.21** からわかるように自明な2成分絡み目となるので，ボロミアン環はブルーニアン絡み目であることがわかります。

　ここでは，各成分について，その成分を取り除いて得られる絡み目について確認しましたが，ボロミアン環は対称性を持つので，実際は好きな1つの成分を取り除いた絡み目が自明な2成分絡み目となることを示せば十分です。

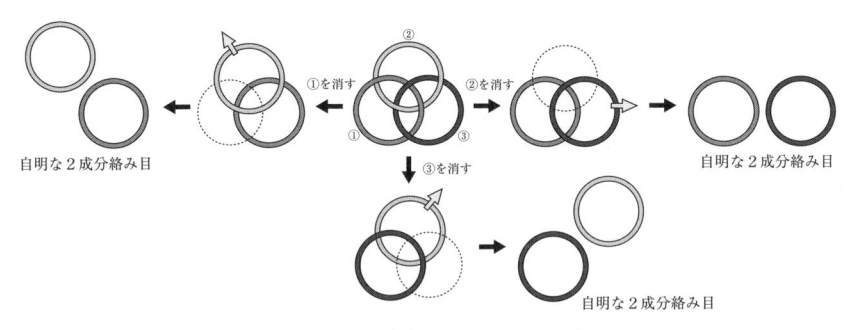

図 4.21　ボロミアン絡み目がブルーニアン絡み目であることの証明

　次に，成分数を増やしていくことで，ブルーニアン絡み目の系列を構成することを考えてみましょう。数学では「ミルナー絡み目」と呼ばれる有名なブルーニアン絡み目の系列がありますが，ここでは「輪ゴム」のつなげ方を応用して，ブルーニアン絡み目の系列を構成してみます。

　輪ゴムは自明な結び目とみなすことができるので，**図 4.22** のように輪ゴムをつなぐように，2つの自明な結び目を絡めることで，自明な2成分絡み目を得ることができます。この図では4本の輪ゴムをつないでいますが，さらに同じ手順を繰り返すことで，いくつでも輪ゴムをつないでいくことができます。また逆の手順をたどれば，つないだ輪ゴムはすべてバラバラにすることができます。

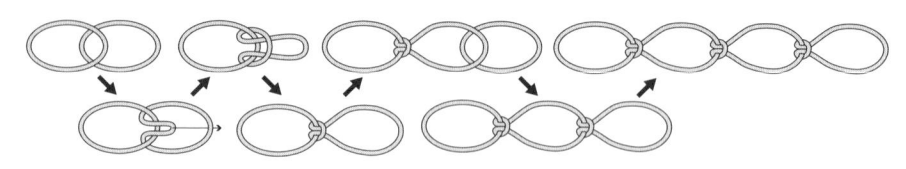

図4.22 輪ゴムのつなげ方

図4.22の最後の状態は4成分の自明な結び目です。ブルーニアン絡み目は非自明な絡み目なので，**図4.23**のように1本目の輪ゴムと4本目の輪ゴムをつなげることを考えます。実際には輪ゴムを切ってから絡めて，輪ゴムをつなぎ直さなければ，このような変形はできません。つまり**図4.23**の灰色の矢印に対応する変形は，実際には実現できません。黒い矢印はつなぎ目部分を緩め，絡み目として見やすくしたものです。ここまでの知識で証明することはできませんが，このようにして構成された4成分絡み目は非自明な絡み目となり，どの1つの成分を除いても3成分の自明な絡み目を得ることができるので，ブルーニアン絡み目であることがわかります。

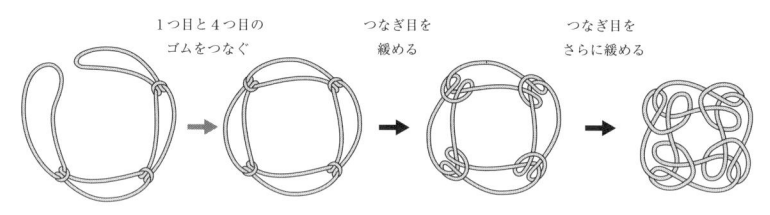

図4.23　4成分のブルーニアン絡み目の構成法

演習問題 4.4　　図4.23の構成法を用い3成分のブルーニアン絡み目を構成してください。構成した絡み目が非自明であることは認めてかまいません。

- -

解答　　**図4.22**で3つの輪ゴムがつなげられた状態から，1本目の輪ゴムと3本目の輪ゴムをつなげると，**図4.24**のような，3成分のブルーニアン絡み目を得ることができます。

図4.24　3成分のブルーニアン絡み目

n 本（$n \geqq 2$）の輪ゴムを**図 4.22** のようにつなげていき，1 本目の輪ゴムと n 本目の輪ゴムをつなげることで構成した絡み目を B_n で表すことにします。この絡み目 B_n がブルーニアン絡み目であることは，次のように確認できます。ただし，B_n が非自明であることは認めることにします。B_n は $\frac{360°}{n}$ 回転させても見た目が変わらないという対称性があるので，1 つの成分を取り除いて自明な n 成分の絡み目になることを示すことができれば十分です。実際，**図 4.25** のようにどの 1 成分を取り除いていた場合も同じようにほどけることがわかります。

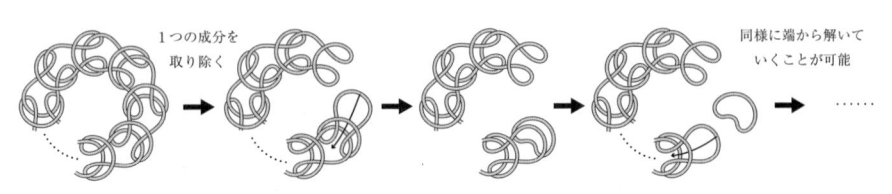

図 4.25　ブルーニアン絡み目であることの証明

こうして**図 4.26** のような無限のブルーニアン絡み目の列を得ることができました。

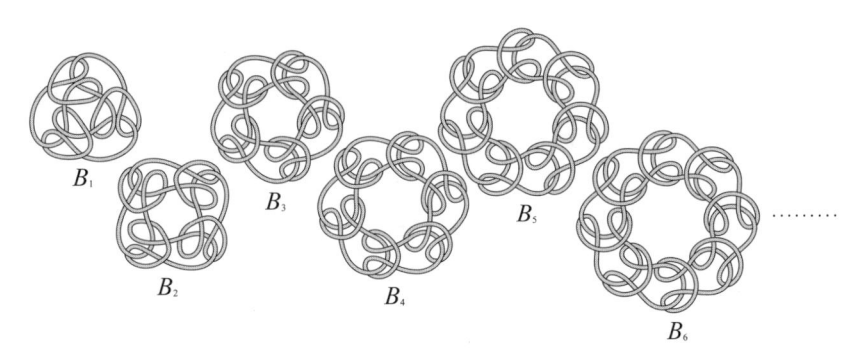

図 4.26　ブルーニアン絡み目の系列

② 分離可能絡み目

いくつかの結び目が絡まったものを絡み目と呼びました。前述したように，全体として絡んでいなくてもかまいません。例えば**図 4.27** や**図 4.28** のように，いくつかの絡み目を離して並べただけのものも絡み目です。

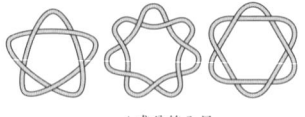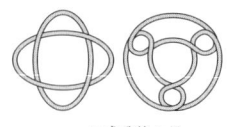

3 成分絡み目　　　　　　4 成分絡み目　　　　　　5 成分絡み目

図 4.27　結び目を並べて得られる絡み目

　しかし絡み目の例として，このような絡み目が挙げられることはあまりありません。

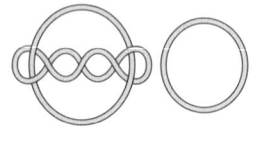

図 4.28　2 成分絡み目と結び目からなる 3 成分絡み目

　例として扱うのは「一般的」なものが望ましく，これらの絡み目は「特殊なもの」として認識されるからです。**図 4.27** や **図 4.28** の絡み目のように，含まれる絡み目同士を互いに絡み合わない 2 つのグループに分けることができる絡み目を，「分離可能な絡み目」と呼びます。分離可能でない絡み目は「分離不可能な絡み目」であると言います。一見しただけでは分離可能であるか，不可能であるかの判断がつかない絡み目が存在することに注意してください。例えば，**図 4.29** の 3 成分絡み目は分離可能な絡み目です。つまりこの絡み目は，各成分が絡み合っているように見えますが，変形することで含まれる絡み目同士を互いに絡み合わない 2 つのグループに分けることができるということです。

図 4.29　分離可能な絡み目

演習問題 4.5 図 4.29 の 3 成分絡み目が分離可能な絡み目であること を示してください。

解答 この絡み目は**図 4.30** のように変形することで，互いに絡み合わない 2 成分絡み目と結び目に分けることができます。ここではわかりやすさの ために，それぞれの成分に異なる色を付けています。

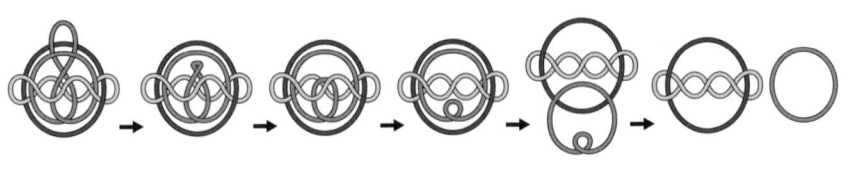

図 4.30 分離可能であることの証明

分離可能であることは，演習問題 4.5 のように実際に分離することで証明でき ます。

演習問題 4.6 次の図の（1）〜（7）の絡み目のうち，分離可能な絡み 目が 3 つあります。それはどれでしょうか。

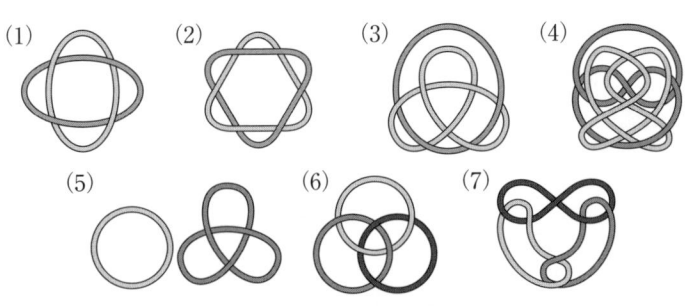

図 4.31 分離可能な絡み目はどれ？

解答 （2），（4），（5）の絡み目が分離可能な絡み目です。（5）の絡み目 は 2 つの結び目を並べて得られていることが明らかなので，分離可能な絡み 目であることがすぐにわかります。（2）と（4）の絡み目は**図 4.32** のように 変形することで分離可能であることがわかります。

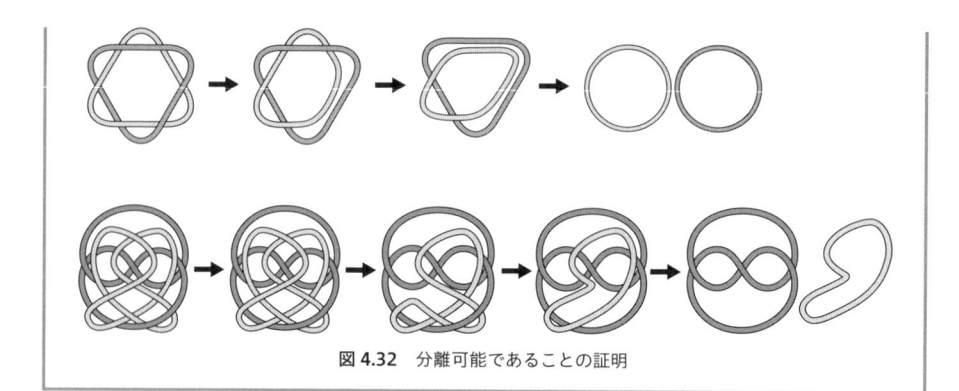

図 4.32　分離可能であることの証明

　分離可能な絡み目を，もう少し数学的に定義してみましょう。絡み目を「絡み合わない 2 つのグループに分ける」ということは，次のように言い換えることができます。与えられた絡み目を変形することで，**図 4.33** のように「空間内のある平面が，その絡み目を 2 つの絡み目に分けるようにできる」とき，その絡み目は分離可能であると言い，その平面を「分離平面」と呼びます。

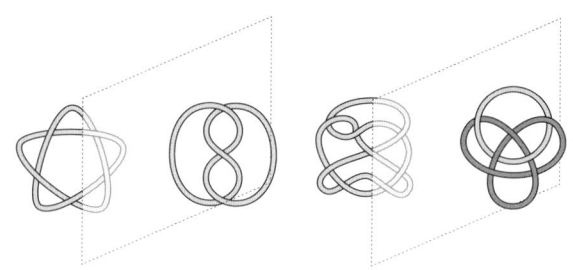

平面をはさみ右側と左側に成分が分かれる

図 4.33　分離可能な絡み目と分離平面

　図 4.33 の 2 つの絡み目はいずれも分離可能な絡み目です。**図 4.34** の 2 つの絡み目は，このままでは成分を分けるような平面を見つけることはできませんが，分離可能な絡み目です。

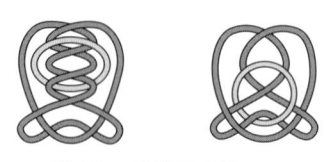

図 4.34　分離可能な絡み目

この絡み目は，**図 4.35** のように変形することで空間内に成分を分ける平面が取れることがわかります。実は，途中段階でも濃い灰色の成分の上に薄い灰色の成分が浮いていると考えれば，2つの成分を分ける紙面に平行な平面をとることができるので，分離可能な絡み目であることがわかります。最後の状態まで変形ができたら，分離平面を描かないことも多いです。

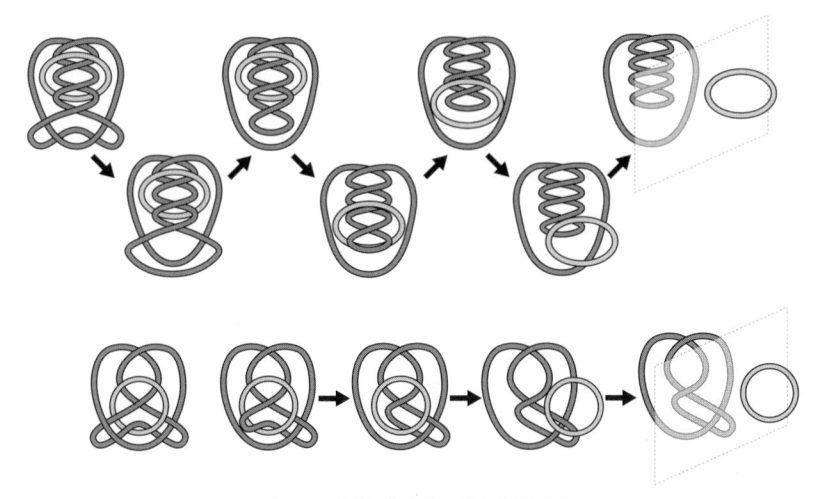

図 4.35　分離可能な絡み目と分離平面

演習問題 4.7　　次の絡み目が分離可能であることを確認してください。

図 4.36　分離可能な絡み目

解答　**図 4.37** のように変形することで分離可能であることがわかります。

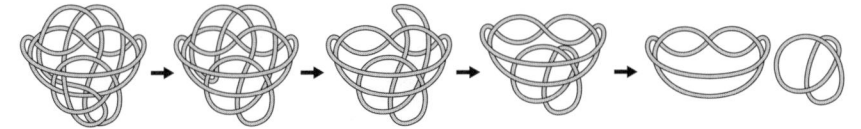

図 4.37　分離可能な絡み目

図 **4.37** の最後から 2 番目の状態をよく見ると，一方の成分がもう一方の成分の上に重なるように配置されていることがわかるので，この状態でも分離平面をとることが可能であることがわかります。またこの問題では求められていませんが，さらに**図 4.38** のように変形することで，この絡み目は自明な 2 成分絡み目であることがわかります。

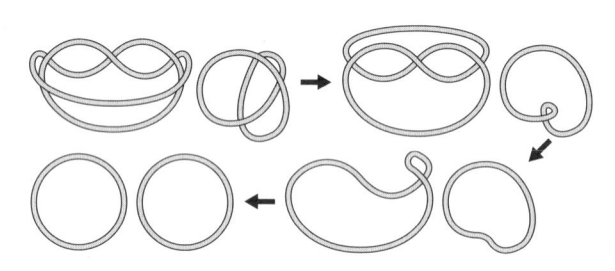

図 4.38　自明な 2 成分絡み目

演習問題 4.8　次の 2 つの絡み目のうち，1 つは分離可能な絡み目で，もう 1 つは分離不可能な絡み目です。どちらが分離不可能な絡み目でしょうか。

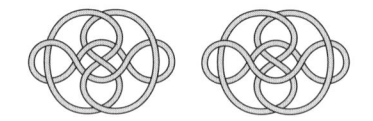

図 4.39　2 つの絡み目

解答　例えば左の絡み目から変形してみましょう。**図 4.40** のように変形できるので，分離可能では「なさそうな」絡み目になります。

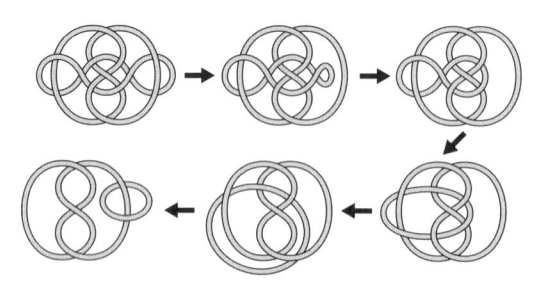

図 4.40　分離不可能な絡み目か？

ここで分離可能では「なさそうな」という表現をしたのは，「頑張って変形してバラバラにできなかったから」というだけでは分離可能でないことを証明したことにはならないからです。繰り返しになりますが，数学においては「頑張って変形してもバラバラにできないから」は証明したことにはならず，バラバラにできない根拠を提示する必要があります。しかし，この問題においては，どちらか一方のみが分離可能であると保証されているので，一方の絡み目が分離可能な絡み目であれば，もう一方の絡み目が分離不可能と結論付けることができます。問題の右の絡み目を変形してみると，**図 4.41** のように変形できるので，分離可能な絡み目であることがわかります。よって，**図 4.39** の左の絡み目が分離不可能であることがわかります。

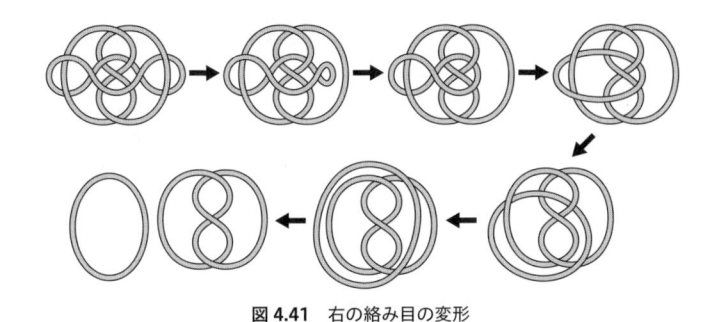

図 4.41 右の絡み目の変形

　この問題では「どちらか一方は分離可能な絡み目」であると述べられているので，分離可能な絡み目でないほう，つまり左の絡み目が分離不可能な絡み目であると結論付けることができるのです。解答では左の絡み目を先に変形してみましたが，最初に右の絡み目から変形をした場合，分離可能であることが確認できた時点で左の絡み目が分離不可能であると結論付けることができます。

③ 鏡に映した絡み目

　鏡に自分を映してみると，鏡の中では左右が反対になっており，鏡の中の自分自身は平面上に存在していますが，あたかも 3 次元空間にいるように見えます。
　ここでは鏡に映した絡み目を考えてみます。絡み目も人間と同様に，鏡に映してみると左右が反対になって見えるはずです。鏡に映った結び目も平面上に存在していますが，空間内にあるように見えます。鏡に映した絡み目を実際に空間内にあると絡み目とみなしたものを，元の絡み目の「鏡像」と呼びます。鏡の位置によらず与えられた絡み目の鏡像は一意的に定まることが知られています。

絡み目が与えられると，その影を考え交点に上下の情報を与えることで絡み目の図式を得ることができました。絡み目の鏡像を得ることができれば，この手順に従い図式を描くことは可能ですが，できるだけ簡単に鏡像の図式を描く方法を考えてみましょう。

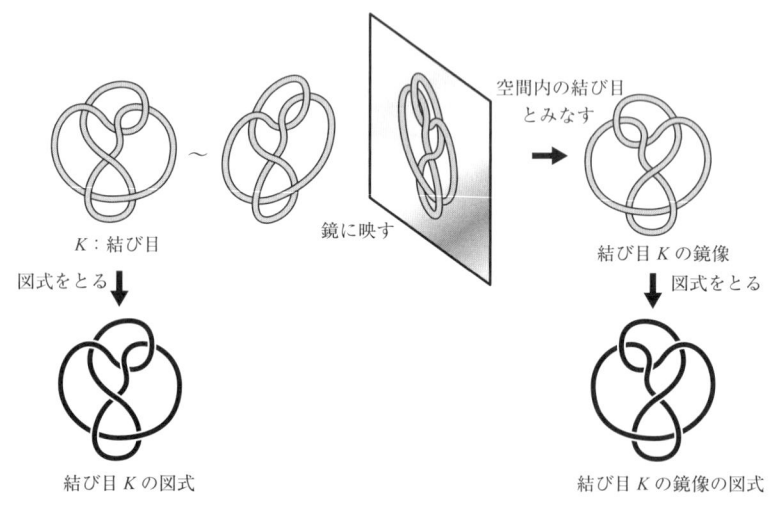

図 4.42　鏡像とその図式

演習問題 4.9　図 4.42 の結び目 K の図式と，その鏡像の図式にはどのような関係があるか考えてみましょう（図 4.42 の結び目 K の図式から，K の鏡像の図式を得るにはどうしたらいいでしょうか）。

- -

解答　結び目 K と K の鏡像と，それらの図式には，**図 4.43** のような関係があることがわかります。

　このことから，例えば結び目 K の図式の右側に対称軸を置き，その軸に対し線対称移動させることで，つまり左右反転させることで，結び目 K の鏡像の図式を得ることができることがわかります。

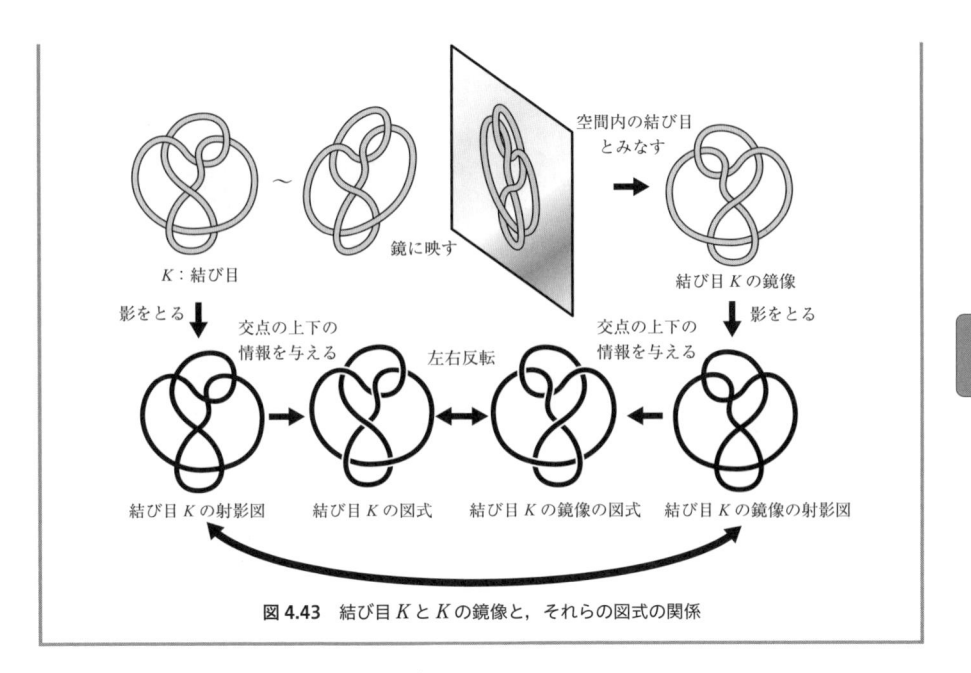

図 4.43　結び目 K と K の鏡像と，それらの図式の関係

　これは一般の絡み目に関して成立します。どの絡み目も図式を描き，対称軸をとり，その対称軸に対して線対称移動させた図式を描くことで，鏡像の図式を得ることができます。軸のとり方はいろいろありますが，本書では**図 4.44** のように右側に対称軸をとることとします。

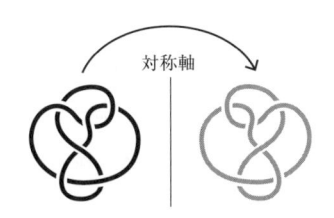

図 4.44　鏡像を得るための対称軸

演習問題 4.10 次の結び目の鏡像の図式を描いてください。

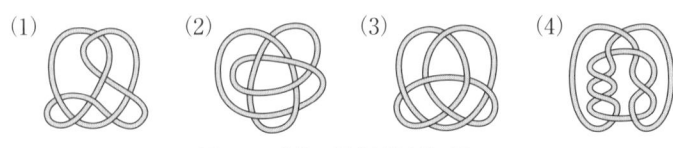

図 4.45 鏡像の図式を描く結び目

解答 それぞれの結び目の図式を描き，**図 4.44** のように対称軸に対し線対称移動させた図式を描くことで，鏡像の図式を得ることができます。例えば（1）の結び目は次のようにして，鏡像の図式を得ることができます。

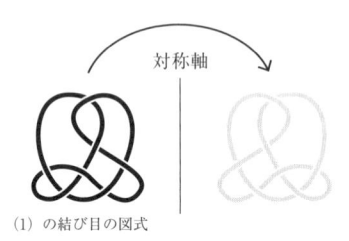

図 4.46 （1）の結び目とその鏡像

　それぞれの結び目の図式をとり，線対称移動させることで**図 4.47** のように各結び目の鏡像の図式を求めることができます。

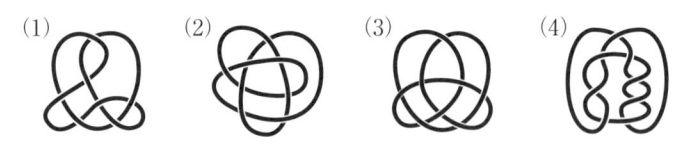

図 4.47 結び目の鏡像の図式

演習問題 4.11 **図 4.48** の（1）〜（4）の図式は，図のように平行な平面 A と B との間にある結び目を考え，平面 B 側から A 側へ光を当てることでできた影から得られる平面 A 上の図式です。このとき（1）〜（4）の図式に対応する結び目に平面 A 側から光を当て，平面 B 上にできた影から描かれる図式を描いてください。

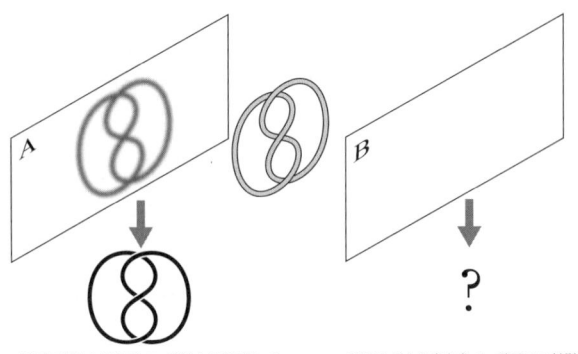

平面 B 側から光を当て、平面 A に射影して
できた影から作られた図式

平面 A 側から光を当て、平面 B に射影して
できた影から作られた図式

(1) 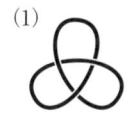 (2) 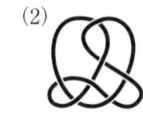 (3) 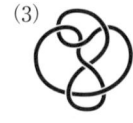 (4)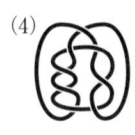

図 4.48 平面 A 上に描かれた図式

解答 各交点を平面 A 側から見たときと，平面 B 側から見たときに，それぞれどのように見えるかを考えてみます。理解しやすくするため，交差する紐に異なる色を付けておきます。平面 A 側から見るということは，平面 B 側から見たときに上にある紐が下側に来ることになります。つまり濃い灰色の紐が下を通ることになるので，**図 4.49** の中央の図のようになります。つまりこの交点の場合どちらも左下から右上に走る紐が上を通ることになります。

平面 A 側から見た際に
上にある結び目の一部

平面 B 側から見た際に
上にある結び目の一部

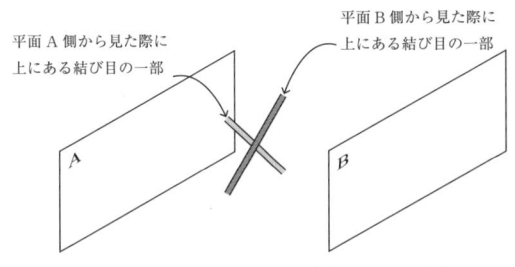

平面 A 側から見た
結び目の一部

平面 B 側から見た
結び目の一部

図 4.49 紐の重なり方

よって平面 B 上には**図 4.50** のような図式が描かれることになります。

(1) 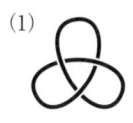 (2) 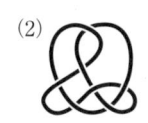 (3) 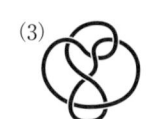 (4)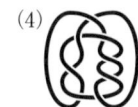

図 4.50 平面 B 上の図式

演習問題 4.12 次の図の（1）～（4）は，結び目とその結び目を紙面を見ている方向から光を当ててできた影から得られる図式です。

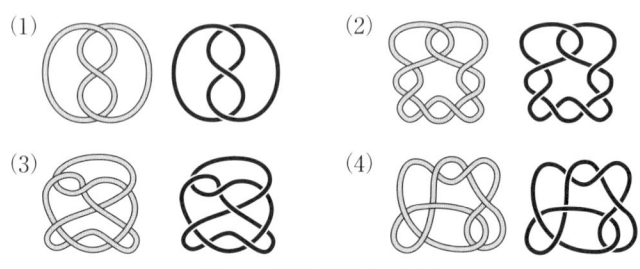

図 4.51　影から得られる図式

　図 4.52 のように結び目の右側に軸をとり，その軸の周りに 180° 回転させ，先ほどと同じ方向から光を当ててできた影から得られる図式を描いてください。

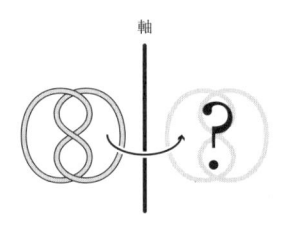

図 4.52　180°回転させる

──

解答　図 4.53 のように，結び目の紐の重なり方の上下関係は 180° 回転させる前後で変わらないことがわかります。図は，回転させる前の結び目が左下から右上に走る紐が上を通っている場合ですが，左下から右上に走る紐が下の場合も同様に考えればよいです。

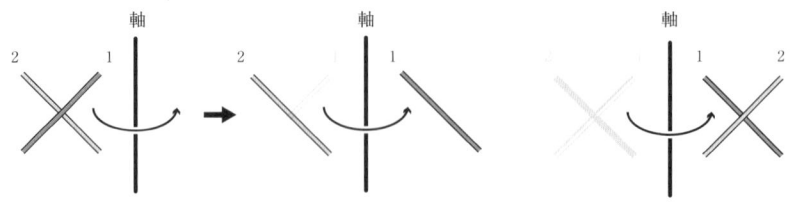

1の紐のほうが上にあるので，回転させた際には下に来るのでまずは1を回転させる

次に2の紐のほうを回転させると，1より2のほうが上に来る。元の紐と色が入れ替わっているが，交差の仕方（左下から右上に走る紐が上という状況）は変わらない

図 4.53　180°回転させる前後の後の紐の重なり方

このことに注意すると，得られる図式は**図4.54**のようになることがわかります。

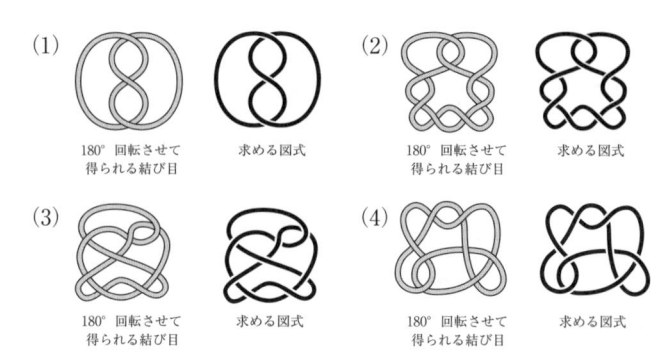

(1) 180°回転させて得られる結び目　　求める図式

(2) 180°回転させて得られる結び目　　求める図式

(3) 180°回転させて得られる結び目　　求める図式

(4) 180°回転させて得られる結び目　　求める図式

図 4.54　180°回転させた結び目とその図式

　前述したように，絡み目の鏡像の図式は，その図式を反転させて得ることができます。しかし，図式が複雑になればなるほど左右反転させたものを描くことは面倒になってきます。そこで，もっと簡単に鏡像の図式を描く方法を与えておきます。

　絡み目の図式の交点の上下をすべて入れ替えて得られる図式が表す絡み目は，その絡み目の鏡像の図式となります。図式を反転させて描くより，真似をして描くほうが簡単なので非常に便利な方法です。つまり，結び目 K から直接その鏡像の図式を得たいときには，K の射影図を描き，結び目 K と交点の上下が逆になるように，交点に上下の情報を与えればよいです。このことを具体例を基に確認してみましょう。

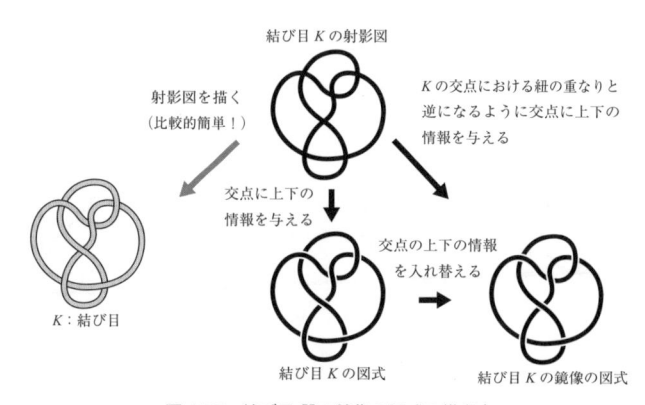

結び目 K の射影図

射影図を描く（比較的簡単！）

K の交点における紐の重なりと逆になるように交点に上下の情報を与える

交点に上下の情報を与える

交点の上下の情報を入れ替える

K：結び目

結び目 K の図式

結び目 K の鏡像の図式

図 4.55　結び目 K の鏡像の図式の描き方

図 4.56 のように平行においた 2 つの鏡 A と鏡 B と，その鏡の間にある結び目を考えます。図 4.42 で考えた鏡は鏡 A に対応します。鏡 A に映されているのが結び目の「正面」とすると，鏡 B に映されているのは結び目の「裏面」ということになります。このとき鏡 A と鏡 B に映った結び目を空間内の結び目とみなすと，どちらも結び目 K の鏡像なので同じ結び目です。

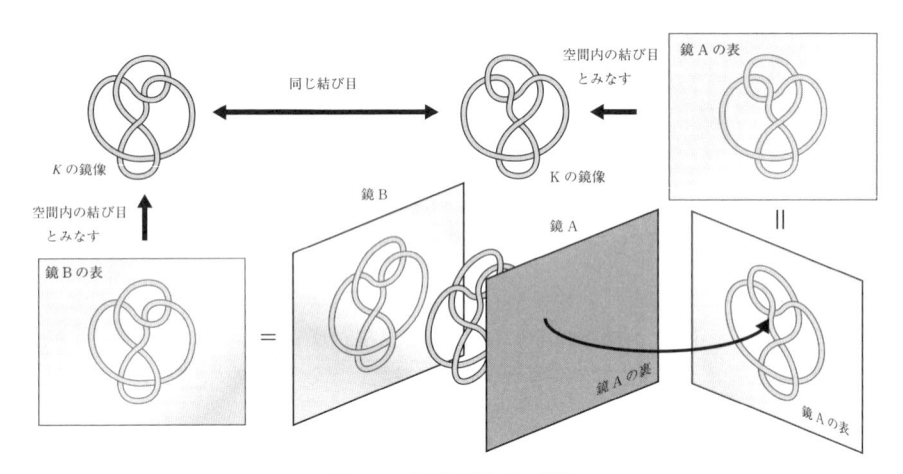

図 4.56 結び目 K とその鏡像

　この 2 つの鏡像から自然に得られる図式をそれぞれ考えてみます。図 4.43 で得られた K の鏡像の図式は，鏡 A に映った結び目から得ることができます。一方，鏡 B に映った結び目 K の「裏側」を映しているので，その図式は結び目 K から自然に得られる射影図の各交点に，元の図式とは逆の上下の情報を与えることで得られます。図式 D の交点の上下の情報を入れ替えて得られる図式 D' は K の鏡像の図式であることがわかります。そこで，得られた図式 D' を D の鏡像と呼ぶことにします。

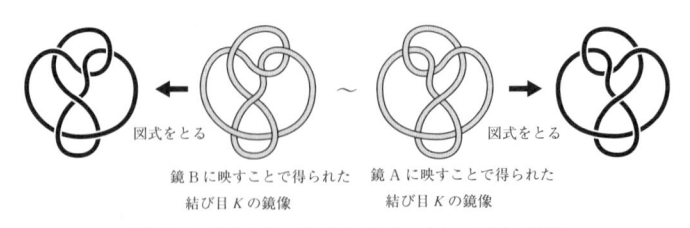

図 4.57 鏡像と元の結び目の図式の交点の上下の関係

　ある結び目が自分自身の鏡像と同じであるとき，その結び目は両手型であると

言います。結び目が両手型であることを示すことは理論上は簡単です。その結び目を，その鏡像と同じ見た目に変形すればよいのです。

演習問題 4.13 八の字結び目が両手型であることを示してください。

解答 例えば，**図 4.58** のように変形することで，紐の上下の関係をすべて入れ替えることができるので，八の字結び目は両手型であることがわかります。

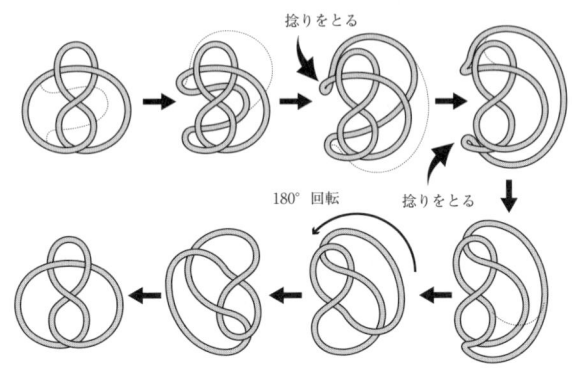

図 4.58 八の字結び目が両手型であることの証明

演習問題 4.14 次の結び目が両手型であることを示してください。

図 4.59 両手型の結び目

解答 例えば，**図 4.60** のように変形すると，紐の上下の関係をすべて入れ替えることができます。よって，この結び目が両手型であることがわかります。

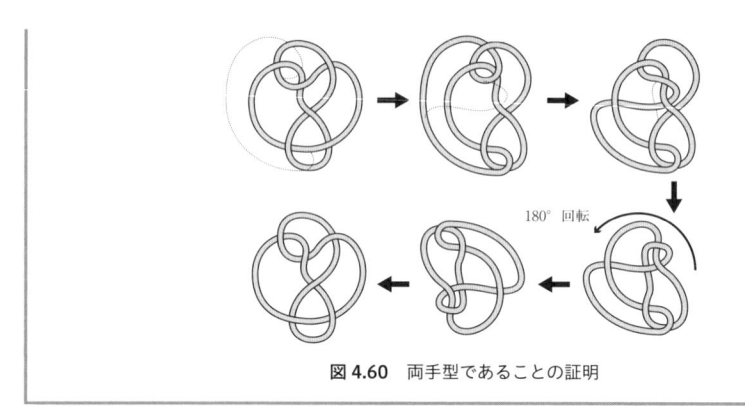

図 4.60 両手型であることの証明

180° 回転

　一般に結び目が両手型であるかどうかを決定することは難しい問題です。そのことを示すには，どう頑張ってもその鏡像と同じ見た目にできないことを証明しなければならないからです。**図 4.61** は三葉結び目です。3.2 節（演習問題 3.3 の直後のページ）で述べたように，これらは異なる結び目です。つまり，鏡像を区別する際に，右の結び目を右手系三葉結び目，左の結び目を左手系三葉結び目と呼ぶわけです。

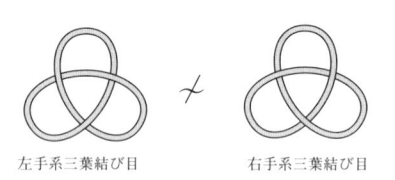

左手系三葉結び目　　　　　右手系三葉結び目

図 4.61　右手系三葉結び目と左手系三葉結び目

　三葉結び目が両手型であるならば，右手系と左手系の三葉結び目は同じ結び目であるということになりますが，2 つの結び目は，異なる結び目であることが知られています。よって，三葉結び目は両手型の結び目ではありませんが，本書の知識では，これらが異なる結び目であることを証明することはできません。

④ 合成結び目

　ここまで見てきたように，紐の結び方にはさまざまなものがあります。節結びの作り方として，4.1 節（②節結び）では作りたい節の数だけ捻りを作り，一気に結ぶ結び方を紹介しています。これは 1 つずつ節結びを作るより効率的な作り方です。しかし効率にこだわらなければ，節結びは止め結びの結び方さえ知っていれば，作ることが可能です。

図 4.62 節結びは連続した止め結び

　同様のことを閉じた結び目についても考えてみましょう。止め結びを閉じることで「三葉結び目」が得られます。そこで，5つ節のある節結びから「結び目」を作ると，節が5つある「結び目」になりますが，5つの三葉結び目から，どうすればこの結び目が構成できるかを考えてみようというわけです。

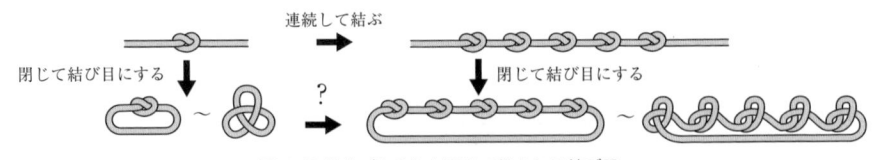

図 4.63 節結びとそれを閉じて得られる結び目

　まず，2つの結び目 K_1 と K_2 を用意し，**図 4.64** のように一部を切り開き，それぞれの端点に a, b, c, d と名前を付けておきます。

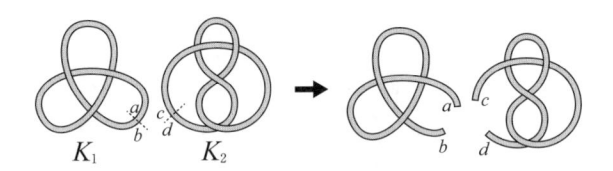

図 4.64 結び目を切り開く

　それぞれの端点を**図 4.65** のようにつないで1つの結び目を作ります。ここで気を付けなければならないのは，つなぎ合わせる端点のペアは一意に定まらないということです。端点のつなぎ方は2通り，a と c, b と d をつなぐ場合，a と d, b と c をつなぐ場合があります。a と c, b と d をつなぐ場合，**図 4.65** のように影をとったときに新しい交点ができないようにつなぐことができます。

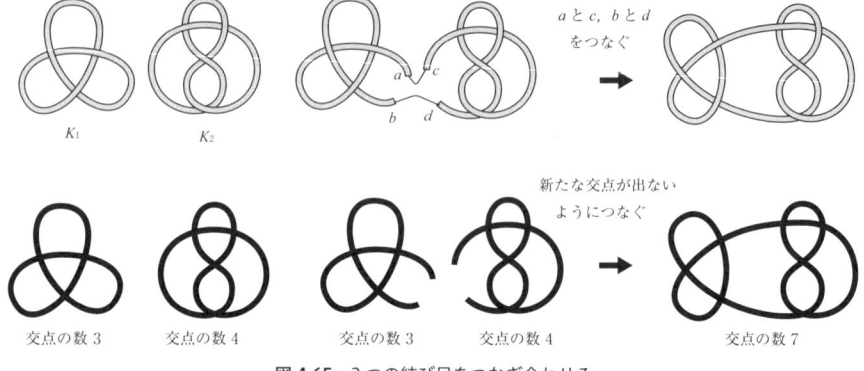

図 4.65　2 つの結び目をつなぎ合わせる

　a と d，b と c をつなぐ場合も，**図 4.66** のようにくるっと裏返すようにしてつなぐと，影をとったときに新しい交点ができないようにつなぐことができます。

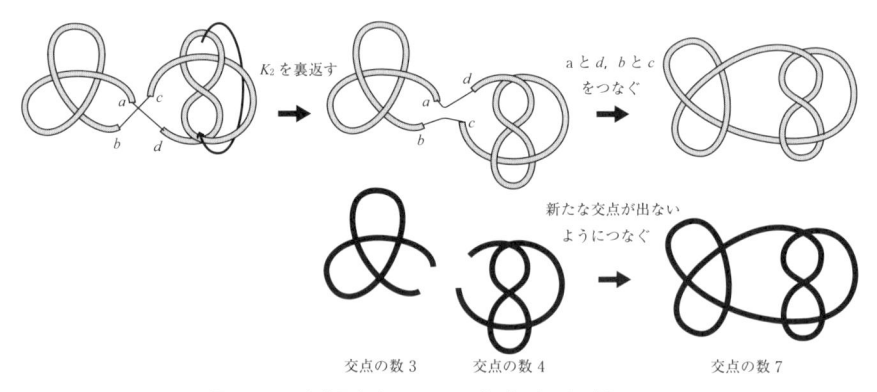

図 4.66　一方を反転させて 2 つの結び目をつなぎ合わせる

　慣れるまではくるっとした後の「交点の上下の情報」を把握するのは難しいかもしれません。その場合は，**図 4.67** のように 1 つだけ捻りが現れるつなぎ方をしても問題ありません。なぜならば，○をした紐の捻りを解消すれば，**図 4.65** の結び目と同じ見た目にできるからです。2 つの結び目をつないだ際にできる捻りの向きが逆であっても，同様に解消できるので，簡単に**図 4.65** の結び目と同じ見た目にできることがわかります。

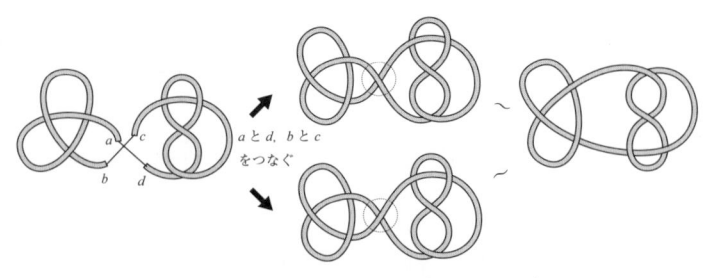

図 4.67 簡単に解消できる交点ができるつなぎ方

　このように 2 つの結び目 K_1 と K_2 をつなぎ合わせることで得られる結び目を K_1 と K_2 の「合成結び目」，またこの合成結び目は，K_1 と K_2 を「合成して得られる」と言います。

演習問題 4.15　次の 2 つの結び目を図のように，a と d，b と c をつないで得られる合成結び目の図式で，交点の数が 11 であるものを描いてください。

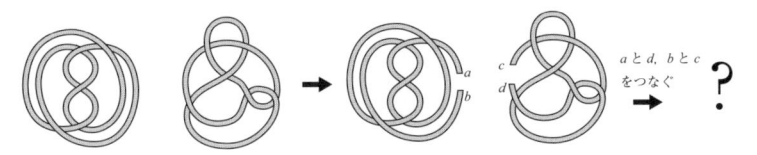

図 4.68　2 つの結び目

解答　この見た目のままの射影図をとり図式を描くと，左の結び目からは交点の数が 5，右の結び目からは交点の数が 6 の図式を得ることができます。交点の数が 11 の図式を得るために，**図 4.65** のように 2 つの結び目を合成することを考えます。例えば**図 4.69** のように右の結び目を反転させて合成してから，図式をとることで，交点の数が 11 の図式を得ることができます。

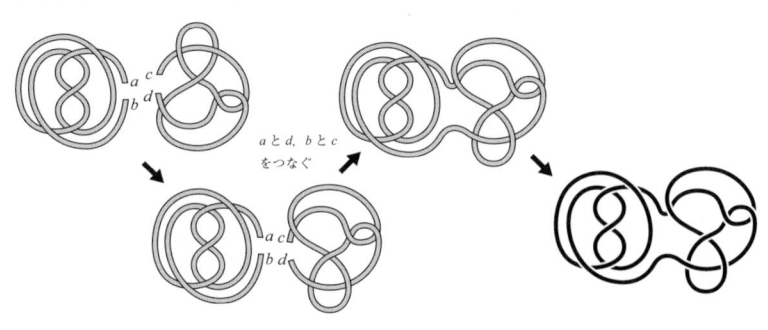

図 4.69　反転させて合成する

一見異なって見えますが，**図 4.65** の合成結び目と，一方を反転させてつないだ**図 4.66** の合成結び目は実は同じ結び目です。そのことを確認してみましょう。

演習問題 4.16　図 4.65 と図 4.66 の合成結び目は同じ結び目であることを示してください。

解答　例えば，図 4.66 の合成結び目は図 4.70 のように K_1 に対応する部分を小さくして，K_2 に対応する部分を滑らせるようにして変形することで図 4.65 の合成結び目と同じ形に変形することができます。よって，この 2 つの結び目は同じ結び目であることがわかります。

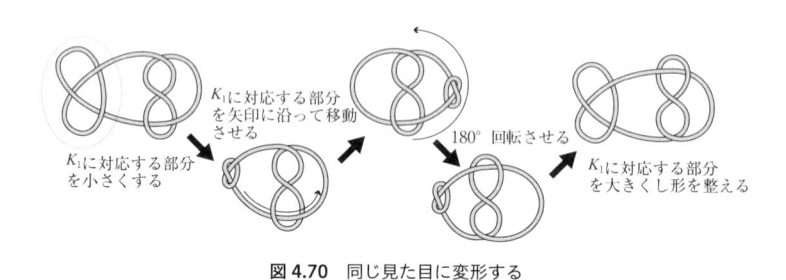

図 4.70　同じ見た目に変形する

　このように一見異なって見えても，実は同じ結び目であるということはよくあることです。そのことをいくつかの問題で確認してみましょう。

演習問題 4.17　2 つの左手系三葉結び目を，次の図の a と c，b と d をつないで得られる合成結び目と，a と d，b と c をつないで得られる合成結び目は同じ結び目であることを示してください。

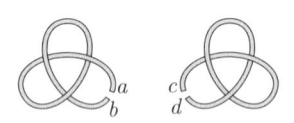

図 4.72　2 つの左手系三葉結び目

解答　2 通りのつなぎ方で得られた合成結び目は，図 4.73 より，同じ見た目に変形できることがわかります。

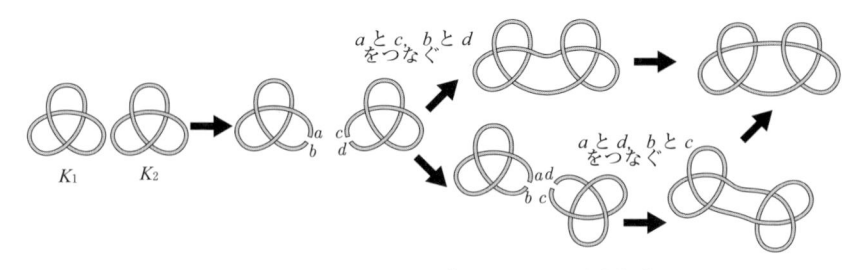

図 4.73　2 つの左手系三葉結び目から得られる合成結び目

演習問題 4.18　次の図の 2 つの八の字結び目を，点線部分で切り開き，2 通りのつなぎ方で得られる合成結び目が，同じ結び目であることを示してください。

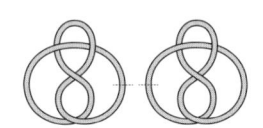

図 4.74　2 つの八の字結び目

解答　点線の部分で切り開き，2 通りのつなぎ方で合成結び目を構成します。例えば，一方を反転させてからつないで得られた合成結び目を**図 4.75** のように変形していくことで，これらの結び目が同じ結び目であることがわかります。

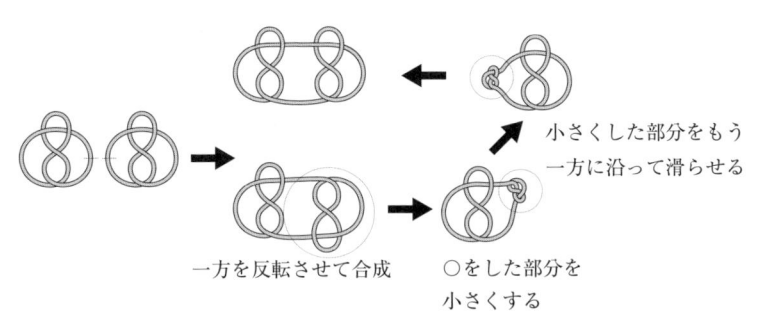

小さくした部分をもう一方に沿って滑らせる

一方を反転させて合成　　○をした部分を小さくする

図 4.75　2 つの八の字結び目から 2 通りのつなぎ方で得られる合成結び目

　しかし，一般には合成結び目は一意的に定まるとは限らないことに気を付けてください。例えば，2 つの結び目を共に**図 4.71** の 8_{17} 結び目とすると，異なる合成結び目を得られることが知られています。

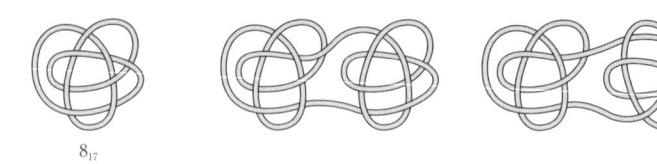

8_{17}

図 4.71　8_{17} 結び目と 2 つの 8_{17} 結び目から得られる異なる合成結び目

　本書では扱いませんが，8_{17} 結び目は「非可逆」と呼ばれる性質を持っています。一般に 2 つの結び目が共に非可逆であるとき，2 種類の合成結び目が得られることが知られています。

演習問題 4.19　図 4.64 の K_2 の切る位置を，次の図のように変えて合成結び目を構成することを考えます。このとき，2 通りのつなぎ方で得られる合成結び目はいずれも図 4.65 の合成結び目と同じ結び目であることを確認してください。

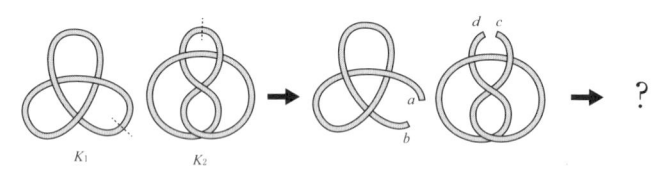

図 4.76　合成結び目の構成

解答　図 4.65 と図 4.66 の結び目は同じ結び目なので，得られる合成結び目がいずれかと同じ見た目に変形できればよいことになります。

　K_1 と K_2 の端点 a と c，端点 b と d をつないだ場合，図 4.77 のように結び目 K_1 を小さくし，もう一方の結び目 K_2 に沿って滑らせることで，K_2 の好きな位置に移動させることができます。よって，K_1 を図 4.77 のように，K_2 を切断してところまで滑らせてから K_1 の形を整えることで，図 4.65 の合成結び目と同じ結び目であることがわかります。

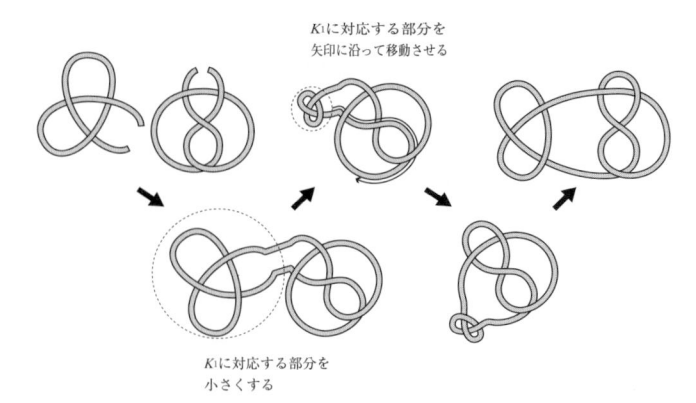

図 4.77　図 4.65 の合成結び目と同じ見た目に変形する

　同様に，端点 a と d，端点 b と c をつないだ場合も，図 4.78 のように結び目 K_1 を小さくし，もう一方の結び目 K_2 に沿って滑らせることで，K_2 を切断したところまで滑らせ，K_1 の形を整えることで，図 4.66 の合成結び目と同じ結び目であることがわかります。

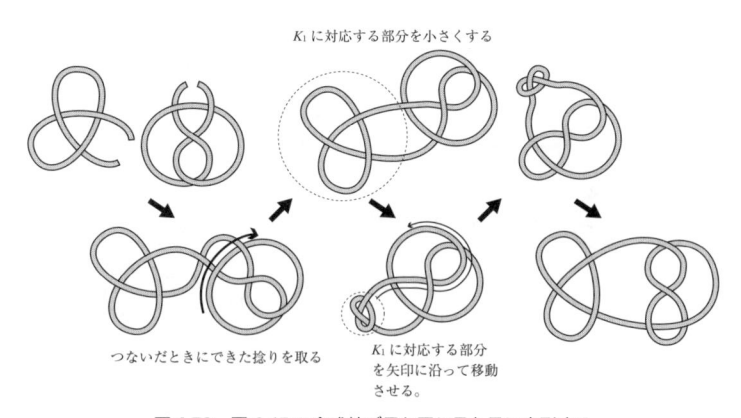

図 4.78　図 4.65 の合成結び目と同じ見た目に変形する

　結び目の合成を用いると，演習問題 3.9 の別解を与えることができます。この解答にあるように，いつでも一方の結び目の射影図の交点に上下の情報を与えて，もう一方の結び目の図式が得られるとは限りません。このような特殊な状況でなくても対応できる構成法，つまり，どんな 2 つの結び目に対しても，交点にうまく上下の情報を与えると，どちらの結び目の図式も得ることができる射影図の構成法があるかを考えることも重要です。ここでは演習問題 3.9 の別解を与えてお

きます。この別解の構成法を用いれば，どんな 2 つの結び目に対しても，交点にうまく上下の情報を与えると，どちらの結び目の図式も得ることができる射影図を構成することができます。

演習問題 3.9 の別解 2 つの結び目を合成して得られる結び目の次のような射影図を考えます。

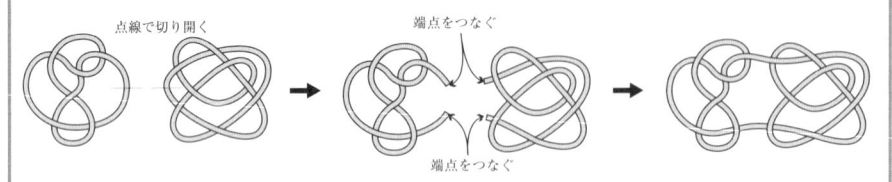

図 4.79 2 つの結び目を合成する

　一方の結び目に対応する部分を元の結び目になるように上下の情報を与え，もう一方の結び目に対応する部分が自明な結び目になるように上下の情報を与えます。

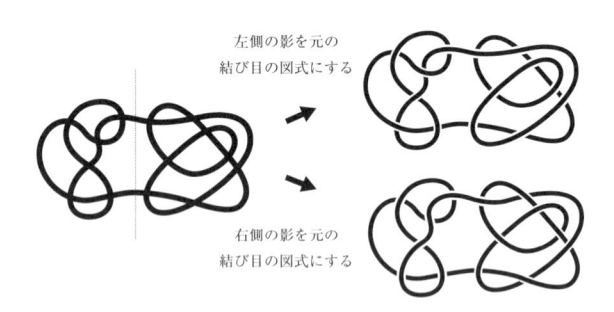

図 4.80 一方が自明な結び目の射影図になるように上下の情報を与える

　どのような絡み目の射影図からも，交点に上下の情報をうまく与えることで自明な絡み目の射影図を得ることができます。このことは第 13 章で証明します。それぞれの図式から結び目を復元したものが図 4.81 です。これらから問題にある 2 つの結び目が得られることがわかります。なお，この考え方は任意の 2 つの結び目に対して応用できます。

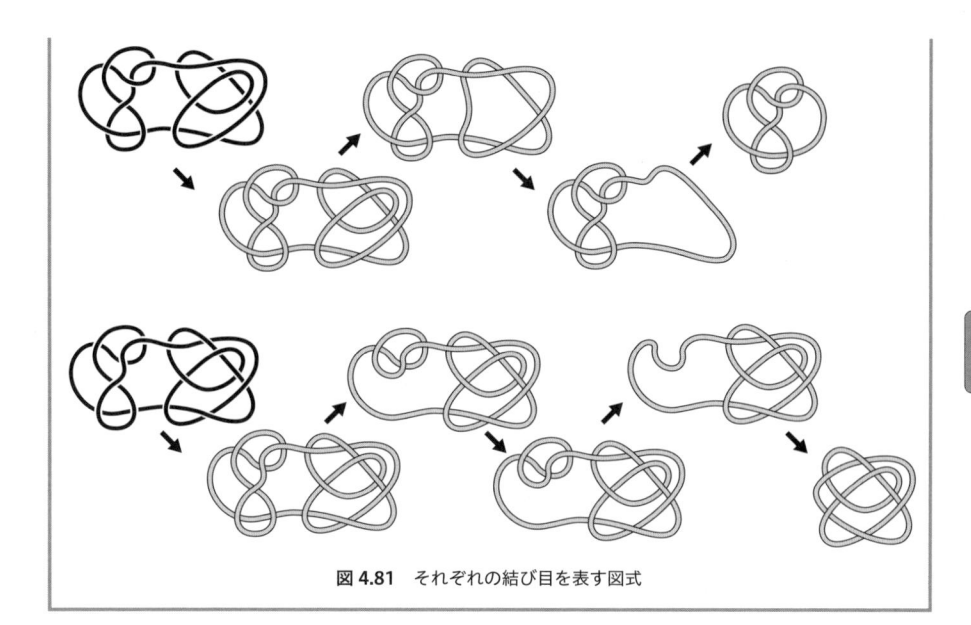

図 4.81 それぞれの結び目を表す図式

　合成結び目は 2 つ結び目を「つないで」得られる結び目ですが，次は逆を考え
てみます。つまり，与えられた結び目が「合成結び目」であるということをどう
判定すればよいかを考えてみます。合成結び目は次のような結び目と言うことも
できます。**図 4.82** の左側の結び目は，結び目とちょうど 2 点で交わるような球
面 [*2] で，球面の内側の部分の端点を球面上でつないで得られる結び目 K_1 と球面
の外側の部分の端点を球面上でつないで得られる結び目 K_2 がどちらも自明な結
び目でないようなものを持ちます。このような結び目は K_1 と K_2 から合成して
得られる合成結び目であることがわかりました。K_1 と K_2 を合成して得られる結
び目は，K_1 と K_2 の積と呼ばれたりもします。また 2 つの結び目から合成結び目
を得る操作を結び目の「合成」と呼び，合成の逆の操作を「分解」と呼びます。
合成結び目を 2 つの非自明な結び目に分ける球面は「分解球面」と呼ばれていま
す。

---

*2　きれいな球面でなくてもかまいません。いびつな球面でもよいです。

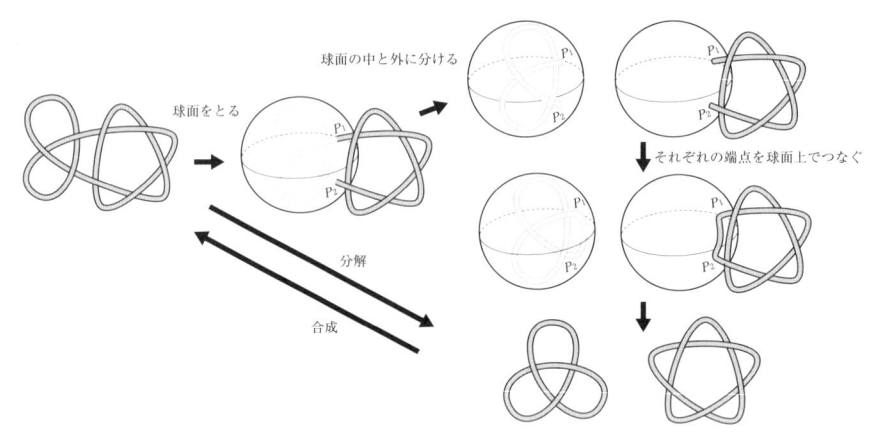

図 4.82 合成結び目と分解球面

しかし，合成結び目に対し分解球面が簡単に見つかるとは限りません。**図 4.83** の結び目は，三葉結び目と八の字結び目から得られる合成結び目なので，分解球面が存在します。このままでは見つけるのが難しいかもしれませんが，結び目をうまく変形すると見つけることができます。

図 4.83 実は合成結び目である結び目

演習問題 4.20 図 4.83 の結び目が合成結び目であることを，分解球面を見つけることで示してください。

- -

解答 例えば**図 4.84** のように，変形すれば図のような分解球面をとることができます。

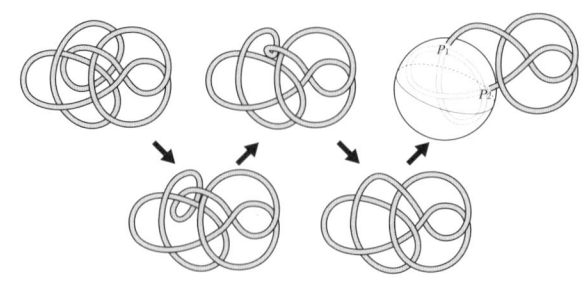

図 4.84 分解球面をとることができるように変形する

結び目と球面が交わる 2 点を P_1, P_2 とします。結び目を点 P_1, P_2 で 2 つに分解し，それぞれの端点 P_1, P_2 を図 **4.85** のように球面上でつなぐと，内側からは三葉結び目，外側からは八の字結び目が得られます。よってこの結び目は，三葉結び目と八の字結び目からなる合成結び目であることが言えます。

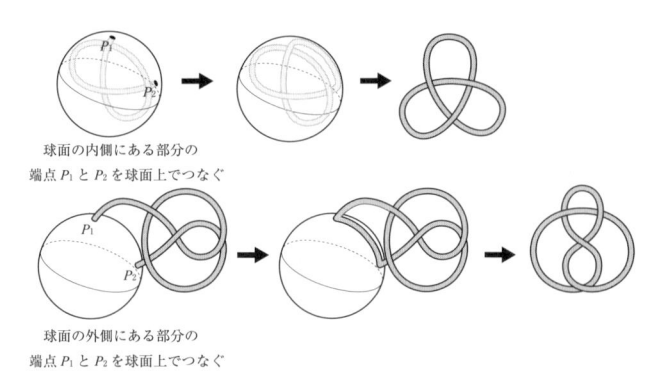

球面の内側にある部分の
端点 P_1 と P_2 を球面上でつなぐ

球面の外側にある部分の
端点 P_1 と P_2 を球面上でつなぐ

図 **4.85**　球面の内側と外側から得られる結び目

演習問題 4.21　次の合成結び目は，巻末の表のどの 2 つの結び目を合成して得られたものでしょうか。

図 **4.86**　合成結び目

解答　例えば，図 **4.87** のように変形することで，結び目と 2 点で交わる球面をとることができます。

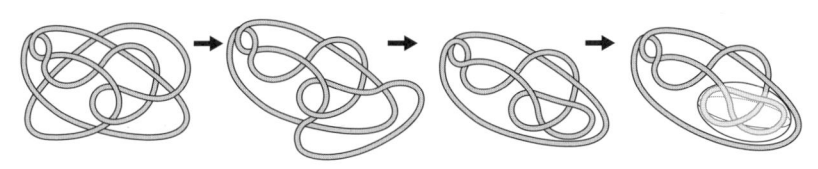

図 **4.87**　分解球面をとることができるように変形する

　球面の内側の部分，外側の部分の端点を球面上でつなぐと，3_1 結び目（三葉結び目）と 5_2 結び目を得ることができます。

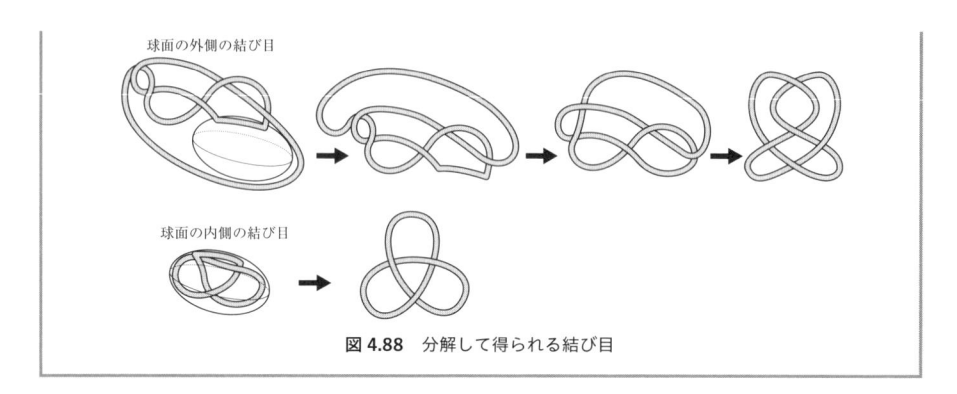

球面の外側の結び目

球面の内側の結び目

図 4.88　分解して得られる結び目

⑤ 素な結び目

　結び目が合成結び目でも自明な結び目でもないときに，その結び目は「素な結び目」であると言います。つまり素な結び目とは，結び目とちょうど2点で交わるようなどのような球面を考えたとしても，球面の内側の部分の端点を球面上でつないで得られる結び目 K_1 と球面の外側の部分の端点を球面上でつないで得られる結び目 K_2 のどちらか一方が自明な結び目になってしまう結び目のことです。**図 4.89** では三葉結び目に対し，また**図 4.90** では八の字結び目に対し，ちょうど2点で交わるような球面を考えていますが，いずれも得られる結び目の一方は自明な結び目になっています。どちらの結び目も，どのような「ちょうど2点で結び目が交わるような球面」を考えても，三葉結び目と自明な結び目，八の字結び目と自明な結び目に分けることしかできません。もちろんこれは証明が必要なことですが，簡単ではないのでここでは省略します。本書では，三葉結び目と八の字結び目を含む，巻末の表にある結び目が素な結び目であるということは認めることにします。

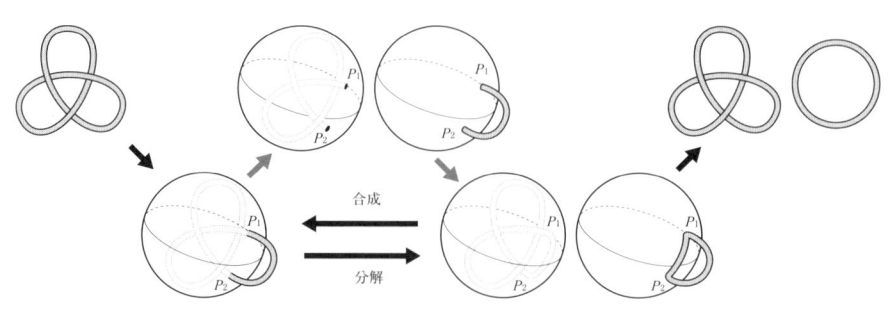

合成

分解

図 4.89　三葉結び目と2点で交わる球面

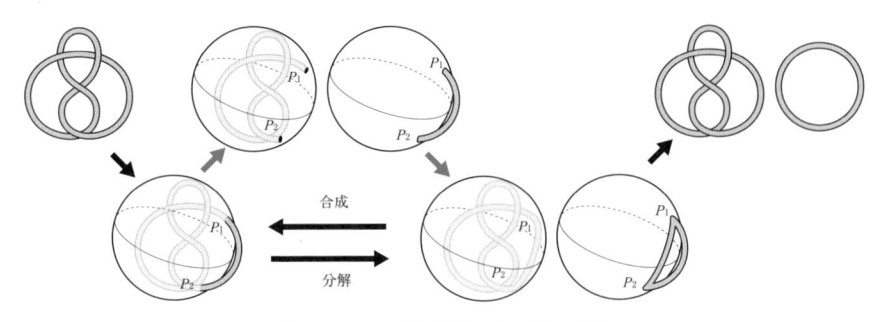

図 4.90　八の字結び目と 2 点で交わる球面

演習問題 4.22　次の結び目のうち，1 つだけが素な結び目です。それはどれでしょうか。分解して得られた結び目が非自明であることの証明には，巻末の表は使用してかまいません。

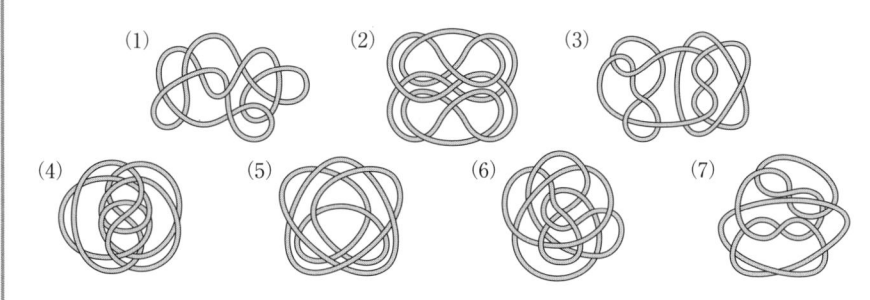

図 4.91　1 つだけが素な結び目

解答　本書の内容だけでは素な結び目であることを直接的に証明することはできません。しかし，この 7 つの結び目のうち，素な結び目は 1 つのみであることが問題文より保証されています。なので，1 つの結び目以外が合成結び目であることがわかれば，その結び目が素な結び目であることを結論付けることができます。**図 4.92 〜図 4.98** は，(1) 〜 (7) の結び目を変形したものです。(3) は自明な結び目なので素な結び目ではありません。(6) は三葉結び目，巻末の表の 3_1 結び目なので素な結び目です。残りの結び目は巻末の表に現れる 2 つの結び目に分解できるので，合成結び目です。よって素な結び目は (6) の結び目であることがわかります。

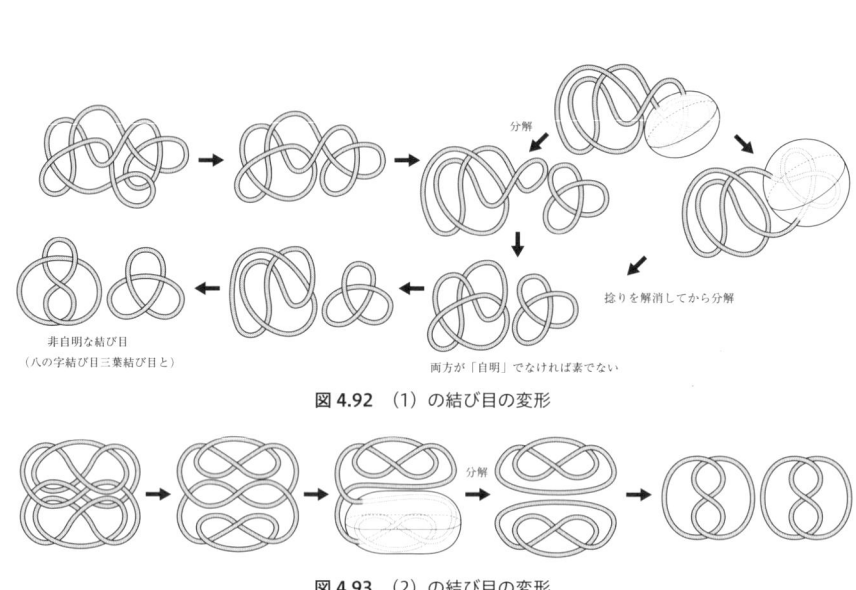

図 4.92　（1）の結び目の変形

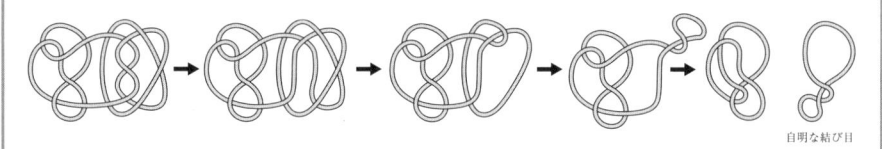

図 4.93　（2）の結び目の変形

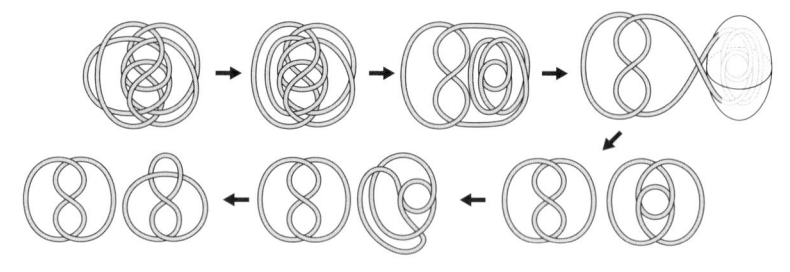

図 4.94　（3）の結び目の変形

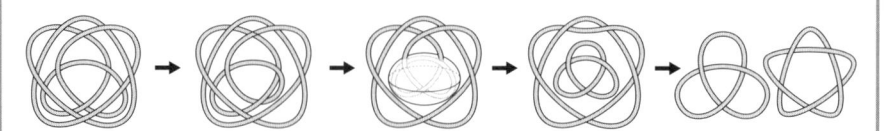

図 4.95　（4）の結び目の変形

図 4.96　（5）の結び目の変形

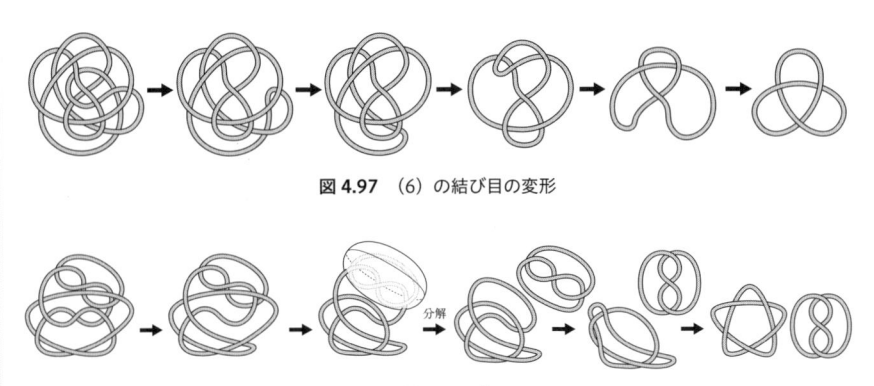

図 4.97 （6）の結び目の変形

図 4.98 （7）の結び目の変形

　演習問題 4.22 の解答では，5 個の合成結び目を 2 つの素な結び目に分解しています。ここで，与えられた合成結び目はどのように分解しても，同じ 2 つの結び目に分解されるのか，という疑問が生じますが，自然数の素因数分解定理のように，結び目にも分解定理があり，合成結び目の素な結び目への分解は一意的であることが保証されています。

【結び目の分解定理】

　任意の非自明な結び目は，いくつかの素な結び目の積に一意的に分解される。

H.Schubert, *Die eindeutige Zerlebarkeit eines Knoten in Primknoten*, Sitzungsber. Akad. Heidelberg.

　この定理より，非自明な結び目をどのように素な結び目に分解していっても，出てくる結び目は同じであるということがわかります。

演習問題 4.23 次の結び目を素な結び目に分解してください。

図 4.99 素な結び目に分解

解答 例えば**図 4.100**のように変形してから分解すると 2 つの 3_1 結び目（三つ葉結び目），4_1 結び目，5_1 結び目の 4 つの素な結び目に分解できることがわかります。

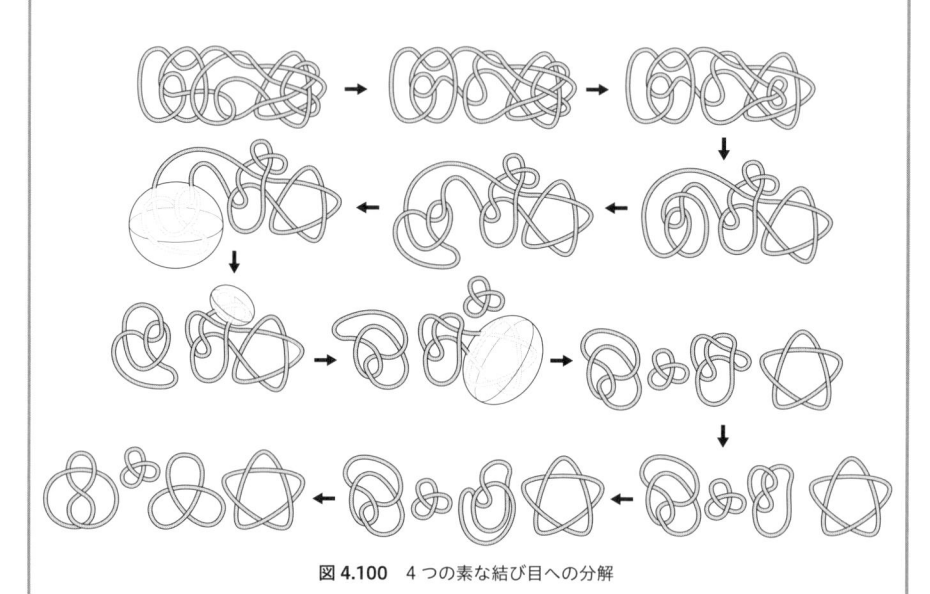

図 4.100 4 つの素な結び目への分解

　結び目の分解定理より，どのように分解しても解答にある 4 つの結び目に分解されることが保証されているので，自分なりの方法で分解してみてください。

(1) 空間内の絡み目は，空間内のある平面が絡み目をいくつかの成分ずつに分けるように変形できるとき，その絡み目は分離可能であると言う。

(2) 鏡に映した絡み目を実際に空間内にある結び目とみなしたものを，元の結び目の鏡像と呼ぶ。

(3) 絡み目の鏡像の図式は，元の絡み目の図式の交点の上下の情報を入れ替えることで得られる。

(4) 結び目とちょうど 2 点で交わるような球面で，球面の内側の部分の端点を球面上でつないで得られる結び目 K_1 と，球面の外側の部分の端点を球面上でつないで得られる結び目 K_2 のいずれも自明な結び目でないようなものが存在するとき，その結び目は K_1 と K_2 を合成して得られる合成結び目と言い，$K_1 \# K_2$ で表す。

(5) 結び目が合成結び目でも自明な結び目でもないときに，その結び目は素な結び目と言う。

第 5 章

グラフと結び目

　絡み目の射影図は「平面グラフ」と呼ばれる数学的対称の1つとみなすことができます。平面グラフとは，グラフと呼ばれる数学的概念の中の特殊なものです。数学におけるグラフは，本来は集合を用いて定義されるものですが，平面グラフは，平面上に描かれた図形として定義することが可能であり，ある条件を満たすように平面に描かれたグラフということができます。ここでは平面グラフについて簡単に紹介し，絡み目の射影図との関係を見ていきます。

5.1　平面グラフ

　平面グラフとは**図 5.1**のように，平面上にいくつかの点を描き，その点同士を結ぶ線を端点以外では交わらないように描き加えることで得らえる図形のことを言います。下の段の一番右の図形のように両端が同じ点になっている線や，結ばれていない点があってもかまいません。

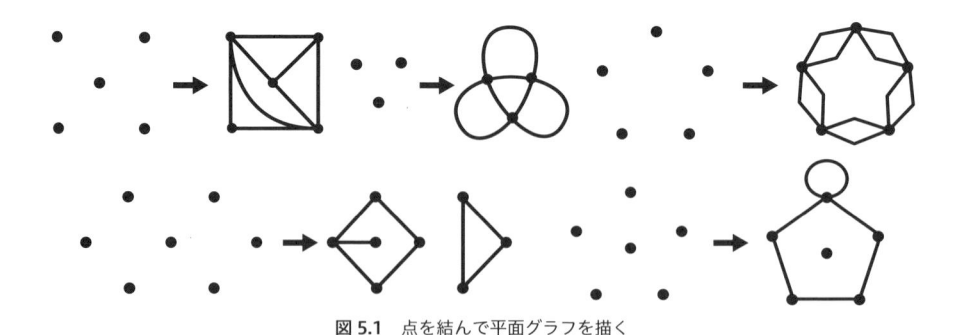

図 5.1　点を結んで平面グラフを描く

図 5.2の図形はすべて平面グラフです。

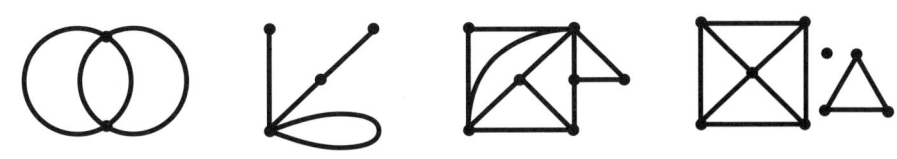
図 5.2　平面グラフ

図 5.3 の図形は平面グラフではありません。左の図形は端点が点でない線があり，右の図形は○をした部分で線が交わっているので，線が「端点以外では交わらない」という条件を満たしていないからです[*1]。本書では今後，グラフと言えばすべて平面グラフを指すこととします。

図 5.3　平面グラフでない図形

　グラフを構成する点を「頂点」，両端の点を含めた線を「辺」と言います。**図 5.4** のグラフ G を例に見ていきます。中央の図の黒い点はグラフ G の頂点です。一番右のグラフの 2 つの頂点 v_1, v_2 と，それを結んだ黒い線を合わせたものは，このグラフの「辺」の 1 つです。また，頂点 v のみを端点に持つ黒い線もこのグラフの辺とみなし，「ループ」と呼びます。このグラフは，7 個の頂点と 11 個の辺からなることが確認できます。

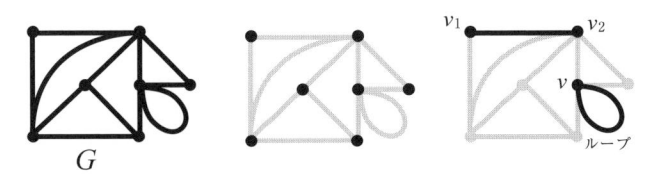
図 5.4　グラフの頂点，辺

　頂点の近くを局所的に見たとき，その頂点から出ている辺の本数を，その頂点の「次数」と言います。頂点 v の次数は degree（次数）の最初の 3 文字をとって $\deg(v)$ で表します。**図 5.5** のグラフの頂点 v_1 の次数は 2, 頂点 v の次数は 5 です。v_1 の次数は v_1 を端点として持つ辺の数に一致しています。しかし，v の次数は v

---

*1　本書では扱いませんが，右の図形は「グラフ」と呼ばれる数学的対象であり，平面グラフはグラフの一種です。

を端点として持つ辺の数とは一致していません。これは，次数を数えるときは，ループを2回数えることになるからです。頂点の次数は，その頂点を端点としてもつ辺の数と必ずしも一致するわけではないことに注意してください。

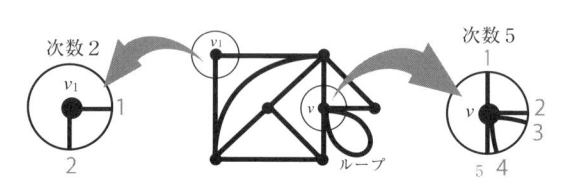

図 5.5　頂点の次数

演習問題 5.1　　次の図のグラフの頂点 v_1, v_2 の頂点の次数を求めてください。

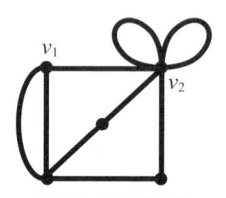

図 5.6　頂点の次数

- -

解答　　図 5.6 より，$\deg(v_1) = 3$, $\deg(v_2) = 7$ であることがわかります。

グラフの辺は，平面をいくつかの領域に分割します。その分割された領域のひとつひとつを，このグラフの「面」と呼びます。**図 5.7** は**図 5.4** のグラフ G の面のみを取り出したものです。限りなく広がっていく非有界な面を濃い灰色に彩色してあります。このような面は1つだけあり，「無限面」と呼ばれます。このグラフは，1つの無限面を含む合計7個の面を持ちます。

図 5.7　グラフの面

グラフ G の頂点，辺，面の個数を，vertex（頂点），edge（辺），face（面）の頭文字をとって，それぞれ $v(G)$, $e(G)$, $f(G)$ で表します。

演習問題 5.2　次のグラフ $G_1 \sim G_6$ の頂点の数，辺の数，面の数はそれぞれいくつでしょうか。

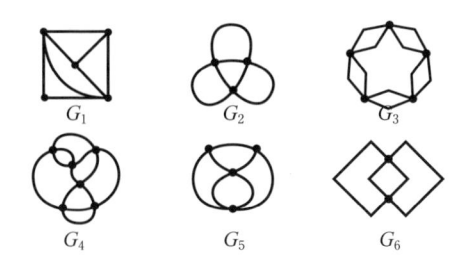

図 5.8　グラフ $G_1 \sim G_6$

解答　図 5.9 より，

$v(G_1) = 5,\ e(G_1) = 8,\ f(G_1) = 5,\ v(G_2) = 3,\ e(G_2) = 6,\ f(G_2) = 5,$
$v(G_3) = 5,\ e(G_3) = 10,\ f(G_3) = 7,\ v(G_4) = 6,\ e(G_4) = 12,\ f(G_4) = 8,$
$v(G_5) = 4,\ e(G_5) = 7,\ f(G_5) = 5,\ v(G_6) = 2,\ e(G_6) = 4,\ f(G_6) = 4$

であることがわかります。

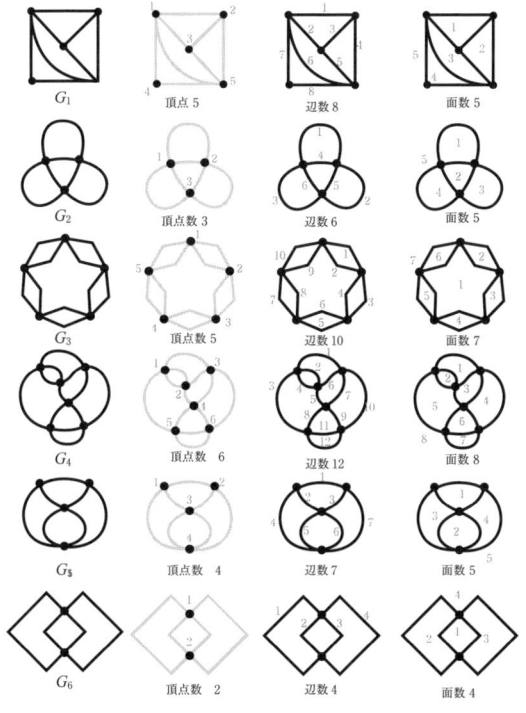

図 5.9　頂点，辺，面の数

5.2 オイラーの公式

　ここでは「オイラーの公式」と呼ばれるグラフの頂点，辺，面の個数に関する恒等式を紹介します。グラフには連結なものと非連結なものがあるのですが，オイラーの公式は連結なグラフにしか適応できません。そこで，まずはグラフが連結であるということを，きちんと定義します。グラフ上のどの頂点からスタートしても，辺を辿り，好きな頂点まで辿り着くことができるとき，そのグラフは「連結なグラフ」であると言います。例えば，**図 5.10** のグラフは連結なグラフです。連結なグラフでないグラフを「非連結なグラフ」と言います。非連結なグラフは**図 5.2** の一番右のグラフのように，いくつかの連結なグラフに分けることができます。なお，**図 5.2** のその他のグラフは連結なグラフです。

図 5.10　連結なグラフ

　図 5.10 のグラフが連結であることは，直観的には明らかですが，ここではそのことをきちんと証明することを考えます。連結であることを示すには「どの頂点からスタートしても，グラフの辺を辿り，好きな頂点まで辿り着くことができる」ことを示せばよいです。つまり，5 つの頂点に 1 ～ 5 の番号を付けて頂点 1 を出発して頂点 2 から頂点 5 のそれぞれへ，それが終わったら頂点 2 を出発して頂点 3 から頂点 5 のそれぞれへ・・・と，すべての頂点から自分以外のすべての頂点へ辿ることができる辺の列が存在することを確認する必要があります[*2]。しかし，このような証明は効率的ではありません。なので，もっと効率的に示すことを考えます。例えばこのグラフは**図 5.11** のように，すべての頂点を辿ることができる辺の列が存在します。このことからこのグラフが連結なグラフであることが結論付けられます。

[*2]　例えば頂点 2 から頂点 1 へは，頂点 1 から頂点 2 への辺の列を逆に辿ればよいので，そういった場合は省略しています。

図 5.11　すべての頂点を辿る辺の列

> **演習問題 5.3**　すべての頂点を辿ることができる辺の列が存在すると，なぜグラフが連結であることが結論付けられるのでしょうか。
>
> --
>
> **解答**　すべての頂点を辿ることができる辺の列が存在するということは，どの 2 つの頂点を結ぶ辺の列も，すべての頂点を通る辺の列もしくはそれを逆に辿ったものの一部として得ることができるということです。つまり，これはどの頂点からスタートしても，グラフの辺を辿り，好きな頂点まで辿り着くことができることを意味します。よって，すべての頂点を辿ることができる辺の列が存在するとグラフは連結であると結論付けることができます。

　このことを **図 5.10** のグラフで確認してみましょう。**図 5.12** の左側のように，すべての頂点を辿る際に通過した順に頂点へ番号を振っておきます。例えば**図 5.12** の右側のように，この辺の列の点線の部分を忘れれば，頂点 4 から頂点 2 へ向かう辺の列を得ることができます。同様に考えれば，どの頂点から出発しても，好きな頂点に辿り着けることがわかります。

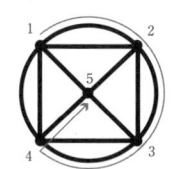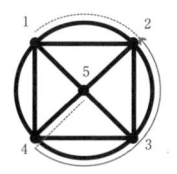

図 5.12　頂点 1 から頂点 5 への辺の列と頂点 4 から頂点 2 への辺の列

　連結なグラフでないグラフを非連結なグラフと言いました。非連結なグラフ G を構成するそれぞれの連結なグラフをグラフ G の「連結成分」といい，連結成分の個数を「連結成分数」と呼びます。非連結なグラフは，**図 5.13** のようにグラフに交わらないグラフを 2 つに分けるような円周を描けるグラフと言うこともできます。**図 5.13** のグラフは，どちらも連結成分数が 2 の非連結なグラフです。

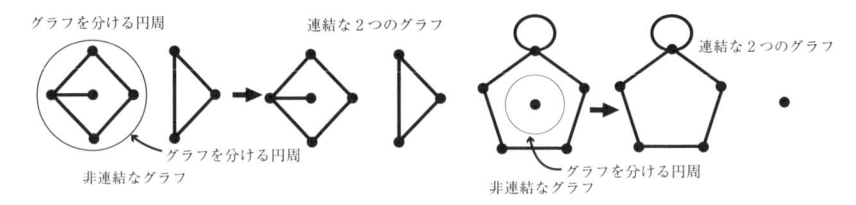

図 5.13　非連結なグラフ

　図 5.2 のグラフのうち，一番右のグラフは非連結なグラフで，残りのグラフは連結なグラフです。連結なグラフについては，オイラーの公式と呼ばれる次の公式が成り立つことが知られています。

【オイラーの公式】
連結な平面グラフ G について $v(G) - e(G) + f(G) = 2$ ・・・ (*) が成立する

　どこかで見たことがあるような気がする・・・と思った人もいるでしょう。実は，この公式は高校で学ぶ人もいるオイラーの多面体定理と本質的に同じものです。本書ではオイラーの公式について認めることとして，証明は省略します。

　演習問題 5.4　101 ページの演習問題 5.2 の $G_1 \sim G_6$ のグラフについて，等式 (*) が成り立つことを確認してください。

- -

　解答　演習問題 5.1 で求めた頂点の数，辺の数，面の数をオイラーの公式に代入すると，公式が成立することが確認できます。

(1)　$v(G_1) = 5$, $e(G_1) = 8$, $f(G_1) = 5$ より $5 - 8 + 5 = 2$ となり成立します。

(2)　$v(G_2) = 3$, $e(G_2) = 6$, $f(G_2) = 5$ より $3 - 6 + 5 = 2$ となり成立します。

(3)　$v(G_3) = 5$, $e(G_3) = 10$, $f(G_3) = 7$ より $5 - 10 + 7 = 2$ となり成立します。

(4)　$v(G_4) = 6$, $e(G_4) = 12$, $f(G_4) = 8$ より $6 - 12 + 8 = 2$ となり成立します。

(5)　$v(G_5) = 4$, $e(G_5) = 7$, $f(G_5) = 5$ より $4 - 7 + 5 = 2$ となり成立します。

(6)　$v(G_6) = 2$, $e(G_6) = 4$, $f(G_6) = 4$ より $2 - 4 + 4 = 2$ となり成立します。

　連結なグラフについて等式 (*) が成立すると述べましたが，非連結なグラフの，頂点，辺，面の間にも似たような関係が成立します。どのような関係が成立するかを考えてみましょう。

演習問題 5.5 次のグラフ G_i に対し，$v(G_i) - e(G_i) + f(G_i)$ の値を求めてください（$i = 1, 2, 3$）。

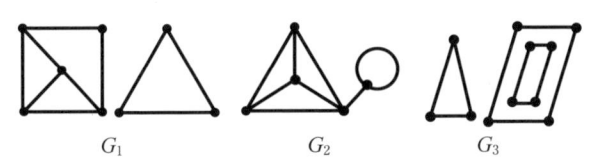

図 5.14 グラフ

解答 各グラフの頂点の数，辺の数，面の数はそれぞれ**図 5.15** のようになります。

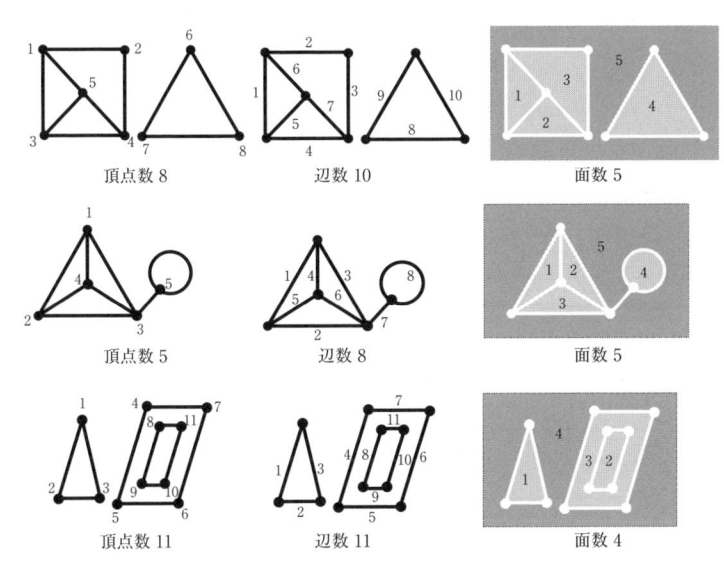

図 5.15 頂点数，辺の数，面の数

よって，

$$v(G_1) - e(G_1) + f(G_1) = 8 - 10 + 5 = 3,$$
$$v(G_2) - e(G_2) + f(G_2) = 5 - 8 + 5 = 2,$$
$$v(G_3) - e(G_3) + f(G_3) = 11 - 11 + 4 = 4$$

となります。

グラフ G_2 は連結なグラフなので，等式（∗）が成り立ちます。また，オイラーの公式の対偶が成り立つので，等式（∗）が成立しない G_1, G_3 は非連結なグラ

フであると結論付けることはできます。しかし，非連結なグラフであるからと言って，等式（*）を満たさないと結論付けることはできません。結論付けるには根拠が必要です。実は，オイラーの公式を非連結なグラフに拡張することで，非連結なグラフは等式（*）を満たさないと結論付けることができます。

【オイラーの公式の拡張】
連結成分数が k である平面グラフ G に対して，
$$v(G) - e(G) + f(G) = k + 1 \quad \cdots \quad (\text{**})$$
が成立する。

演習問題 5.4 の G_1 は $v(G_1) - e(G_1) + f(G_1) = 3$ を満たします。G_1 の連結成分数は 2 であるので，確かに等式（**）が成立します。また，G_3 は $v(G_3) - e(G_3) + f(G_3) = 4$ を満たします。G_3 の連結成分数は 3 であるので，こちらも等式（**）が確かに成立しています。

演習問題 5.6 オイラーの公式の拡張が成り立つことを認めると，非連結なグラフは等式（*）を満たさないと結論付けることができるのはなぜでしょうか。

- -

解答 G を連結成分数が k である非連結なグラフとします。オイラーの公式の拡張を認めると，$v(G) - e(G) + f(G) = k + 1$ が成立します。$k \geq 2$ なので $v(G) - e(G) + f(G) = k + 1 \geq 3$ となり，$v(G) - e(G) + f(G) = 2$ は成立しません。したがって，等式（*）を満たしません。

最後にオイラーの公式の拡張を証明して，この節を終えることにします。ただし，前述したようにオイラーの公式は認めることとします。

① オイラーの公式の拡張の証明

連結成分数が n のグラフ G について，n に関する帰納法で示します。

(i) $n = 1$ のとき，G は連結グラフなのでオイラーの公式より成立します。

(ii) $n = k$ のとき，等式（**）が成立すると仮定します。
G を連結成分数が $n + 1$ のグラフとすると，G は連結成分数 n のグラフ G_1 のある面に，連結なグラフ G_2 を描くことで得られます。そのため，G,

G_1, G_2 の頂点の数と辺の数の間には，

$$v(G) = v(G_1) + v(G_2)\,,\ e(G) = e(G_1) + e(G_2) \quad \cdots\ (1)$$

という関係式が成り立ちます。G, G_1, G_2 の面の数の関係を見てみましょう。例えば**図 5.16** のように，G は G_1 のある面に G_2 を描くことで得られると考えれば，G_1 と G_2 の 2 つ灰色の面が合わさり G の灰色の面に対応することになります。残りの G の面は G_1 と G_2 の面と 1 対 1 に対応することがわかります。

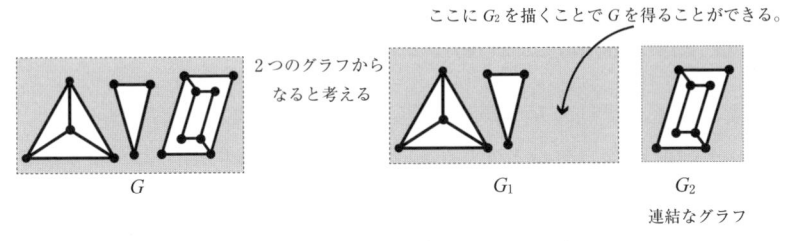

ここに G_2 を描くことで G を得ることができる。

2 つのグラフからなると考える

G　　　G_1　　　G_2
　　　　　　　　　　　連結なグラフ

図 5.16　証明のイメージ図

よって G, G_1, G_2 の面の数には，

$$f(G) = f(G_1) + f(G_2) - 1 \quad \cdots\ (2)$$

という関係式が成り立つことが言えます。
G_1 は成分数が k のグラフなので，仮定より，

$$v(G_1) - e(G_1) + f(G_1) = k + 1 \quad \cdots\ (3)$$

が成り立ち，G_2 は連結なグラフなのでオイラーの公式より，

$$v(G_2) - e(G_2) + f(G_2) = 2 \quad \cdots\ (4)$$

が成り立ちます。(1) 〜 (4) より，

$$v(G) - e(G) + f(G)$$
$$= \{v(G_1) + v(G_2)\} + \{e(G_1) + e(G_2)\} + \{f(G_1) + f(G_2) - 1\}$$
$$= \{v(G_1) - e(G_1) + f(G_1)\} + \{v(G_2) - e(G_2) + f(G_2)\} - 1$$
$$= (k+1) + 2 - 1$$
$$= (k+1) + 1$$

となるので，$n = k + 1$ のときも，等式（**）が成立することがわかります。

よって (i)，(ii) より，連結成分数が k であるグラフ G に対して，$v(G) - e(G) + f(G) = k + 1$ が成立することがわかります。

5.3 結び目の図式と平面グラフ

次数が 2 または 4 の頂点のみしか持たないグラフは，次数 2 の頂点を無視して，次数 4 の頂点を横断的な二重点と考えることで，絡み目の射影図とみなすことができます。逆に射影図や図式の交点を頂点とみなすことで，すべての頂点の次数が 4 であるグラフを得ることができます。**図 5.17** は結び目の射影図を得ることができるグラフの例です。

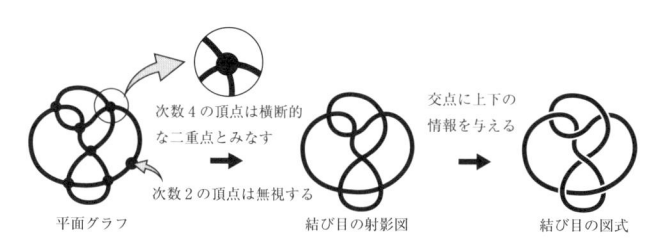

図 5.17 平面グラフから得られる結び目の射影図と結び目の図式

交点を持たない成分を持つ絡み目図式に対しては，その成分に次数 2 の頂点を 1 つ加えることでグラフとみなすことで絡み目の図式とグラフの間に一対一の対応を付けることができるので，絡み目を調べるために平面グラフを利用することが可能となります。

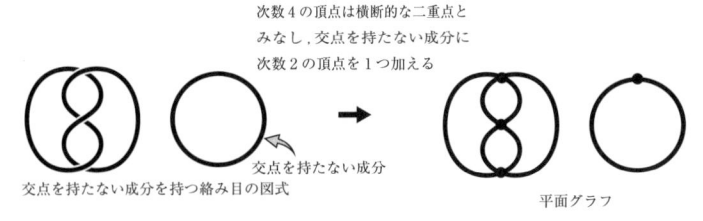

次数4の頂点は横断的な二重点と
みなし，交点を持たない成分に
次数2の頂点を1つ加える

交点を持たない成分を持つ絡み目の図式　　　交点を持たない成分

平面グラフ

図 5.18　交点を持たない成分を持つ絡み目図式から得られる平面グラフ

そこで，グラフの辺，面に対応する絡み目の射影図の各部分を，それぞれ射影図の辺，面と呼ぶことにします。**図 5.19** の左から 2 番目の射影図の黒い部分が射影図の交点で，左から 3 つ目の射影図の黒い部分は辺の 1 つです。右から 2 つ目の図は，射影図の交点から交点までをバラバラにしたものです。1 番右の図の灰色の領域が射影図の面になります。以上より，この射影図は，6 個の交点，12 本の辺，8 個の面を持つことがわかります。

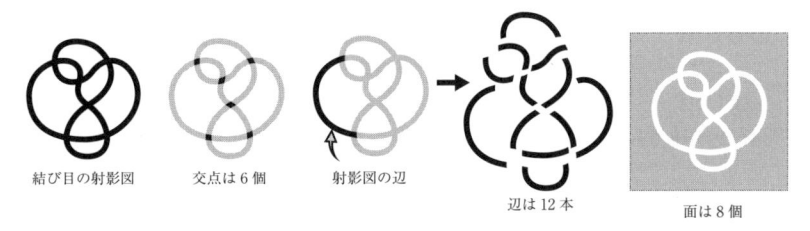

結び目の射影図　　　交点は 6 個　　　射影図の辺　　　辺は 12 本　　　面は 8 個

図 5.19　射影図の辺と面

グラフとしての各連結成分が交点を持つ絡み目の図式は，交点の数が n 個，連結成分数が k ならば，辺の数は $2n$ 個，面の数は $n + k + 1$ 個となることが知られています。結び目の図式の場合，連結成分数は 1 であるので，面の数は $n + 2$ 個となります。このことから結び目の図式に限れば，交点の数，辺の数，面の数のどれか 1 つがわかれば，残りが決定できることになります。

演習問題 5.7　絡み目の図式が n 個の交点を持つならば，辺の数は $2n$ 個である，という関係は「グラフとしての各連結成分が交点を持つ」という条件がないと，成立しない場合があります。そのような例を挙げてください。

解答　例えば，**図 5.20** の絡み目の図式は，対応するグラフを考えると交点の数は 1 であることがわかります。なので $2n = 2$ となりますが，辺の数は 3 なので，この関係は成立しません。

絡み目の図式　　　　　　　対応する平面グラフ

図 5.20　辺の数が $2n$ 個とならない絡み目の図式

演習問題 5.8　グラフとしての各連結成分が交点を持つ絡み目の図式は交点の数が n であれば，辺の数も $2n$ 個となるのはなぜでしょうか。

解答　絡み目の図式は，交点を頂点に置き換えることで各頂点の次数が 4，頂点数が n 個のグラフとみなせます。このグラフの頂点の近くの辺の上に**図 5.21** のように印を付けます。ここでは白い丸を付けています。

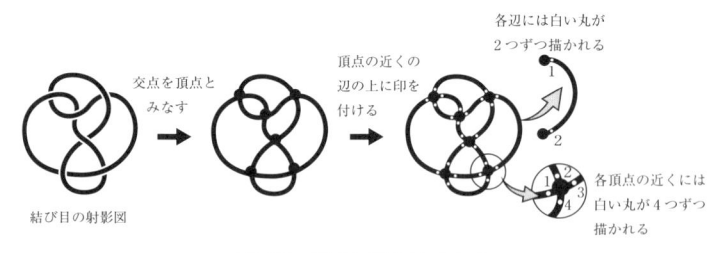

交点を頂点とみなす　　頂点の近くの辺の上に印を付ける

各辺には白い丸が2つずつ描かれる

1
2

結び目の射影図

1 2 3 4　各頂点の近くには白い丸が4つずつ描かれる

図 5.21　図式をグラフとみなす

　各頂点から 4 本の辺がでているので，このグラフ上にある白い丸の数は交点の数の 4 倍，つまり $4n$ 個であることがわかります。また，白い丸は各辺に 2 つずつあることから，辺の数は $4n \div 2 = 2n$ 本であることが言えます。図式が非連結な場合も，各連結成分において辺の数は交点の数の 2 倍であることから，辺の数は交点の数の 2 倍となることがわかります。また，本質的には同じですが，次のように説明することもできます。絡み目の図式から得られるグラフの各頂点の次数は 4 なので，このグラフの頂点の次数の合計は

$4n$ となります。辺の端点に 1 つの頂点が対応することから，辺が 1 本増えると，次数の合計は 2 だけ増えます。次数の合計を 0 から $4n$ とするには，$4n \div 2 = 2n$ より $2n$ 本の辺が必要です。よって，絡み目の図式の辺の数は $2n$ であることがわかります。

演習問題 5.9 グラフとしての各連結成分が交点を持つ絡み目の図式は交点の数が n，連結成分数が k であれば，面の数は $n + k + 1$ 個となるのはなぜでしょうか。

解答 絡み目の図式は交点を頂点と考えることで，各頂点の次数が 4 であるグラフとみなすことができます。演習問題 5.7 より，このグラフの辺の数は $2n$ です。このとき面の数を f とすると，オイラーの公式より，$n - 2n + f = k + 1$ を満たすことがわかります。これを f について解くと $f = n + k + 1$ となるので，面の数は $n + k + 1$ 個となることがわかります。

すべての頂点の次数が 4 であるグラフが，何成分の絡み目の射影図とみなせるかは **図 5.22** のように，交点を「横断的」に通るように辿っていくことで判定することができます。

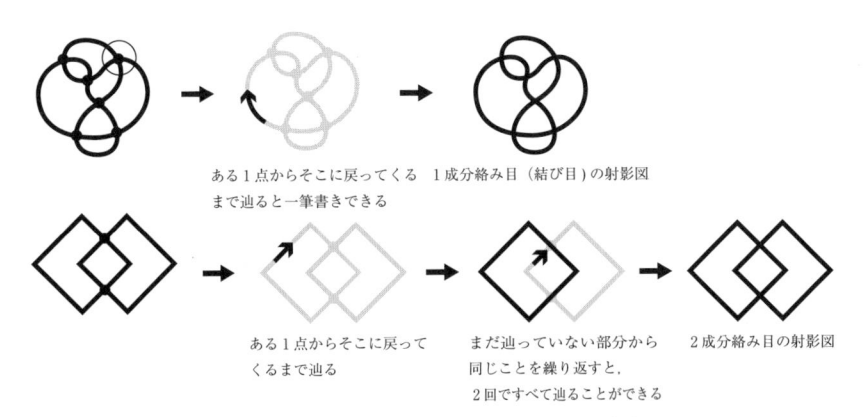

ある 1 点からそこに戻ってくる　1 成分絡み目（結び目）の射影図
まで辿ると一筆書きできる

ある 1 点からそこに戻って　まだ辿っていない部分から　2 成分絡み目の射影図
くるまで辿る　同じことを繰り返すと，
2 回ですべて辿ることができる

図 5.22 何成分の絡み目の射影図であるかの判定法

演習問題 5.10 次のグラフは何成分の絡み目の射影図とみなせるでしょうか。

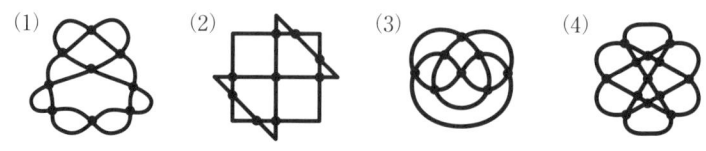

図 5.23 何成分の絡み目の射影図となるか？

解答 図 5.24 のように，交点を横断的に通過するようにグラフを辿りながら成分数を数えていけばよいです。(1)，(2)，(3)，(4) のグラフはそれぞれ，1 成分，2 成分，1 成分，3 成分の絡み目の射影図とみなすことができます。

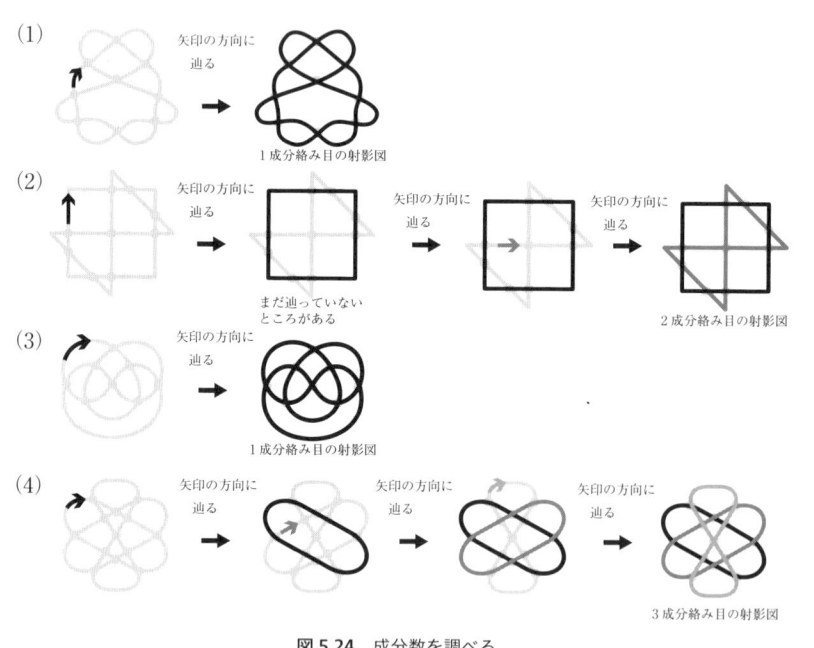

図 5.24 成分数を調べる

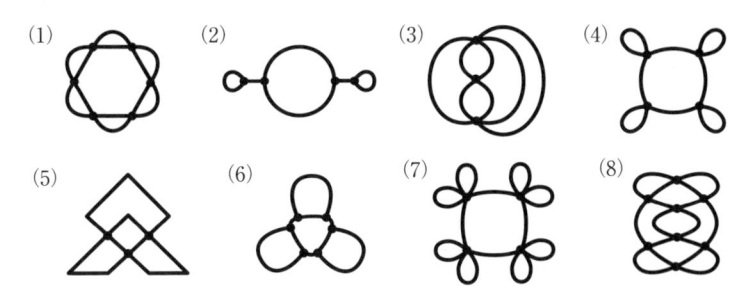

図 5.25　平面グラフ

解答　絡み目の射影図の多重点は横断的な2重点のみなので，次数が4以外の頂点を持つグラフから絡み目の射影図を得ることができません。よって(2)，(3)，(6)，(7)から絡み目の射影図を得ることはできません。残りの(1)，(4)，(5)，(8)については，辿ってみることで(1)と(8)は2成分の絡み目の射影図，(4)と(5)は結び目の射影図を得られることがわかります。

例えば，**図 5.26**の結び目はそれぞれ**図 5.25**の(4)と(5)のグラフを射影図として持ち，**図 5.27**の2成分絡み目はそれぞれ**図 5.25**の(1)と(8)のグラフを射影図として持ちます。

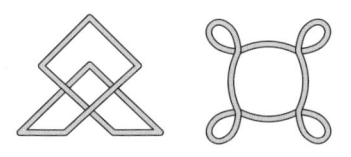

図 5.26　(4)のグラフ，(5)のグラフを射影図として持つ結び目

図 5.27　(1)のグラフ，(8)のグラフを射影図として持つ2成分絡み目

第 5 章のまとめ

(1) 平面上にいくつかの点を描き，その点同士を結ぶ線を端点以外では交わらないように描き加えることで得らえる図形のことを平面グラフと言う。本書では，グラフという言葉で平面グラフを表すことにした。

(2) すべての頂点の次数が 4 である平面グラフは絡み目の射影図とみなすことができる。

(3) 連結な成分が k 個である平面グラフ G の頂点，辺，面の数をそれぞれ $v(G)$, $e(G)$, $f(G)$ で表すと，$v(G) - e(G) + f(G) = k + 1$ が成立する。特に G が連結なグラフのとき，つまり $k = 1$ のとき，これはオイラーの公式と呼ばれる。

(4) 次数が 2 または 4 の頂点のみしか持たない平面グラフは次数 2 の頂点を無視し，次数 4 の頂点を交点とみなすことで，絡み目の射影図とみなすことができる。

第 6 章

描いた絡み目を「変形」しよう 1

　結び目理論における研究対象は空間内にある絡み目です。ここでは空間内の絡み目を扱う代わりに，第 3 章で学んだ絡み目の図式を用いて，絡み目を研究する方法について見ていきます。

6.1　同じ図式・異なる図式

①「同じ」ってどういうこと？

　「同じ」という言葉は日常生活でもよく使います。しかし，何の気なしに使っているこの言葉が実は曲者です。例えば「色」を例にとってみます。赤色と言っても，赤系の色には「赤」「金赤」「緋色」「レッド」「シグナルレッド」「茜色」などさまざまなものがありますが[*1]，これら赤系の色は区別されないことも多いです。これら赤系の色は区別されずに「同じ色」と呼ばれることも多いです。しかし，イラストやデザインを発注する際に「金赤」をイメージして「赤」と注文して「茜色」を使われてしまったら，まったくイメージの異なるものができてしまいます。数学においても同様に「同じ」という言葉を使う際には，何をもって同じというかをきちんと「約束」しないと，このようなことが起こってしまいます。

　しかし，このような約束がいつでも明文化できるとは限りませんし，明文化できるけれども意識されていない場合もあります。身近な例を挙げてみましょう。例えば「誕生日が同じ」と言ったときに，何年に生まれたかまでを考える人は少ないのではないでしょうか。生まれた年まで同じときには「誕生日がまったく同じ」とか，「生まれ年も同じ」とわざわざ言ったりします。「誕生日」のように，時と場合によって「同じ」か「同じでないか」の判断基準が変わってしまうのは数学においては都合が悪いので，「同じである」というのは何を意味するのかを，

---

*1　JIS 規格を参考にしています。

ちゃんと約束しておく必要があります。数学において「同じ」の基準を定めることはとても重要です。この基準に従い対象となるものを「分類」することができるからです。本章では，絡み目を研究する際に重要な「図式が同じ」であるということをきちんと約束していきます。

②「同じ」平面図形

絡み目の図式が「同じ」であることを約束するための準備として，平面図形を例に「同じである」とはどういうことなのかを見ていくことにします。まずは次の問題について考えてみます。

問題 1　次の図（1）～（5）のうち，どれが同じ形でしょうか。

図 6.1　同じ形はどれか

実はこの問題は数学の問題としてはよくありません。なぜなら，人によって答えが異なる可能性があるからです。例えば次の①～④はどれも間違いとは言い切れません。

① すべて同じである。
② （2）以外はすべて同じで，（1）とは異なる。
③ （3）と（4）と（5）が同じで，他は互いに異なる。
④ （4）と（5）が同じで，他は互いに異なる。

何を基準に「同じ」と判断するのかで，答えは異なるからです。すべて「三角形」という形であるという意味では「同じ形」と捉えることができるので，「すべて同じである」という解答も，その意味では「正しい」ということになります。みなさんはどう思いますか？

演習問題 6.1 どのような基準に従うと，②〜④のような答えになるのでしょうか。本文中で答えを述べた①以外の 3 つの答えそれぞれについて，その基準を考えてください。ただし，（1）は正三角形，（2）は直角二等辺三角形，（3）は 3 辺の長さが 1，2，$\sqrt{3}$ の三角形，（4），（5）は 3 辺の長さが $\sqrt{3}$，$2\sqrt{3}$，3 の三角形とします。

解答 ②が答えとなるような基準として，例えば次が考えられます。（1）〜（5）のうち（1）のみが正三角形で，残りは直角三角形です。（2）〜（5）は「直角三角形」という同じ形であると言えます。

　③が答えとなるような基準として，例えば次が考えられます。直角三角形である（2）〜（5）のうち，（2）のみが直角二等辺三角形です。なので（3）〜（5）は二等辺三角形ではない直角三角形という意味で同じであると考えることもできます。また辺の比が $1:2:\sqrt{3}$ なので相似な三角形であることから「相似である」という意味でも同じであると考えることができます。

　④が答えとなるような基準として，例えば次が考えられます。辺の比が $1:2:\sqrt{3}$ である直角三角形（3）〜（5）は，大きさまで考えると（3）のみが異なります。つまり合同という基準で考えると（4）と（5）のみが同じであると言うことができます。

この演習問題から，何を基準にするかで「同じ」という言葉の意味が異なってくることがわかるでしょう。これは数学においては不都合なことなので，「同じ」という概念の中で有用なものをきちんと定義していくことがとても重要になります。有用なものの一例として，「合同」や「相似」という概念があります。平面上に 2 つの図形が与えられているとします。一方の図形を動かし，他方の図形にぴったり重ね合わせることができるとき，この 2 つの図形は「合同」であると言い，一方の図形を動かし，拡大縮小を許してもう一方の図形にぴったり重ね合わせることができるとき，この 2 つの図形は「相似」であると言いました。

　もう少し数学的な言い方をすると，2 つの図形は平行移動，回転移動，鏡映によって重なるとき，合同であると言います。また，合同な 2 つの図形は合同変形で移り合うと言います。2 つの図形が一方の図形を平行移動，回転移動，鏡映移動に加え，拡大縮小するともう一方の図形にぴったり重ね合わせることができるとき，この 2 つの図形は相似であると言い，相似な 2 つの図形は相似変形で移り合うと言います。合同と相似のどちらも，ある「約束（基準）」に従い，「同じ」であることを定めた概念であると捉えることができます。基準を与えると，その基準に

従って図形を「分類」することができます。例えば「相似で分類する」とは，相似な図形は同じ同士を同じグループに入れ，相似でないものは同じグループに入らないようにグループ分けすることを言います。相似では図形の大きさは考えないため，合同と相似では相似のほうが粗い分類を与えることになります。図形の分類の一例として，相似と合同による**図 6.2** の①〜⑩の三角形の分類を与えてみます。

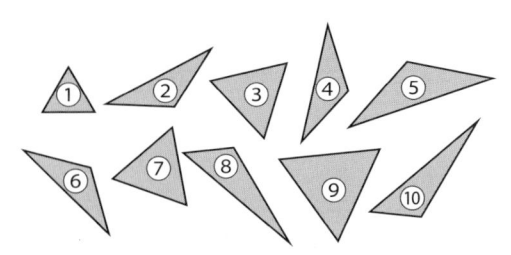

図 6.2　さまざまな三角形

　実際に動かせないので少しわかりにくいかもしれませんが，①と③と⑦と⑨，②と④と⑤と⑥，⑧と⑩は相似な三角形です。相似なもの同士は同じグループに入り，相似でないものは同じグループに入らないように分けると，3 つのグループに分けることができます。また，③と⑦，②と④と⑥，⑧と⑩は合同な三角形です。合同なもの同士は同じグループに入り，合同でないものは同じグループに入らないように分けると，6 つのグループに分けることができます。つまり，**図 6.2** の三角形は，合同なものを「同じ三角形」であると考えると 6 種類に分類できますが，相似なものを「同じ三角形」であると考えると 3 種類にしか分類できないということになるわけです。また，合同変形に拡大縮小を加えたものが相似変形であることから，合同によるグループ分けは，相似によるグループ分けをさらに細かくしたものになっていることがわかります。これらの状況をまとめると，**図 6.3** のようになります。

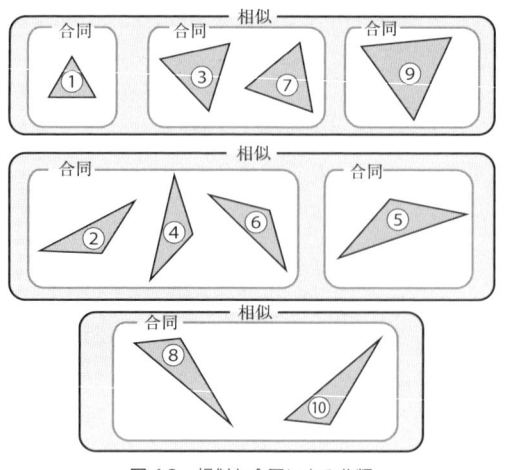

図 6.3 相似と合同による分類

　以上のことから，何らかの対象物が同じであると判断するには，何をもって同じで何をもって異なるのか，その基準を明確にする必要があることがわかるでしょう。

> **演習問題 6.2**　三角形を合同変形を用いて変形しても変わらないものは何か考えてみましょう。
>
> **解答**　例えば三角形の面積，周の長さ，内角の和，頂点の個数，辺の本数などがあります。

　つまり，「合同である」の一言に，これだけの情報が含まれているわけです。先ほどの三角形の分類のように，どのような基準を与えるかによって，得られる「分類」も異なります。相似や合同は平面に図形に限らず空間図形にも同様に定義することができます。絡み目は空間図形の一種なので，相似変形や合同変形を行うことができます。しかし絡み目を研究するにはこの2つの変形ではもちろん不十分です。

　空間内での合同変形は絡み目の位置を変えるという操作に，相似変形は絡み目の位置を変えたり大きさを変えるという操作に対応します。つまり合同変形や相似変形は絡み目の「見た目」を変えることはできません[*2]。結び目理論においては，

[*2]　本来は拡大縮小すれば紐の太さは変わりますが，結び目理論においては紐の太さは無視します。

閉じた状態のままの状態で絡み目をあやとりのように動かしてピッタリと一致する物を同じと考えて分類していくことになります。私たちは「図式」を用いて絡み目を研究したいので，絡み目を変形する際に行う「見た目を大きく変えるあやとりのような変形」に対応する平面図形の変形とはどのようなものなのかを考えなければなりません。そのような変形として「平面の同位変形」と呼ばれる変形があります。平面の同位変形が与える分類は，相似や合同に比べるとかなり荒いものになるため，高校までで扱う三角形や四角形のような平面図形に対して考えることはありませんが，結び目理論においては非常に重要な変形になります。次節では平面の同位変形とはどのようなものであるかを説明していきます。

6.2 平面の同位変形

ここでは平面上に描かれた図形全体を考えます。つまり扱う図形は，三角形でも四角形でも円でも，射影図でも図式でも平面グラフでもかまわないということです。平面の同位変形を考えるには，平面は平面という形状を保ったまま伸ばしたり縮めたりが自由にできるゴム膜でできていると考えます。図形が描かれたゴム膜状の平面を伸ばしたり縮めたりして変形したとき，描かれた図形も一緒に引っ張られて形が変わると考えます。このような図形の変形を「平面の同位変形」と呼ぶことにします。誤解が生じないときは単に「同位変形」と呼びます。2つの図形の一方を同位変形で変形して，もう一方とまったく同じ見た目にできるとき，その2つの図形は「同位」であると言います。

例を見てみましょう。**図 6.4** は曲線を交わらないように描いて端を閉じた，閉曲線と呼ばれる図形です。これらの閉曲線はすべて同位な図形です。まっすぐな線を曲線と呼ぶのは違和感を覚えるかもしれませんが，数学においては直線も曲線の一種とみなします。

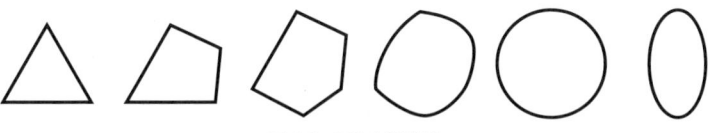

図 6.4　同位な閉曲線

図 6.4 の図形がすべて同位であることは**図 6.5** のようにして確認することができます。

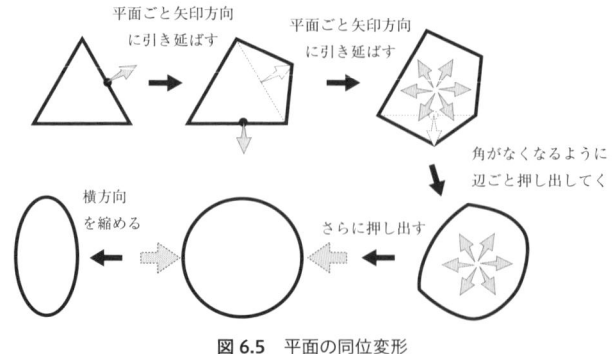

図 6.5　平面の同位変形

図 6.6 は**図 6.4** の各閉曲線で囲まれた部分も含んだ図形です。

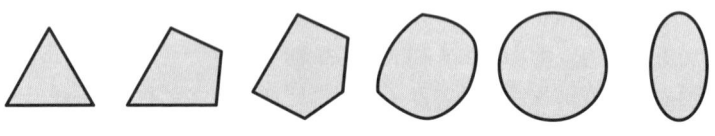

図 6.6　閉曲線とその内部

　先ほど閉曲線を変形しましたが，**図 6.7** のように囲まれた部分も一緒に変形していけば**図 6.6** の図形はすべてが同位であることも確認できます。**図 6.2** のさまざまな三角形も平面の同位変形による分類を考えるとすべてこれらと同位であることがわかるでしょう。

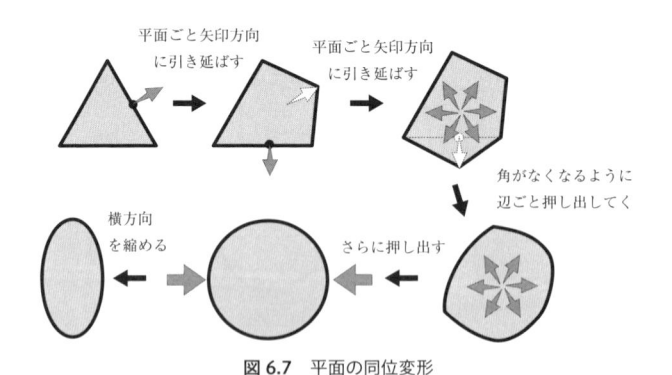

図 6.7　平面の同位変形

　ただし，**図 6.8** のような変形の黒い矢印に対応する変形は平面の同位変形とは言わないので注意してください。

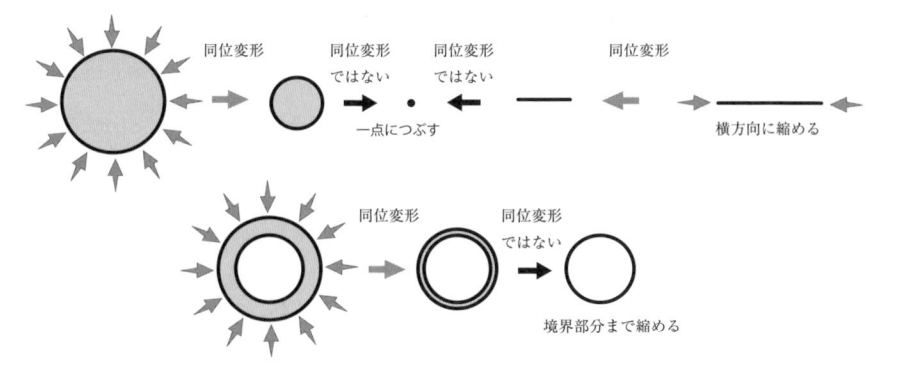

図 6.8 同位変形でない変形

演習問題 6.3 平面の同位変形で移り合う平面図形は同じグループに，移り合わない平面図形は異なるグループに入るように，次の（1）〜（10）の平面図形を 4 つのグループに分けてください。なお，3 つ以下のグループにならないことは認めてかまいません。

(1) (2) (3) (4) (5)

(6) (7) (8) (9) (10)

図 6.9 平面図形

解答 例えば(1), (4), (7), (9)は**図 6.10**のように同位変形で移り合います。

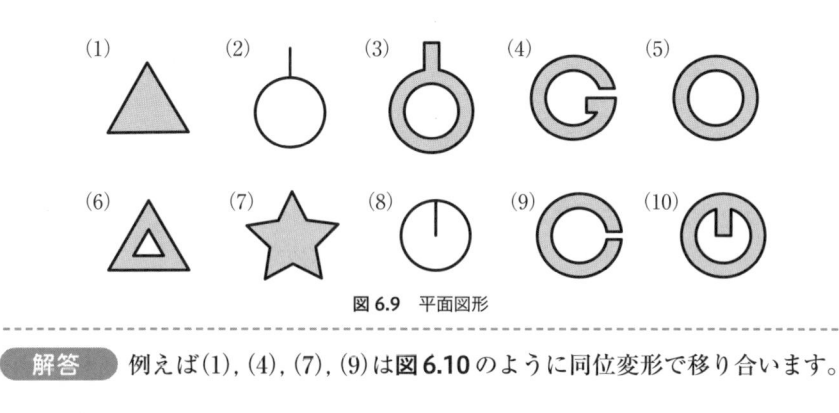

図 6.10 平面の同位変形

また，(3)，(6)，(10) は**図 6.11** のように同位変形ですべて (5) とピッタリ重なり合うように変形できるので (3)，(5)，(6)，(10) は同位変形で移り合うことがわかります。

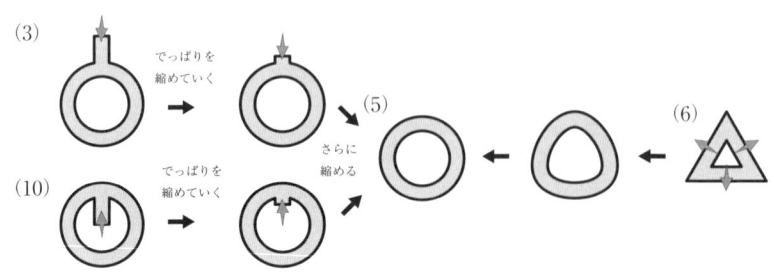

図 6.11　平面の同位変形

　(2) のみ，(8) のみでそれぞれ 1 つのグループを作ると 4 つのグループに分けることができます。本来ならば異なるグループに属する平面図形が同位変形で移らないことを確認しなければならないのですが，問題文中に「3 つ以下のグループにならないことは認めてよい」と書かれているので，解答としてはこれで十分です。

　4 つのグループに分かれることが保証されていなければ，異なるグループに属する図形が同位変形で移り合わないことも示さなければなりません。例えば (2) と (8) が同位でないことを示す必要があるということです。同位でない根拠の 1 つとして，線分が円周の外側にあるか，内側にあるかという違いがあります。平面の同位変形で，円周の内側と外側を入れ換えることはできないので，これらが同位でないことがわかります。既に述べているように，線分は同位変形で縮めることはできますが，**図 6.12** のように 1 点につぶすことはできないことに注意してください。

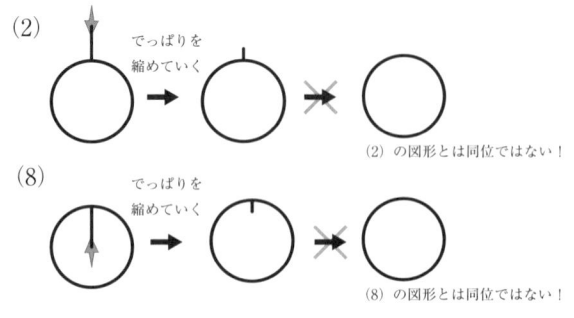

図 6.12　平面の同位変形ではない変形

図形の同位変形は図形の「かたち」を大幅に変えます。一方, 図形の合同変換は, 図形の「かたち」を変えない変形と言えます。そのため, 「合同変形で移り合う図形は, 平面の同位変形で移り合う」と考える人がいるかもしれませんが, それは正しくありません。

演習問題 6.4　合同であるが, 平面の同位変形で移り合わない平面図形と, 同位であるが, 合同変形で移り合わない平面図形の例を考えてください。ただし, 実際に移り合わないことは示さなくてかまいません。

- -

解答　例えば, **図 6.13** の (1) と (3) は合同変形で移り合いますが平面の同位変形では移り合わない図形です。また, (1) と (2) は同位変形で移り合いますが, 合同変形で移り合わない図形です。ちなみに, (2) と (3) は同位変形でも合同変形でも移り合わない図形です。

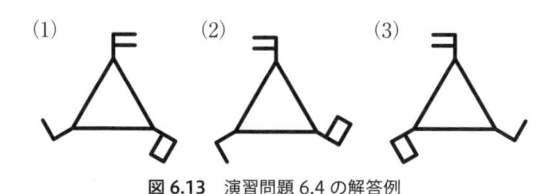

図 6.13　演習問題 6.4 の解答例

　詳しく見ていきましょう。(1) の図形に鏡映を行うと, (3) の図形にピッタリ重ねることができます。鏡映とはクルっと裏返すというイメージです。つまりこの 2 つの図形は合同です。合同変形における, 平行移動, 回転という変形は, 平面の同位変形で実現できますが, 鏡映という操作は実現できません。この (1) と (3) は鏡映を用いなければ移り合わないので (本当に移り合わないことは証明が必要です), 同位ではないと言えます。いずれの図形も三角形の各頂点に F またはそれを反転させたような形, L またはそれを反転させたような形, 旗のような形が付いています。以下の説明では「のような形」を省略し, 反転させたものも含め「F, L, 旗」と表します。平面の同位変形でこれらの見た目は変化させることができますが, 現れる順番は変えることができません。(1) と (2) では F が付いている頂点から時計回りに F, 旗, L の順に現れますが, (3) では F, L, 旗の順に現れます。そのため, この順番の異なる (3) は, 平面の同位変形では (1) にも (2) にもすることができません。では (1) と (2) が同位であることを確認してみましょう。**図 6.14** の右側の 3 つの図形は (1) の三角形の頂点に付いている図形を, 左側の 3 つの図形は (2) の三角形の頂点に付いている 3 つ図形を取り出したものです。

(1) 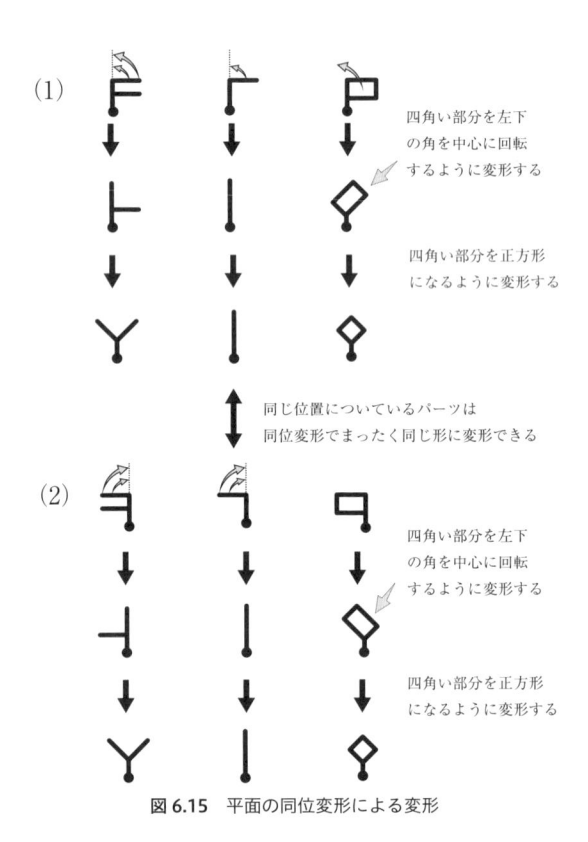 (2)

図6.14 図形 (1) と (2) の一部

この図形は●を付けた端点を固定したまま，平面の同位変形で**図 6.15** のように変形できます。

(1)

四角い部分を左下の角を中心に回転するように変形する

四角い部分を正方形になるように変形する

同じ位置についているパーツは同位変形でまったく同じ形に変形できる

(2)

四角い部分を左下の角を中心に回転するように変形する

四角い部分を正方形になるように変形する

図6.15 平面の同位変形による変形

これは (1) と (2) のいずれも**図 6.16** の図形に平面の同位変形で変形できることを意味します。つまり，(1) はこの図形を経由して (2) に変形できるので，(1) と (2) は同位な図形ということがわかります。

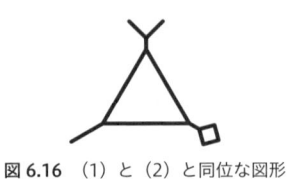

図6.16 (1) と (2) と同位な図形

① 同じ図式とは

　日常では，見た目や結び方の手順が同じものを同じということが多いため，数学においての「同じ結び目」は，日常においては「異なる」と認識されることも多いです。繰り返しになりますが，2つの対象物が同じ物であるか異なる物であるかは判断基準によって異なります。数学においては，人によって言うことが違っては困ります。そのため，その「判断基準」を，つまり何をもって「同じ」というのかを，きちんと約束しておきます。しかしその「約束」が結び目理論を研究する上で「使いやすい」ものになっていなければ意味がありません。まずは，「使いやすい」とはどのようなものなのかを考えてみましょう。次の「結び目の図式」にそっくりなものを2つ描いてみてください。

図 6.17　結び目の図式

　おそらく，描いた2つの図式をピッタリ重ねることはできないでしょう。大きさが違ったり，縦横比が違ったり，どこかしら異なる部分を見つけることができるはずです。コピーをすれば，ピッタリ重なる図式をいくらでも複製できますが，手で描くと同じように描いたつもりでも，どこかしらにずれが生じてしまうのは当たり前のことです。しかし，絡み目をノートなどに描いて研究するのであれば，**図 6.17** の図式と先ほど描いてもらった2つの図式は「すべて同じ図式」とみなすことができなければ都合が悪いです。しかし，ピッタリ重ねることはできないとしても，「同じもの」を描いたつもりなのだから「同じ」ものだと考えたほうが都合がよさそうです。微妙な差を「異なる」と捉えるのではなく，ある程度は許容しなければ，結び目をノートに描いて研究することは不可能になってしまいます。では，次の図式は同じと考えたほうが都合がいいでしょうか，それとも異なる図式と考えたほうが都合がよいでしょうか。

図 6.18　これらは「同じ図式」か？

中央の図式を 180° 回転させれば，これらは同じ結び目を表す図式であること
がすぐにわかります。同じ結び目を表す図式は「同じ図式」でなければ，結び目
の分類に図式を利用することはできません。そのため，数学においては**図 6.18**
の 3 つの図式のようにまったく同じでなくても同じ図式と考えるのが都合がいい
ということになります。次の節で詳しく説明しますが，実は結び目理論において
は扱いやすさのため，「ぴったり重ねることのできる図式」や**図 6.18** のような
ちょっとした差異のある図式だけでなく，平面の同位変形で移り合う図式は同じ
図式であると約束します。この約束のもとでは同じ図式を持つ絡み目は同じ絡み
目であるということが成立するからです。しかし，逆は正しくないことに注意し
てください。

6.3　絡み目の図式の同位変形

絡み目の図式は平面図形なので，平面の同位変形で変形することが可能です。
注意すべきはことは，交点部分で紐を切ることで上下の情報を与えていますが，
これは分かれて見えるだけで，本当はつながっている曲線の一部に「上下の情報
を与えている」にすぎないということです。つまり，**図 6.19** のような変形は考
えないことになります。この変形は，交点部分が本当に切れていると考え，直線
に挟まれた部分を引き延ばす同位変形を行ったものです。三葉結び目の図式に見
えないこともないですが，切り取った部分は引き延ばされ 1 つの交点だけ切り取
られた部分が大きいバランスの悪いものになってしまうので，このような変形は
図式の同位変形とは言いません。

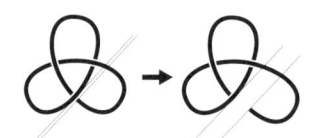

図 6.19　図式の同位変形ではない変形

また交点のところで本当に切れていると思うと，この図式は 3 つの弧から成り
立っているということになります。平面の同位変形を考えると交点周りを開くよ
うに平面を伸ばしていき，弧をまっすぐに伸ばしていくこともできます。こうな
ると，もはや結び目の面影はありません。

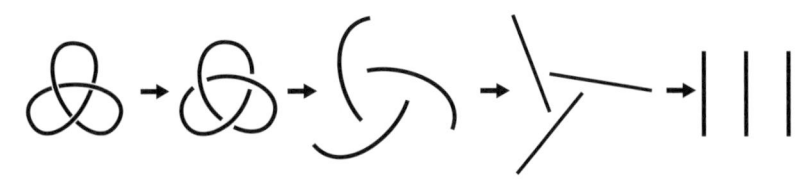

図 6.20 図式の同位変形ではない変形

　図式を同位変形で変形する際は，上下の情報をいったん忘れ，平面に描かれた結び目の影を，平面をゴム膜のように伸ばしたり縮めたりして変形した後に，上下の情報を元に戻していると考えれば，**図 6.19** とは異なりバランスのよい図式を得ることができます。

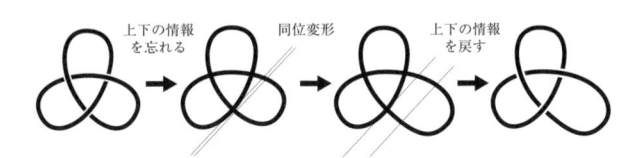

図 6.21 図式の同位変形

　しかし，**図 6.21** のように一度上下の情報を忘れてから引き延ばすという同位変形を行った後に，元の図式の上下の情報を基に対応する交点に上下の情報を与えるのは面倒なので，最初の 2 つの矢印の変形を省略して図式の同位変形と言います。いくつか平面の同位変形の例を挙げておくことにします。**図 6.22** の三葉結び目の図式 D を同位変形を用いて変形してみます。

D

図 6.22 三葉結び目の図式

　図 6.23 の（1）は縦方向に平面全体を縮めるという変形です。それに伴い平面に描かれた図式も縦方向に縮むことになります。（2）は横方向に平面全体を縮めるという変形で，(3) は縦方向に全体を引き延ばすという変形です。(4) は（1）と（2）の同位変形の両方を行っています。これらの変形はすべて平面の同位変形なので，このようにして図式 D から得られる図式はすべて同位です。

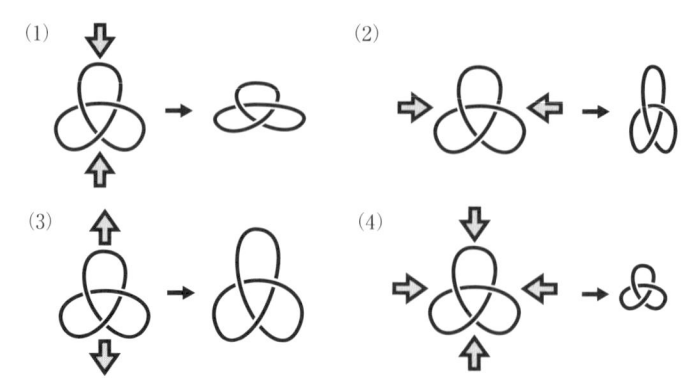

図 6.23　平面の同位変形

　同位変形は全体を引き延ばしたり，縮めたりという変形だけを指すのではありません。平面の一部を縮めたり伸ばしたりする，次のような変形も同位変形です。**図 6.24** の（5）は図式全体ではなく灰色の矢印の指す 4 か所を矢印方向に押し込むような変形を行い，白い矢印方向に引き延ばしています。（6）は矢印方向に図式の一部が引き延ばされるように平面ごと変形しています。

図 6.24　平面の同位変形

　また，**図 6.25** の図式も D と同位な図式です。どのような同位変形を行ったのかは各自考えてみてください。

図 6.25　図式 D と同位な図式

演習問題 6.5 次の（1）〜（5）の図式のうち，同位な 2 つの図式を 2 組見つけてください。

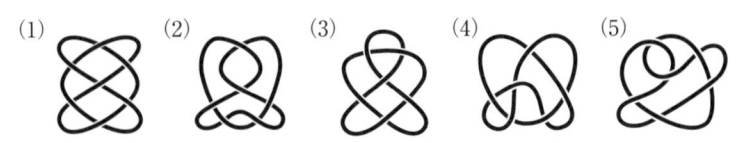

図 6.26 同位はどれか？

解答 （2）と（5），（3）と（4）は図式が同位な図式です。これらの図式が同位であることは，例えば**図 6.27** のようにして確認することができます。

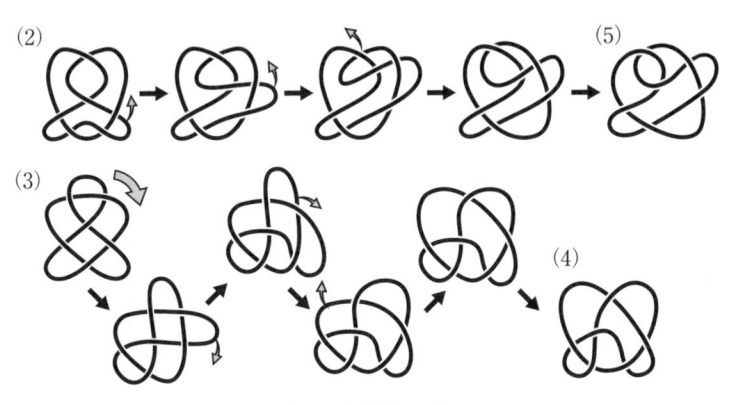

図 6.27 同位な図式

では，（1）と（2）と（3）は同位な図式でしょうか。実は，これらは平面の同位変形によって移り合わない図式です。移り合いませんと言われたら，そうだろうなと納得する人もいるかもしれませんが，それはきちんと証明しなければならないことです。移り合わないことを数学的にきちんと証明するためには平面の同位変形によって変わらない量を使って判定する必要があります。それには平面を引き延ばしたり縮めたりしても変わらないものを利用します。

演習問題 6.6 平面の同位変形によって結び目や絡み目の図式を変形したときに「変わらないもの」をいくつでもよいので挙げてください。

解答 図式に同位変形を行っても交点の数，弧の数，面の数は変化しません。また，その図式が表す絡み目も変わりません。

演習問題 6.6 で挙げた「平面の同位変形で変わらないもの」について，具体例で確認してみましょう。

　(2) の図式の各交点，辺，面に番号をふり，平面の同位変形で (5) の図式と同じ形に変形したものが**図 6.28** です。図式を伸ばしたり縮めたりしても，交点の数，弧の数，面の数が変わらないことが，ふった番号の対応から確認できます。

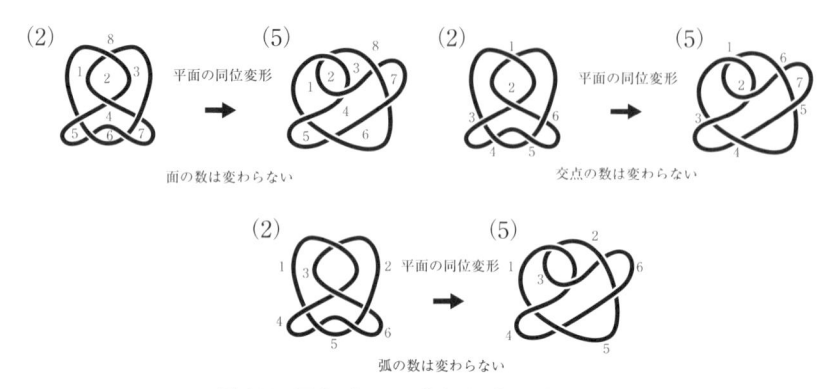

図 6.28　図式において同位変形で変わらないもの

　図 6.29 からもわかるように，図式を伸ばしたり縮めたりしても，紐の交差部分の入れ替えなどは起こらないので，対応する絡み目を変えることがないことがわかります。

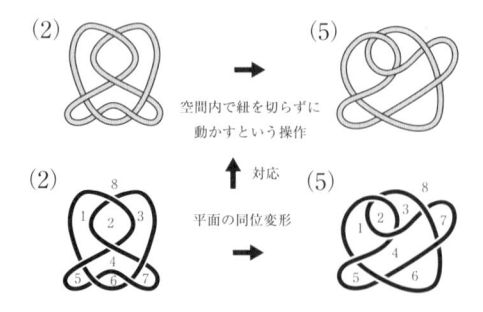

図 6.29　同位変形によって対応する結び目や絡み目は変わらない

　交点，辺，面の個数，図式が表す絡み目は，平面の同位変形による絡み目の図式の「不変量」であると言えるのですが，不変量については第 9 章で詳しく説明します。平面の同位変形により変化しないものを利用すると 2 つの図式が平面の同位変形により移り合わないことを示すことができることがあります。例えば，

図 6.30 の図式 (1), (2), (3) について見てみましょう。この図からわかるように図式 (1), (2), (3) の交点の数はそれぞれ, 7 個, 6 個, 6 個です。図式 (1) を平面の同位変形でどのように変形しても, 交点の数は 7 個から 6 個にはなりません。つまりどう頑張っても交点の数が 6 個である (2) や (3) の図式には変形できないということが言えるわけです。

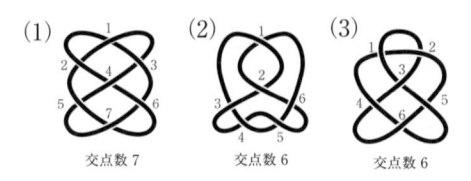

図 6.30 図式の交点の数

では (2) と (3) の図式は同位変形で移り合うでしょうか。実はこの 2 つの図式は平面の同位変形では移り合いません。交点の数が等しいので, 弧の個数や, 面の個数も等しくなります。この 2 つの図式が同位でないことを示すには, 同位変形で変化しない他の量を見つける必要があります。例えば, 図式 (2) と (3) は図式の面の形まで考えると互いに異なる図式であることを示すことができます。**図 6.31** は各図式の面にその面の境界に現れる辺の数を書き入れたものです。境界が n 本の辺からなる面を n 辺形と呼びます。(2)の図式は 4 個の 2 辺形を, (3) の図式は 3 個の 2 辺形をそれぞれ持ちます。図式の n 辺形の個数は図式の同位変形で変化しないので, 図式 (2) と (3) は異なる図式であることがわかります。

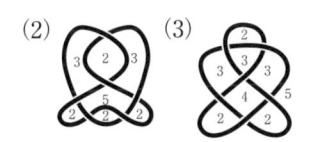

図 6.31 図式の面の形

しかし, (1) と (2) が異なる図式であることを示すだけであれば, 面の形まで調べる必要はないので, 知りたいことに応じて, どの「変化しない量」を使用するのが効率がよいかを判断することが重要です。

演習問題 6.7　次の図式は同位変形で分類すると 3 つのグループに分かれます。どの図式が同位変形で移り合うかを考え，3 つのグループに分けてください。

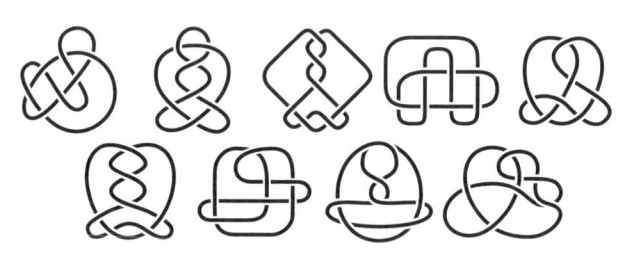

図 6.32　同位変形で分類する

解答　同位変形で移り合う図式を見つけていき，3 つのグループに分類すれば証明終了です。**図 6.33** の 3 つのグループに分けるのはそんなに難しくはないでしょう。

図 6.33　同位変形で移り合う図式

　もし，3 つのグループに分かれるということがわかっていなければ，異なるグループに属する図式同士が平面の同位変形で移り合わないことも確認しなければなりません。最後に，それを確認してみます。この 9 つの図式はすべて交点の数は 7 個なので，交点の数では区別できません。また，交点の数が一致すれば，辺や面の数も一致するので，交点の数が一致するとわかった時点で辺の数，面の数でも区別できないことがわかります。

　しかし面の形に着目することで，**図 6.33** の一番左の縦 3 つの図式が同位でな

いことが示せます。**図 6.34** は各図式の面にその面の境界に現れる辺の数を書き入れたものです。例えば 3 辺形の数が異なるので，この 3 つの図式は同位でないことがわかります。よって，**図 6.32** を同位変形で分類すると，確かに 3 つのグループに分かれることが示せました。

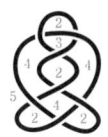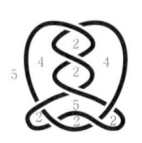

図 6.34　各面の形

6.4　同じ絡み目を表す異なる図式

1 つの絡み目が与えられると（平面の同位変形で移り合う図式を同じ図式と考えても），その絡み目の図式は無数に描くことができます。**図 6.35** は，標準的な形をした左手系三葉結び目と，その結び目へ向けて紙面に垂直な方向から光を当ててできた影から（交点に上下の情報を与えることで）得られる左手系三葉結び目の図式です。

図 6.35　左手系三葉結び目とその図式

この左手系三葉結び目を変形してから図式をとりなおすことで，**図 6.36** の 5 つの図式も得ることができます。

図 6.36　左手系三葉結び目のさまざまな図式

演習問題 6.8 図 6.36 の 5 個の図式が左手系三葉結び目の図式であることを確認してください。

- -

解答 まずは一番左の図式について見ていきます。図式から空間内の結び目を復元すると図 6.37 のように変形することで，図 6.35 の左手系三葉結び目と同じ見た目に変形することができます。

図 6.37　空間内の変形

しかし，このように紐状の結び目を描くのは大変なので，実際はこのような手順をイメージして図式で表していくことになります。図 6.37 の変形を，図式で表したのが，図 6.38 になります。

図 6.38　図 6.37 を図式で表す

残りの 4 つは図 6.39 のようにして，左手系三葉結び目の図式であることが確認できます。これらの変形は空間内にある結び目をイメージして描いていきます。図の説明書きは対応する空間内の結び目をイメージできるように補助的に入れています。

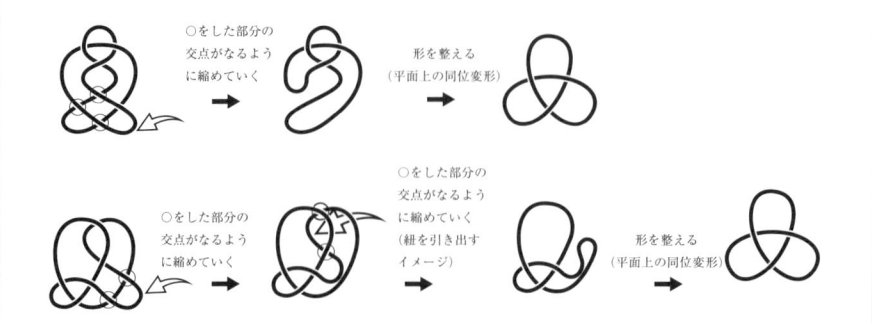

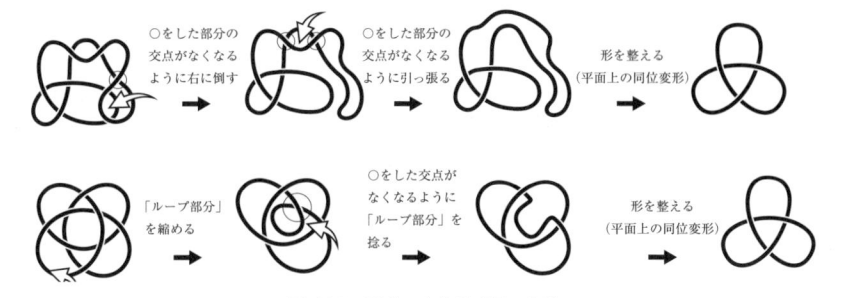

図 6.39 図式で表す結び目の変形

第 6 章

演習問題 6.9 次の図式は複雑に見えますが，自明な結び目の図式です。この図式が自明な結び目の図式であることを確認してください。

図 6.40 自明な結び目の図式

解答 この図式は**図 6.41** のようにして交点がない図式に変形することができるので，自明な結び目の図式であることがわかります。

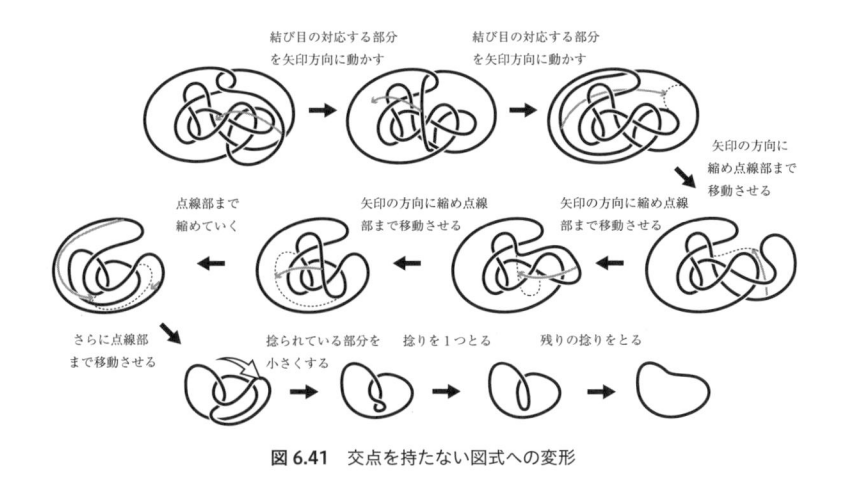

図 6.41 交点を持たない図式への変形

演習問題 6.10 次の2つの図式が同じ結び目を表すことを示してください。

図 6.42　2つの図式

解答　この問題の場合はどちらか一方の図式をもう一方の図式に変形するのではなく，どちらの図式も同じ図式に変形することで，同じ結び目を表すことを示すのがよいでしょう。**図 6.43** の黒い矢印を見てみると，どちらも交点が4つの八の字結び目の図式に変形できることがわかります。よって同じ結び目を表す図式だとわかります。

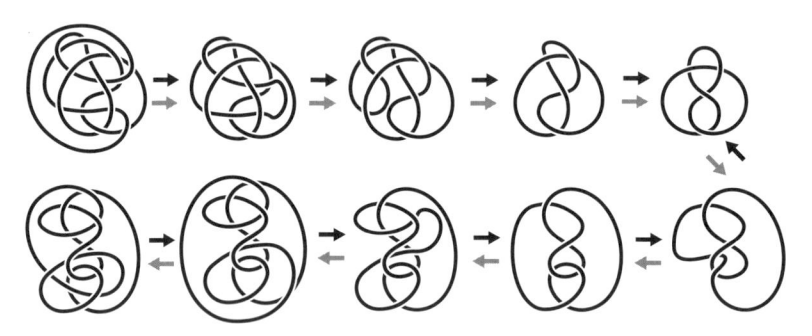

図 6.43　両方の結び目の図式を同じ図式に変形する

　なお，灰色の矢印を辿ることで，一方の結び目をもう一方の結び目へと変形できるので，定義に従っていることも確認できます。演習問題 6.10 のように，どちらの図式も減らすことのできる交点がすぐに見つかる場合は，一方をもう一方に変形していくよりも，両方とも交点を減らし同じ図式に変形することで，より簡単に2つの図式が同じ絡み目を表すと示せる場合があります。

　今後，絡み目の変形を考える際は図式を描いて考えていくことになりますが，本書では紐状の絡み目を用いて説明をする場合があります。図式で描いていると，図式から絡み目に変換して変形を理解するという作業を頭の中で行うことになりますが，紐状に描いておくことでその作業が必要なくなるからです。

① 自明な図式

　絡み目が与えられると、さまざまな図式を得ることができます。そうは言っても、「自明な結び目の図式を描け」と言われて**図 6.40** のような図式を描いたり、「八の字結び目の図式を描け」と言われて**図 6.42** のような図式を描く人はいないのではないでしょうか。多くの人は自明な結び目と言われたら交点のない図式、八の字結び目と言えば交点が 4 つの**図 6.44** のような「簡単な図式」を描くと思います。

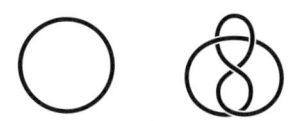

図 6.44　自明な結び目と八の字結び目の「簡単な」図式

　この簡単な図式のうち、特に**図 6.44** の左のような交点を持たない図式を「自明な図式」と言います。もちろん自明な図式を持つのは自明な絡み目のみです。自明な図式でない図式を「非自明な図式」と呼びます。**図 6.45** の図式はいずれも自明な結び目の図式ですが、このうち自明な図式は一番左の図式のみで、残りの 4 つは非自明な図式です。

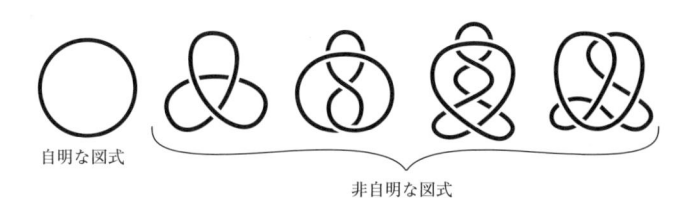

自明な図式

非自明な図式

図 6.45　自明な結び目の自明な図式と非自明な図式

　また、**図 6.46** は成分数が 2 と 3 の自明な絡み目に対する、自明な図式と非自明な図式です。

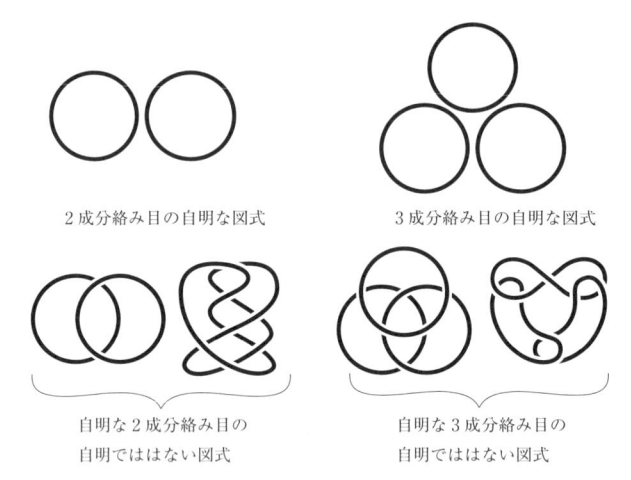

2 成分絡み目の自明な図式　　　　3 成分絡み目の自明な図式

自明な 2 成分絡み目の
自明でははない図式

自明な 3 成分絡み目の
自明でははない図式

図 6.46　成分数が 2 と 3 の自明な絡み目の自明な図式と非自明な図式

演習問題 6.11　図 6.45 と図 6.46 の非自明な図式が，自明な絡み目の図式であることを確認してください。

解答　それぞれの絡み目は，**図 6.47** のように変形することで，自明な絡み目であることがわかります。ここでは紐状に描いていますが，皆さんは図式を描いて確認してみてください。

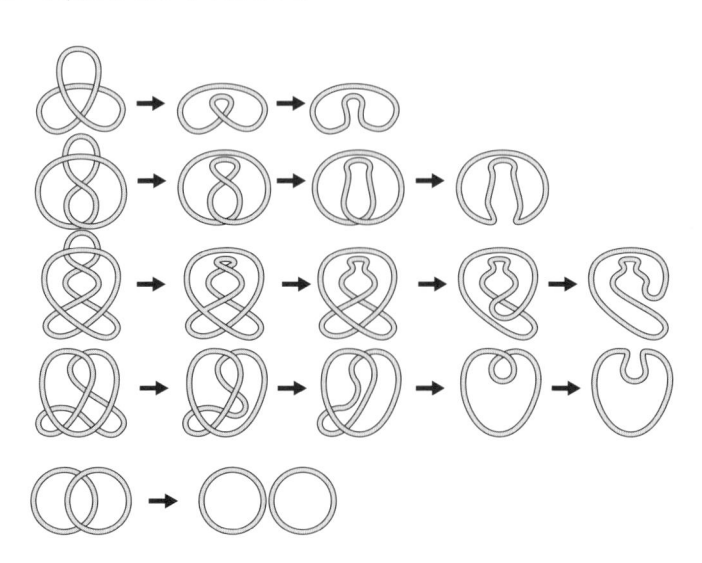

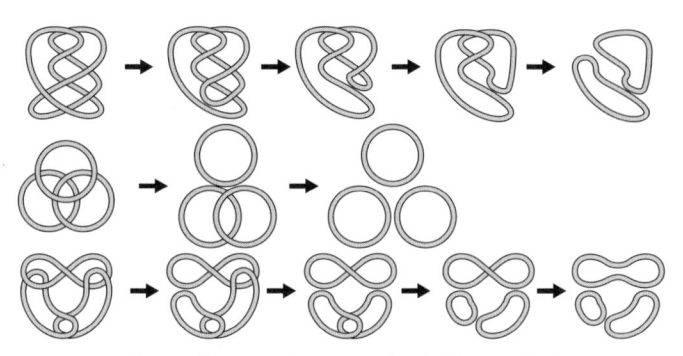

図 6.47　図 6.45 と図 6.46 の図式が表す絡み目の変形

演習問題 6.12　自明な結び目は交点の数がいくらでも大きい図式を持つことを示してください。

解答　自明な結び目と任意の自然数 n に対し，交点が n 個の自明な結び目の図式が存在することを示すことを示します。自明な結び目は，例えば交点が n 個の**図 6.48** のような図式を持ちます。

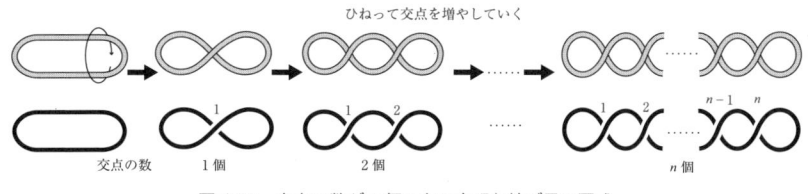

ひねって交点を増やしていく

交点の数　　1個　　　　2個　　　　……　　　　　　　　n 個

図 6.48　交点の数が n 個である自明な結び目の図式

　今は自明な結び目の図式を作ってもらいましたが，どのような結び目の図式であっても，**図 6.49** の操作を繰り返し施すことで，交点の数を増やしていくことができます。

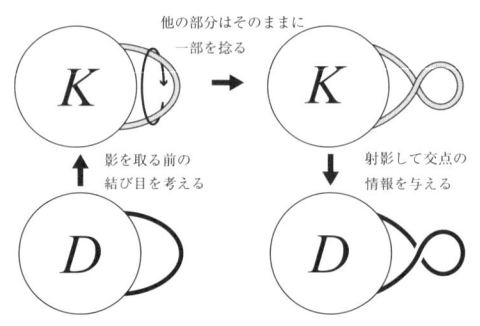

図 6.49 図式の交点の数を 1 個増やす変形

② 交代結び目

1つ絡み目が与えられると，その絡み目は無数に図式を持ちます。絡み目を研究する際には「ある性質」を持つ図式で表される絡み目を研究対象とすることがあります。ここで定義する交代結び目もその1つです。

1つの方向に辿っていくと交点の上下を交互に通るような図式を，「交代図式」と言います。例えば，**図 6.50** の左の図式は，黒い●の位置から矢印方向に辿っていくと，最初に通過する交点では上，次の交点では下，次の交点では上，・・・というように交点を上下交互に通って出発点に戻ってきます。右の図式は黒い●の位置から矢印方向に辿っていくと，最初に通過する交点では下で次の交点では上，次の交点では下，・・・のように交点を上下交互に通って出発点に戻ってくることができるので，交代図式であることがわかります。

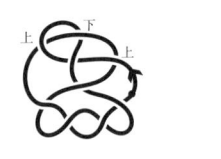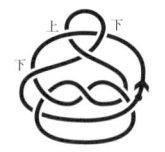

図 6.50 交代図式

交代図式を持つ結び目を交代結び目と呼びます。例えば，**図 6.51** の結び目は交代結び目です。これらの結び目が交代図式を持つことはすぐにわかるでしょう。

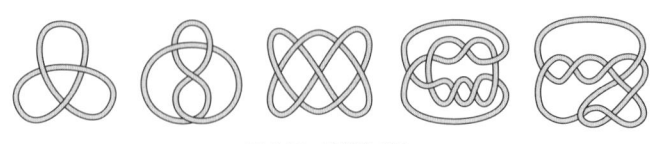

図 6.51 交代結び目

演習問題 6.13 次の結び目の射影図が交代図式になるように，各交点に上下の情報を与えてください。

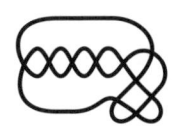

図 6.52　結び目の射影図

解答 例えば**図 6.53** のように射影図上にスタート地点 P を決め，そこから矢印の方向に射影図を辿っていきます。交点を通過する際，上下を交互に通るように各交点へ上下の情報を与えることで，交代図式を得ることができます。最初に通る交点において，上を通るか下を通るかの2通りの上下の付け方があります。最初に出会う交点で上を通るとした場合が左の図式，下を通るとした場合が右の図式です。

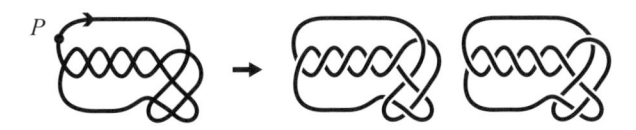

図 6.53　上下の情報の与え方

結び目の図式が与えられると，「交点に上手く上下の情報を与えればいつでも交代図式を得ることができるか」という問題が生じますが，実はいつでも交代図式を得られることが知られています。このことは証明が必要なのですが，ここでは省略することにします。

演習問題 6.14 次の図式は交代図式でしょうか。

図 6.54 交代図式か？

解答 この図式は，1つの方向に辿っていくと，交点において上下を交互に通らない箇所を見つけることができるので，交代図式ではありません。例えば，図 6.55 の交点は矢印の方向に図式を辿ったときに連続して現れる○をした3つの交点は「下上上」のように交点を通過しています。

図 6.55 交代的でない交点

図 6.54 の図式は交代図式ではありませんが，これらは交代結び目の図式であることに注意してください。これらが表す結び目は，図 6.56 のように変形することで交代図式を持つことがわかるので，交代結び目とわかります。

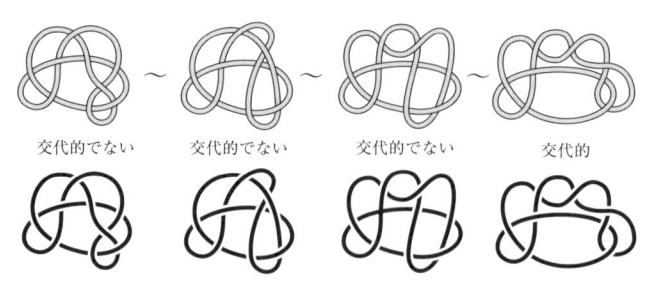

図 6.56 交代図式を得るための変形

演習問題 6.15 次の結び目が交代結び目であることを証明してください。

図 **6.57** 交代結び目か？

解答 この結び目から自然に得られる図式は交代図式ではありません。よって，結び目を変形してから図式をとりなおす必要があります。例えば**図 6.58** のように変形すると交代図式を得ることができるので，この結び目が交代結び目であることがわかります。

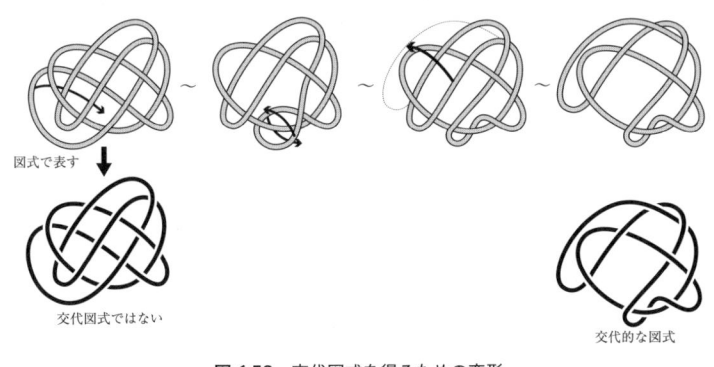

図式で表す

交代図式ではない

交代的な図式

図 **6.58** 交代図式を得るための変形

　交代図式を持たない結び目は非交代結び目と呼ばれます。**図 6.59** の 3 つの結び目は，左から順に 8_{19}，8_{20}，8_{21} という名前の付いている結び目であり，非交代結び目で「最も簡単な結び目」として知られています。この 3 つの結び目は交代的な図式を持たないことの証明は簡単ではないので，ここでは省略します。

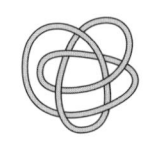 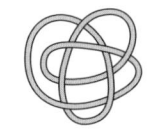 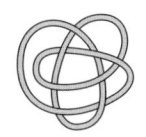

図 **6.59** 非交代結び目

（1）2 つの絡み目の図式が平面の同位変形で移り合うとき，その 2 つの図式は同位であると言い，同位な図式は「同じ図式」と考える。

（2）平面の同位変形で図式を変形しても，その図式が表す絡み目は変わらない。

（3）同じ絡み目を表す異なる図式は無数に存在する。

（4）交点のない絡み目の図式を自明な図式と呼ぶ。

（5）1 つの方向に辿っていくと交点の上下を交互に通るような図式を交代図式と言い，交代図式を持つ結び目を交代結び目と言う。

第7章

絡み目の表を作ろう

　ここまでで見てきたように，絡み目にはさまざまな見た目のものがあります。同じ絡み目か，異なる絡み目かはすぐにわからないものもたくさんあります。そのため，どのような絡み目があるのかがわかる一覧表があれば便利です。一覧表を作るために，どのような基準で絡み目を並べていくのかをみていきましょう。

7.1 絡み目の複雑さの基準

　基準としてすぐに思いつくのは，「簡単」なものからリストアップする，つまり「複雑度」を測っていくというものです。つまり絡み目の「複雑度」をどのように測っていくのかが問題となります。絡み目の複雑度は「図式」を用いて定義されます。次の図式のうち，どちらが「簡単」な絡み目を表すと思いますか。

図 7.1　「簡単」な結び目を表すのはどちらか？

　図式としては，左のほうが交点の数が多いので複雑そうに見えます。この 2 つの図式が表す結び目を考えてみましょう。

　演習問題 7.1　　図 7.1 の左の図式の表す結び目の最も交点の数が少ない図式を描いてください。

- -

　解答　空間内での変形を図式で表すと，**図 7.2** のようにして交点が 0 個の図式を得ることができます。

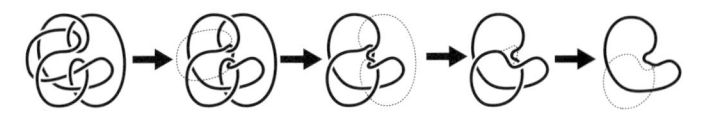
図 7.2　自明な図式への変形

　図 7.1 の左の図式は自明な結び目を表すことがわかりました。自明な結び目と三葉結び目では，自明な結び目のほうが簡単だと考えるのが自然です。つまり結び目の複雑さを比較したいのであれば，「できるだけ交点が少ない図式」を考えないと意味がありません。

7.2　絡み目を並べるには

① 絡み目の最小交点数

　どの絡み目も図式として表すことができます。紐を捻ったり，2 本の紐を重ねたりして絡み目を変形すれば，それに伴い**図 7.3** のように図式も変化します。つまり同じ絡み目を表す交点の数が異なる図式を得ることができるわけです。

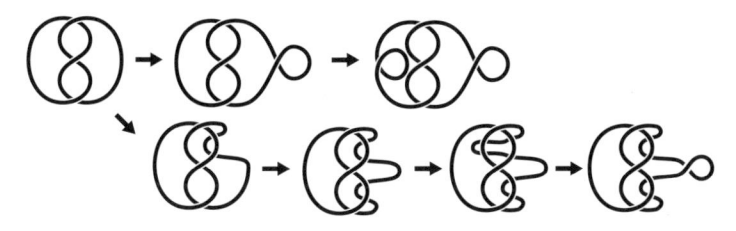
図 7.3　三葉結び目の異なる図式

　図 7.3 のようにして増やした交点は，絡み目の絡み方に本質的な影響を与えません。このような交点はある意味「余分な交点」と考えることができるので，持たないほうが望ましいです。そこで「余分な交点」をできるだけ減らした図式を考えることにします。

　絡み目が与えられたとき，その絡み目を表す図式の中で交点の数が最も少ないものを，「最小交点数を実現する図式」と言います。また，最小交点数を実現している図式の交点の数を，その絡み目の「最小交点数」と呼びます。交点の数は 0 より小さくはならないので，自明な結び目の自明な図式は最小交点数を実現している図式と言えます。巻末の表は，素な絡み目を最小交点数が小さい絡み目から順番に並べたものであり，「複雑度の低い」絡み目からリストアップしている

と捉えることができます。

図7.4 はどちらも左手系三葉結び目の図式です。右の図式は簡単に解消できる交点を持つので，最小交点数を実現していない図式であることはすぐにわかります。左の図式は最小交点数を実現している図式です。

図 7.4 最小交点数を実現していない図式としている図式

三葉結び目の最小交点数は 3 であることは明らかだと思うかもしれませんが，すぐに証明できることでありません。一般に絡み目の最小交点数を決定するのは簡単なことではないのです。

② 最小交点数を決定するには

最小交点数とは何かを理解できても，最小交点数を決定するのはなかなか困難です。本節では，「三葉結び目の最小交点数が（直観的に予想されるとおり）3 である」ことの証明を通じて，最小交点数の決定が難しいことを体感してもらいます。まずは次の問題を考えてみましょう。

演習問題 7.2　三葉結び目の最小交点数が 3 以下であることを証明してください。

- -

解答　三葉結び目の「最小交点数は 3 以下であること」を示すのは簡単です。例えば，三葉結び目は**図 7.5** のような図式を持つことがすぐにわかるからです。

左手系三葉結び目の図式　　　　右手系三葉結び目の図式

図 7.5　交点の数が 3 の三葉結び目の図式

交点の数が 3 である図式を持つというだけでは，交点の数が 2 以下の図式を持つ可能性があります。つまり，これ以上交点の数を減らすことができないということを示さなければ，最小交点数が3であることを証明したことにならないのです。

一般に，与えられた絡み目が交点の数が n の図式を持つならば，その絡み目の最小交点数は n 以下であることがわかります。もし，交点の数が n より小さいすべての図式が，どの絡み目を表すのかがわかり，その絡み目の中に与えられた絡み目がないことがわかってようやく，最小交点数が n であると決定できることになります。

　つまり三葉結び目の最小交点数が 3 であることを示すには，交点の数が 0，1，2 のいずれかであるどのような図式からも，三葉結び目を得ることができないことを確認する必要があります。交点の数が 0 の図式から得られる結び目は自明な結び目のみなので，ここからは交点の数が 1 または 2 の図式から，どのような結び目が得られるかを見ていくことにします。

③ 交点の数が 1 または 2 の図式から得られる結び目は？

　まずは交点の数が 1 または 2 の結び目の図式にはどのようなものがあるかを考えます。ただし，平面の同位変形で移り合う図式は同じものとみなします。

　　演習問題 7.3　交点の数が 1 の結び目の図式を思いつくだけ描いてください。

- -

　　解答　**図 7.6** の図式は互いに同位でない交点の数が 1 の図式です。また，交点の数が 1 の図式は，この 4 つのみです（ただし，これらの図式が同位でないこと，この 4 つのみであることの証明はここでは省略します）。

図 7.6　交点の数が 1 の結び目の図式

　交点の数が 1 の図式は，**図 7.6** の図式のみであることを認めれば，最小交点数が 1 の結び目は存在しないことがわかります。なぜなら，この 4 つの図式はどれも自明な結び目を表しており，自明な結び目の最小交点数は 0 だからです。最小交点数が 1 または 2 の結び目が存在するか，存在するならばどのような結び目であるかを調べるために，交点の数が 1 または 2 の結び目の図式をすべて描き出すのは大変です。そこで，**図 7.7** のような交点が簡単に解消できることに着目し，効率的に証明していくことを考えます。

図 7.7　簡単に解消できる交点

　交点を 1 つ描き，交点が増えないように描くことができる結び目の図式にはどのようなものがあるのかを調べていきます。交点の上下を入れ替えた場合も考えなければならないと思うかもしれませんが，平面の同位変形で移りあうものは同じと考えるので，**図 7.8** の右側に描かれている交点か，左側に描かれている交点のどちらか一方を考えれば十分です。ここでは左側の交点を考えることにし，図のようにアルファベットを割り当てます。

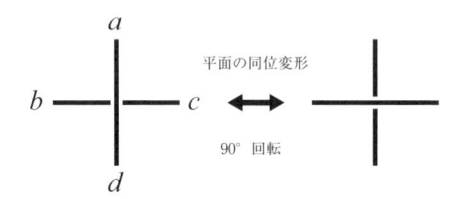

図 7.8　1 つの交点

　どの端点も，自分以外のどこかの端点とつながらなければ結び目の図式にならないので，まずは端点 a とつながる可能性のある端点を考えます。a とつながる可能性のある端点を点線でつないだものが**図 7.9** の（1）〜（3）です。（3）の場合は 2 成分の絡み目の図式となるので考える必要がありません。そこで，（1）端点 a を b につなげる場合，（2）端点 a を c につなげる場合について詳しく見ていきます。

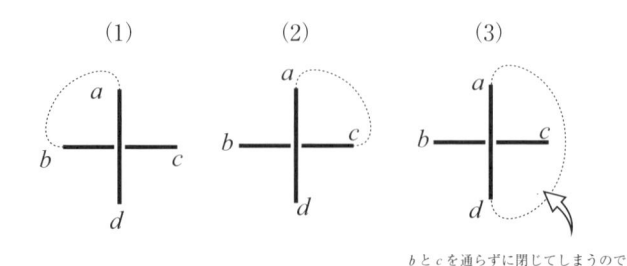

図 7.9　端点 a とつながる端点

(1) 端点 a を b につなげる場合

　　図 7.10 の点線で表しているのは「どの端点とどの端点がつながっているか」だけなので，実際に平面上で 2 つの端点を結ぶ結び方は平面の同位変形の範囲では 2 通りのつなぎ方を考える必要があることに注意してください。例えば a と b をつなげる方法は，**図 7.10** の 2 通りが考えられます。

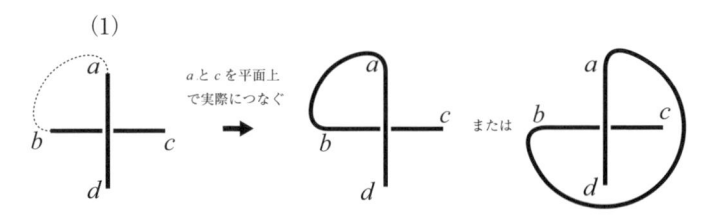

図 7.10　端点 a と端点 b のつなぎ方

　　さらに端点 c と d をつなげることで結び目の図式を得ることができますが，c と d を新しい交点ができないようにつなげなければ，交点の数が 1 の結び目の図式を得ることはできません。交点が 1 つのまま c と d をつなげて得られる図式は，**図 7.11** のいずれかの図式に平面の同位変形で移り合うもののみということになります。

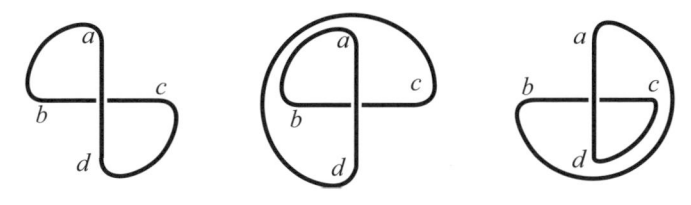

図 7.11　端点 c と d のつなぎ方

　　図 7.11 のどの図式の交点も，結び目をひねることで簡単に解消することができるので，自明な結び目のみが（1）のようにつながっている「交点の数が 1 の結び目の図式」を持つことがわかります。

(2) 端点 a を c につなげる場合

　　（1）の場合と同様に考えると，こちらも交点が 1 個の図式は自明な結び目の図式のみということがわかります。自明な結び目の最小交点数は 0 なので，最小交点数が 1 の結び目は存在しないことがわかります。

上で「(1) の場合と同様に考えると」と書きましたが，これは「対称性がある」からです。**図 7.12** のように，(1) と (2) に現れる図式の一部は端点に割り当てたアルファベットを無視すれば，互いに鏡に映した関係にあることがわかります。このことから (1) で述べたことを，鏡に映し b と c の名前を入れ替えて書き換えることで，(2) の証明になります。証明を一から書いてもよいのですが，同じようなことを繰り返し述べることになるため，このようなときは「同様にして」と述べることで，この繰り返し部分を省略することが可能です。

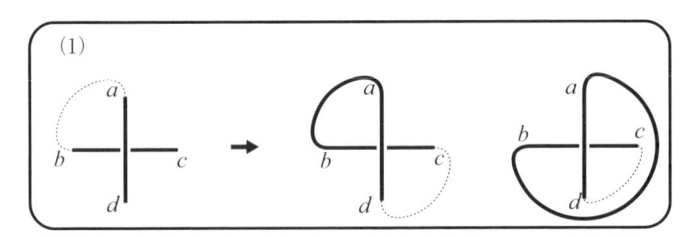

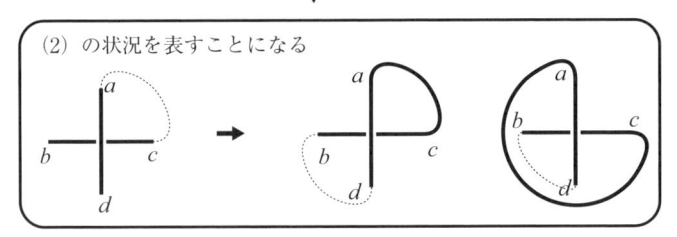

図 7.12　2 つの場合の関係

　次は交点の数が 2 の図式を持つ結び目について考えてみましょう。交点の数が 1 の図式を考えたときと同じように，最初に交点を 2 つ描き，交点が増えないように端点をつないでいくことで，どのような結び目の図式が得られるかを考えていきます。端点には a から h までのアルファベットを割り当てておくことにします。平面の同位変形で移り合うものは同じものとみなすと **図 7.13** の場合を考えれば十分であることがわかります。

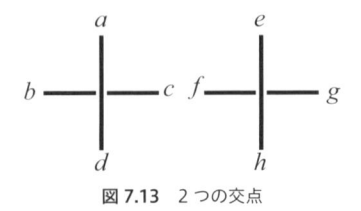

図 7.13　2 つの交点

まずは片方の交点の端点同士をつないだ場合を考えます。交点の数が 1 の結び目を考えたときと同様に，端点 a と他の端点をつないでいきます。

　対称性を考慮すると，a と c を結ぶ場合は a と b を結ぶ場合に帰着できるので，**図 7.14** の 2 つの場合を考えれば十分です。

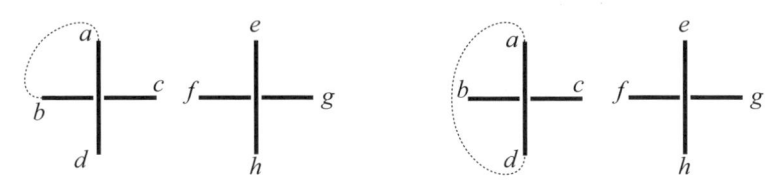

図 7.14 端点 a のつなぎ方

　図 7.14 右の（端点 a を d へつなぐ）場合は，交点が 1 つの場合と同じように輪が 2 つ以上できてしまい，結び目の図式を得ることができません。そこで，**図 7.14** 左の（端点 a を b へつなぐ）場合を詳しく調べます。

演習問題 7.4　　図 7.14 の左の図は，何通りのつなぎ方を表しているでしょうか。交点の数が増えないように，端点 a と b をつなぐことで，点線で表されているつながり方をすべて挙げてください。

- -

解答　　図 7.14 の左の図は，図 7.15 の 4 つの場合を表しています。

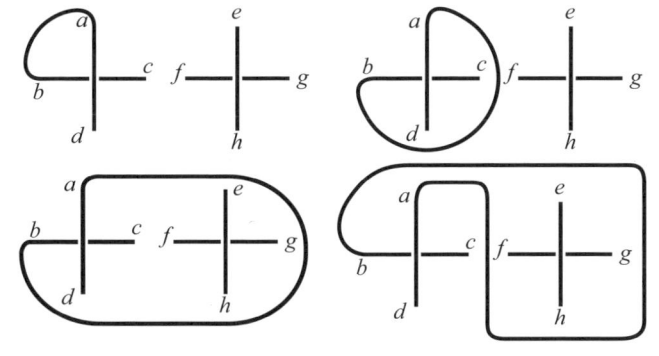

図 7.15 a と b のつなぎ方

　図 7.14 左の場合は，残りの端点が（これ以上交点を増やさないように）どのようにつながれたとしても，解消できる交点を持つことが（演習問題 7.4 の解答から）わかります。なぜなら，**図 7.15**（の残りの端点をつないだ図式）が表す

結び目に対し，空間内で捻ってから図式を取り直すことで，左側の交点がないような図式を得ることができるからです。つまり，このつなぎ方では最小交点数が2の結び目を表す図式を得ることはできません。

　次に右の交点の端点と，左の交点の端点をつなげる場合を考えます。a が e または h とつながれた図式を考えてみます。あらかじめ描かれている交点以外には交点を持たないようにつながれていれば，平面の同位変形で**図 7.16** のように変形できるので，端点に割り当てたアルファベットを無視すれば同じつなぎ方であるとみなせます。

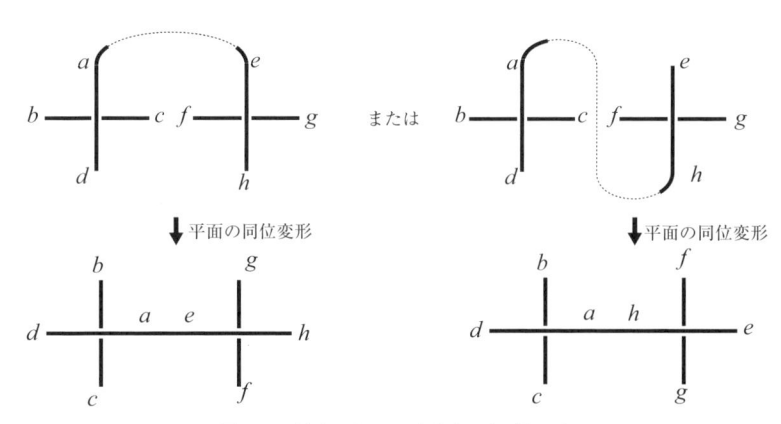

図 7.16　端点 a と e, a と h をつなげた図式

　a が f または g とつながれた図式も，平面の同位変形で**図 7.17** のように変形できます。これらも，端点に割り当てたアルファベットを無視すれば同じものとみなすことができます。

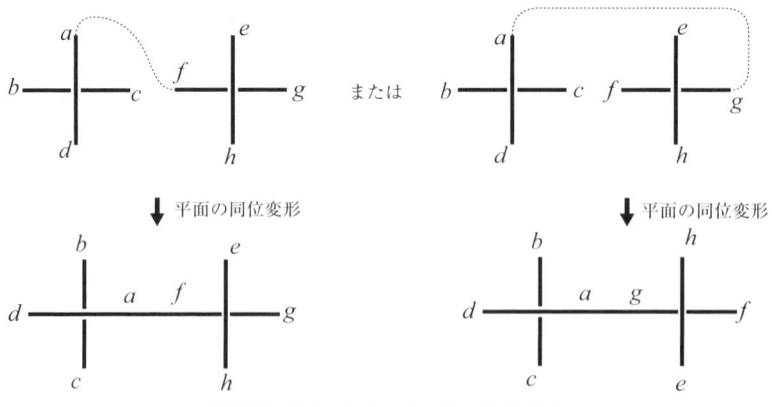

図 7.17　端点 a と f, a と g をつなげた図式

以上より，右の交点の端点と，左の交点の端点をつなげる場合は，**図 7.18** のように端点の名前を付けなおした (1)，(2) について考えればよいことになります。つまり，最小交点数が 2 の結び目の図式が存在するのであれば，**図 7.18** の (1) または (2) の端点を交点が増えないようにつないで得られる図式となります。よって，これらの端点を交点の数が増えないようにつないで得られる図式から，どのような結び目が得られるかを見ていきます。前述したように，各交点の端点はもう一方の交点の端点につながらなければ結び目の図式になりません。

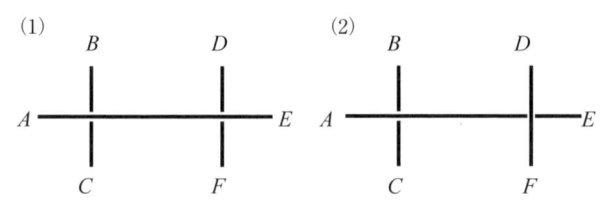

図 7.18　端点の名前を付け替える

　まず (1) の場合を考えます。**図 7.19** の一番左の図のように端点 A が E とつなげると，端点が余っているのに 1 つの輪ができてしまうので，結び目図式にはなりません。真ん中の図のように端点 A が D とつなげると，端点 B は C, E, F のいずれかとつなげることになりますが，それには A と D を結んだ線を越えなければならないので交点が増えてしまいます。端点 A と F をつなげると，端点 A と D をつなげる場合と同様に，C と残りの交点をつなごうとすると交点が増えてしまいます。よって，交点の数を増やさずに残りの端点をつなぐことはできません。

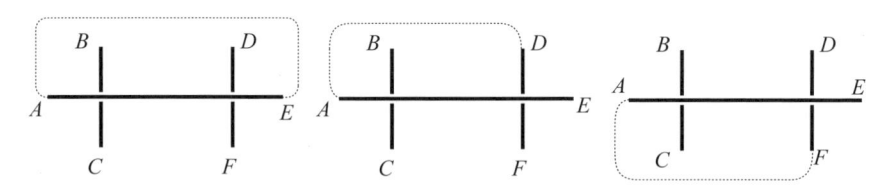

図 7.19　端点 A と右の交点の端点のつなぎ方

　次に (2) の場合を考えます。(1) と右の交点の上下が異なりますが，同様に考えると，交点の数を増やさずに残りの端点をつなぐことはできないとわかります。よって最小交点数が 2 の結び目が存在しません。

　以上より，最小交点数が 1 と 2 の結び目は存在しないことが結論づけられます。

また，最小交点数が 0 の結び目は自明な結び目のみなので，三葉結び目の最小交点数が 3 であることが決定できます。

このように，三葉結び目のように単純そうに見える結び目であっても，最小交点数を決定するのは非常に大変です。しかし，「ある性質」を持つ図式を持つ結び目は，上記のような面倒な手順を踏まなくても，最小交点数を決定できることが知られているので，次節で紹介することにします。

7.3 交代図式と最小交点数

1986 年にイリノイ大学シカゴ校のカウフマン（Louis Kauffman），トロント大学の村杉邦男，テネシー大学のティスツルスウェイト（Morwen Thistlethwaite）は，それぞれ独立に，最小交点数に関する重要な結果を初めて証明しました。彼らが証明したのは交点の数が n 個の既約な交代図式を持つ結び目の最小交点数は n であるという事実です[*1]。

例えば**図 7.20** は，ある結び目と「交点の数が 18 個であるようなその結び目の既約交代図式」です。彼らの結果を用いると，この結び目の最小交点数は 18 であると決定することができます。つまりどう頑張っても，この結び目の交点の数が 18 より少ない図式は描くことはできないということが，簡単に証明できてしまうのです。

図 7.20　最小交点数が 18 の結び目と，その既約交代図式

演習問題 7.5　　次の結び目の最小交点数を決定してください。

図 7.21　結び目の最小交点数

---

*1　彼らがこのことを証明するのに利用したのは，ジョーンズ多項式と呼ばれる不変量ですが，本書では扱いません。

解答 この結び目から自然に得られる図式は交代図式ですが，既約な図式ではありません。よって，このままでは最小交点数を決定することはできません。**図 7.22** の○をした交点は，空間内で結び目を捻ることで簡単に解消できる交点です。この交点を解消すると既約な図式を得ることができ，交点を解消した後の図式を確認してみると交代的であることもわかります。この既約交代図式の交点の数は 8 なので，本節冒頭の（既約な交代図式に関する）結果より，この結び目の最小交点数は 8 であることがわかります。

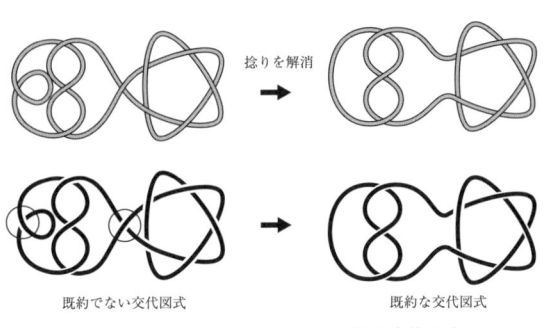

図 7.22 既約でない交代図式と既約な交代図式

　結び目図式が既約であるか既約でないかは，図式を見れば判定することができます。また既約でない図式は，その図式が表す結び目を変えることなく既約な図式に変形することができます。さらに既約でない図式が交代図式であったとすると，既約な図式になるように交点を減らしても図式の交代性は保たれることが知られています。つまり，理論上はすべての交代結び目の最小交点数を決定できるということです。一方で，非交代結び目の最小交点数を決定することは難しい問題なのです。

7.4　結び目の表の作成

　結び目理論の研究が本格的に始まったのは，19 世紀の終わり頃と言われています。そのきっかけは，ケルヴィン卿（Lord Kelvin）の名で知られる物理学者のトムソン（William Thomson）が，1860 年に渦原子理論（vortex atom theory）を提唱したことから始まります。これは原子の正体に関する理論であり，その正体は「光が伝搬するための媒質と考えられていた流体（エーテル）の中にある渦巻きできた結び目のようなもの」であろうというものでした。この理論が正しければ，この世のすべての原子は結び目を調べていけば分類できることにな

りますが，現在ではこの理論は正しくなかったことがわかっています。当時この理論に興味を持った物理学者のテイト（Peter Guthrie Tait）は，結び目に関する研究に集中し，分類を試みるようになりました。そして 1877 年までにテイトは 7 交点の結び目を分類し，結び目の表を発表しています。

　その後カークマン（Thomas Penyngton Kirkman）はテイトの講演記録を読んで，8 交点以上の結び目の分類に取りかかりました。カークマンは 10 交点までの結び目を調べ，さらにテイトと共同でその分類を試み，1885 年に 10 交点までの交代結び目の表を完成させました。非交代結び目の表はリットル（Charles Newton Little）が 1899 年に作成しました。この表には 10 交点の非交代結び目 43 個が掲載されていて，75 年のあいだ，正しいと信じられていました。ここでいう「正しい」とは，作成された表に漏れと重複がないことを意味します。ところが 1974 年にペルコ（Kenneth Albert Perko, Jr.）が，表の中の 2 個の結び目が同じものであることを発見しました。つまり表には重複があったのです。**図 7.23** の 2 つの図式がペルコが指摘した結び目の図式です。この同じ結び目を表す 2 つの図式は，現在では彼の名を冠して「ペルコ対」と呼ばれています。

図 7.23　ペルコ対

演習問題 7.6　ペルコ対が同じ結び目を表すことを示してください。

解答　図 **7.24** のように変形することで，この2つの図式が同じ結び目を表すことがわかります。図の破線は空間内での変形をイメージして補助的に引いてあります。

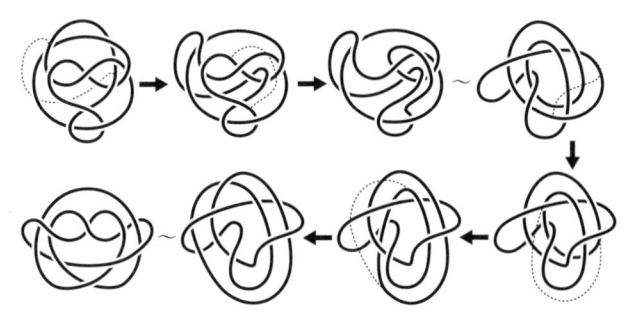

図 7.24　ペルコ対の変形

演習問題 7.7　次の結び目は巻末の表にあるどの結び目でしょうか。

(1)　　　　　　(2)　　　　　　(3)

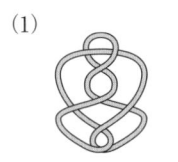　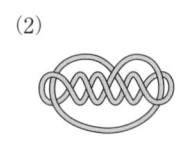　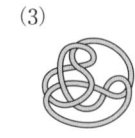

図 7.25　どの結び目か？

解答　(1) の結び目は**図 7.26** のように変形することで 5_1 結び目であることがわかります。

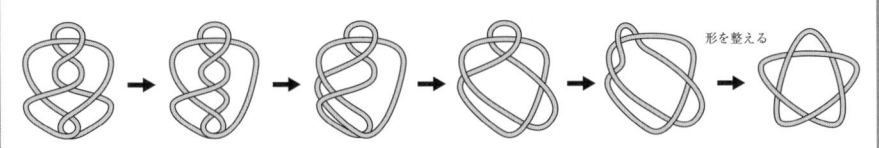

形を整える

図 7.26　5_1 結び目

(2) の結び目は**図 7.27** のように変形することで 8_{14} 結び目であることがわかります。

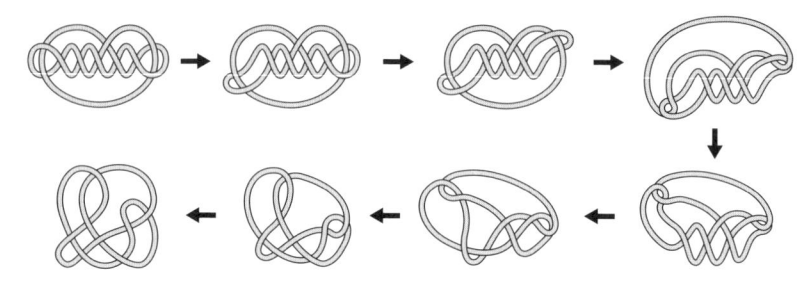

図 7.27 8_{14} 結び目

(3) の結び目は**図 7.28** のように変形することで 8_{19} 結び目であることがわかります。

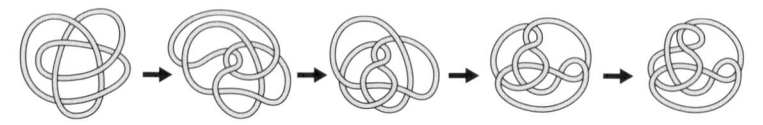

図 7.28 8_{19} 結び目

演習問題 7.8 次の絡み目は巻末の表にあるどの絡み目でしょうか。

(1)

(2)

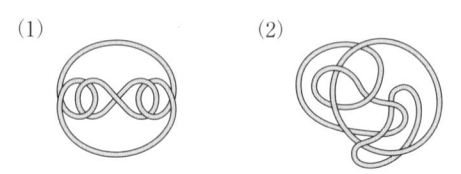

図 7.29 どの絡み目か？

解答 (1) の絡み目は**図 7.30** のように変形することで 4_1^2 絡み目であることがわかります。

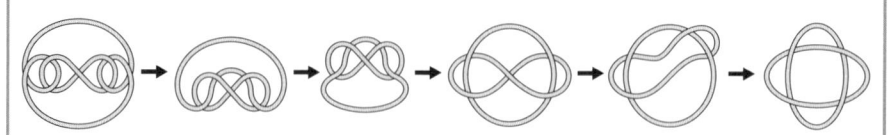

図 7.30 4_1^2 絡み目

(2) の絡み目は**図 7.31** のように変形することで 7_1^3 絡み目であることがわかります。

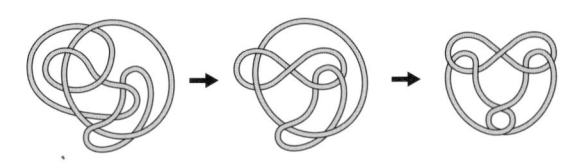

図 7.31 7_1^3 絡み目

> ### 第7章のまとめ
>
> (1) 与えられた絡み目を表す図式の中で交点の数が最も少ないものを最小交点数を実現する図式と言う。
> (2) 最小交点数を実現している図式の交点の数を，その図式が表す絡み目の最小交点数と呼ぶ。
> (3) 与えられた絡み目が交点の数が n の図式を持ち，交点の数が n より小さいすべての図式が表す絡み目の中に与えられた絡み目がなければ，その絡み目の最小交点数は n であることがわかる。
> (4) 交点の数が n の既約な交代図式を持つ結び目の最小交点数は n である。

第7章

第 8 章

描いた絡み目を「変形」しよう2

平面の同位変形で移り合う絡み目の図式は同じ絡み目を表しますが，同じ絡み目を表す図式でも，平面の同位変形で移り合うとは限りません。ここでは，絡み目の図式に対して，表す絡み目を変えない「3つの変形」を導入します。この3つの変形は，平面の同位変形では移り合わない図式を関係付けることができます。本章では，絡み目の図式を平面図形として捉え，変形していきます。「空間内の絡み目」を変形をイメージすることは大切なことですが，空間内の絡み目ではなく，「絡み目の図式」を変形しているのだということを忘れないようにして読み進めてください。

8.1　平面の同位変形で移り合わない同じ絡み目の図式

ここでは三葉結び目を例にとり，新たに導入する「3つの変形」とはどのような変形かを説明していきます。**図8.1**の結び目はどちらも左手系三葉結び目です。つまり，空間の中であやとりの要領で紐を動かし，同じ見た目に変形することができます。

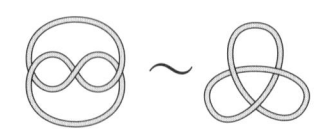

図8.1　見た目の異なる左手系三葉結び目

演習問題 8.1 図 8.1 の 2 つの結び目が同じ見た目に変形できることを確認してください。

解答 図 4.20（62 ページ）で，三葉結び目が何半捻りのツイスト結び目か調べるため，既に右の結び目から左の結び目への変形を行っています。なので，ここでは左の結び目を右の結び目に変形してみます。例えば，**図 8.2** 左の結び目の色を付けた部分を矢印手前に倒すように変形して形を整えると，**図 8.1** の右の結び目を得ることができます。

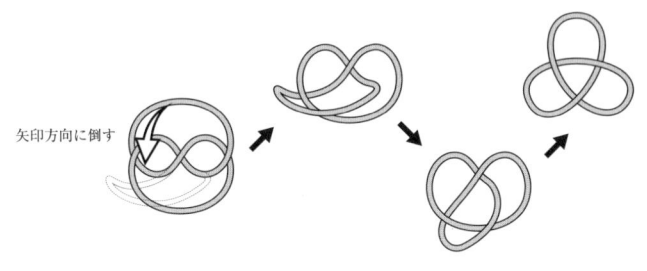

矢印方向に倒す

図 8.2　空間内の変形

図 8.3 は，**図 8.2** をより細かいステップに分けたものです。

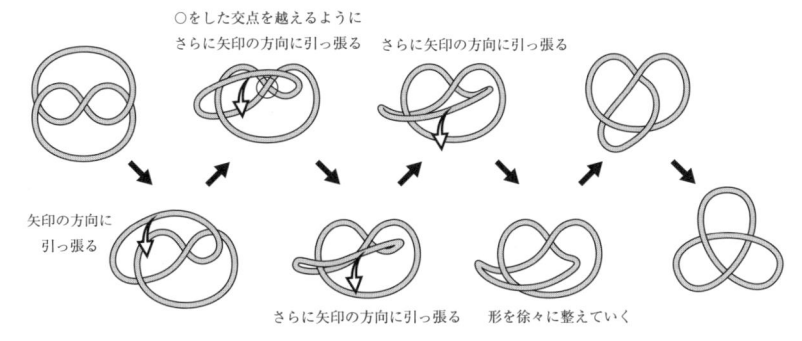

〇をした交点を越えるように
さらに矢印の方向に引っ張る　さらに矢印の方向に引っ張る

矢印の方向に
引っ張る

さらに矢印の方向に引っ張る　形を徐々に整えていく

図 8.3　図 8.2 より細かい過程

黒い矢印の部分は「連続的」な変形です。途中過程をすべて描くことはできないので，これらの部分では「紐を少しずつずらしていく動き」が省略されています。次に，少し不自然に見える**図 8.4** の変形の列を考えてみます。

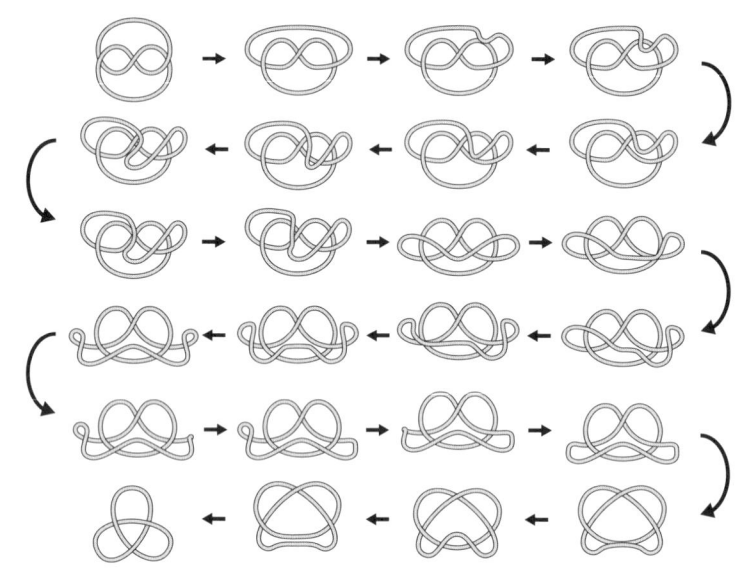

図 8.4　不自然に見える変形列

　ここで，**図 8.4** にあるすべての結び目の影をとり，その交点に上下の情報を与えて得られた「図式」を描くことを考えましょう。

　まず，**図 8.4** のすべての結び目に対応した影を考えます。それが**図 8.5** です。

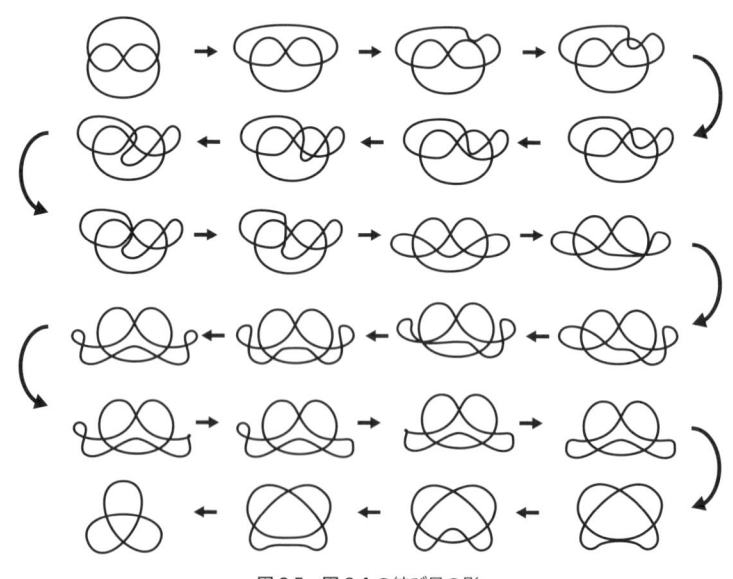

図 8.5　図 8.4 の結び目の影

演習問題 8.2 図 8.5 の結び目の影のうち，結び目の射影図ではないものはどれでしょう。

解答 図 8.6 において○をした部分は射影図の条件を満たしていません。よって，○をした部分がある影は結び目の射影図ではありません。

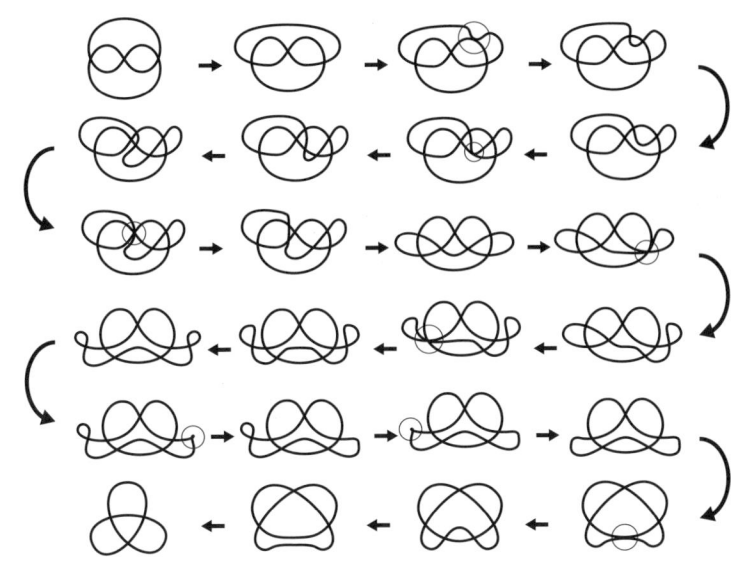

図 8.6 演習問題 8.2 の解答

図 8.6 の各影の二重点に交点の上下の情報を与えてみます。結び目の射影図である影からは図式を得ることができますが，射影図になっていない影からは図式を得ることができません。上下の情報を与えた後で，図式とならないものに×を付けたのが**図 8.7** です。黒い矢印は平面の同位変形で実現できる変形に，灰色の矢印は平面の同位変形では実現することはできない変形に，それぞれ対応しています。

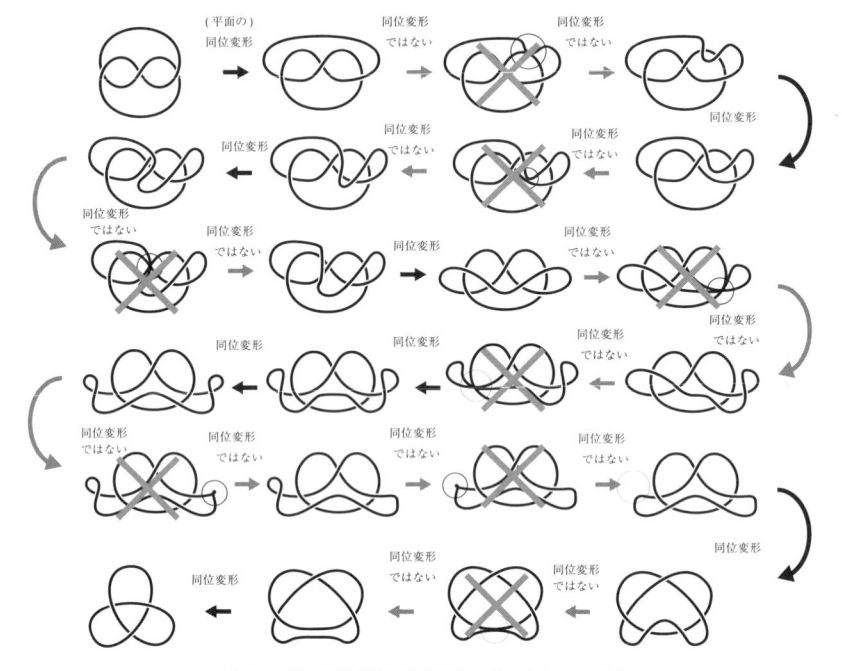

図 8.7　同位変形で移り合う図式と移り合わない図式

　「図式を使って絡み目を研究する」と言ったからには，図式でないものが現れてきては困ります。そこで，図式でないものが現れないように絡み目の変形を図示することを考えます。**図 8.7** には図式と図式もどき（図式に×が付いたもの）が描かれていますが，そこから図式だけを取り出したものが **図 8.8** です。

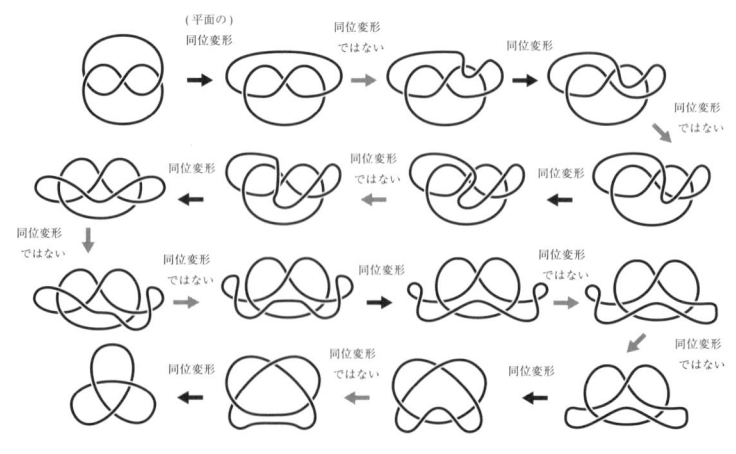

図 8.8　三葉結び目の図式の変形の列

灰色の矢印に対応するような図式の変形，すなわち「同位変形ではないが表す絡み目を変えないような図式の変形」を導入できれば，図式を用いて絡み目を調べることが可能になります。なぜならば，「同位変形で移り合う図式は同じ絡み目を表す」ということがわかっているので，黒い矢印で結ばれている 2 つの図式は同じ結び目を表すことが保証されるからです。灰色の矢印の変形が「表す絡み目を変えない変形」であれば，**図 8.1** の 2 つの結び目は同じ結び目であることを図式だけで結論付けることができます。

8.2 ライデマイスター変形とは

　前節では例として三葉結び目を取りあげましたが，一般に絡み目を連続的に変形したとき，その変形を図式で表そうとすると，平面の同位変形で移り合わない図式も現れます。図式のみを用いて絡み目について調べるのであれば，そういった図式同士を関係付ける必要が出てきます。実は「同位変形で移り合わない図式」を関係付けるには，**図 8.9** に描かれた「ライデマイスター変形」と呼ばれる 3 つの変形があれば十分であることが知られています。つまり，これらの変形を図式に対して行っても図式が表す絡み目は変化しないということです。それぞれ上から順に，ライデマイスター変形 I，ライデマイスター変形 II，ライデマイスター変形 III と呼ばれています。

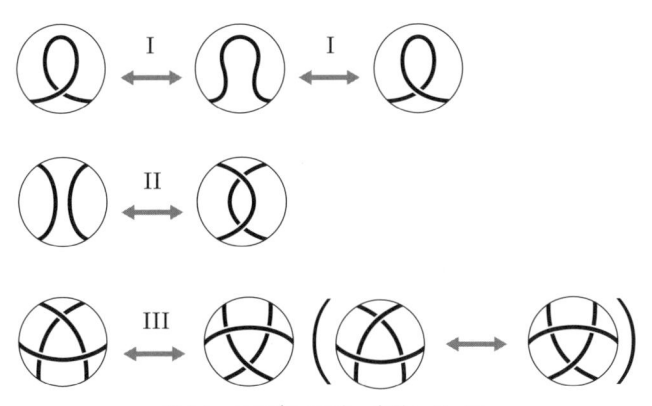

図 8.9 ライデマイスター変形 I, II, III

　ライデマイスター変形 III には，括弧が付いていないものと付いているものがありますが，これらは「異なる変形」です。なぜ括弧を付けているかと言うと，他のライデマイスター変形と平面の同位変形でこの変形を実現できるので省略されることがあるからです。このことは，後ほど確認します。ライデマイスター変

形は，丸で囲われた絡み目の図式の一部を，もう一方に置き換えるという操作です。**図 8.10** はライデマイスター変形 I の適用例，**図 8.11** はライデマイスター変形 II の適用例，**図 8.12** はライデマイスター変形 III の適用例です。

図 8.10　ライデマイスター変形 I の適用例

図 8.11　ライデマイスター変形 II の適用例

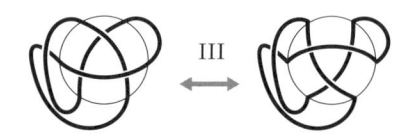

図 8.12　ライデマイスター変形 III の適用例

「絡み目の図式の一部を置き換える」ということを詳しく見ていきます。**図 8.10** の◯で囲った部分のみを見ると，**図 8.9** のライデマイスター変形とピッタリ一致しており，◯の外側は 3 つの図式ですべて一致しています。ライデマイスター変形とは，**図 8.13** のように絡み目の図式の一部を置き換える変形ですが，図式（の一部）の表す絡み目（の一部）を空間内で変形することで，ライデマイスター変形をどのように使えばよいのかの手がかりを得られることがあります。**図 8.11** の右側の矢印は，**図 8.9** のライデマイスター変形 II と交点の上下の情報が異なるように見えるかもしれませんがライデマイスター変形 II です。180° 回転させて見ると，そのことがわかるでしょう。

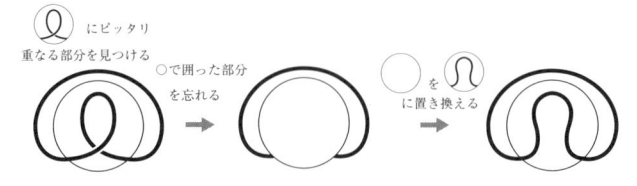

図 8.13　ライデマイスター変形は図式の一部を置き換える操作

演習問題 8.3 次の自明な結び目の図式を，自明な図式に変形するライデマイスター変形と平面の同位変形の列を，〇の中を埋めることで完成させてください。

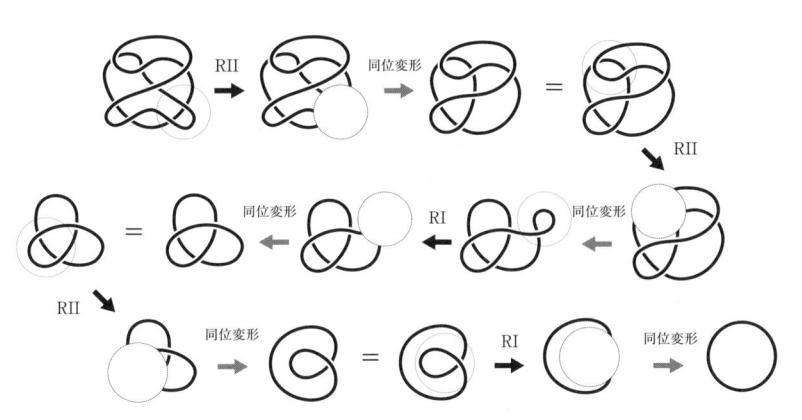

図 8.14 自明な結び目の図式

解答 図 **8.15** は，各図式のライデマイスター移動を行う箇所と，行われた箇所に〇をしています。〇は 1 つの図式に 1 つしか現れないようにしているため，重複している図式があります。

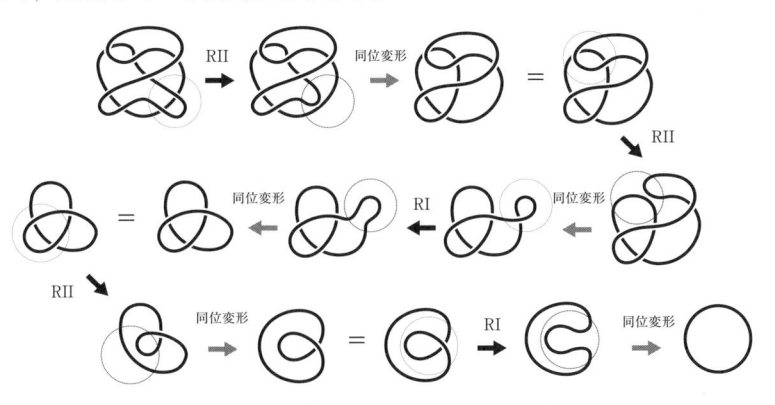

図 8.15 ライデマイスター変形と平面の同位変形

演習問題 8.4 絡み目の図式にライデマイスター変形 I，II，III を施しても，表す絡み目は変わらないことを確認してください。

解答 ライデマイスター変形それぞれに対応する絡み目の変形を考え，その変形が絡み目を変えない変形であることを確認します。ライデマイスター変形 I は**図 8.16** のような絡み目の一部にある捻りをとったり，この逆操作を行い捻りを加える変形に対応するので，表す絡み目を変えません。今後，図式の変形を空間内の変形と捉えた変形は，この図と同様に下付き添え字 S を付けて表すことにします[*1]。

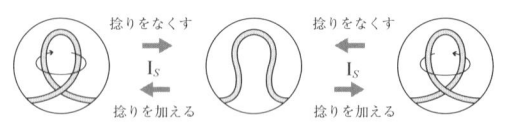

図 8.16 ライデマイスター変形 I に対応する絡み目の変形 I_S

ライデマイスター変形 II は絡み目の一部の 2 本の紐を重ねたり，2 本の紐の重なりを外したりする**図 8.17** の変形 II_S に対応するので，表す絡み目を変えません。

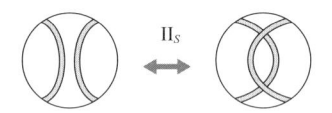

図 8.17 ライデマイスター変形 II に対応する絡み目の変形 II_S

ライデマイスター変形 III は，絡み目の交点の上を紐が越える**図 8.18** の III_S という操作に対応するので，表す絡み目を変えません。

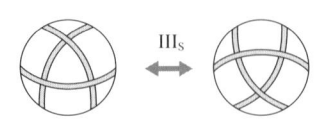

図 8.18 ライデマイスター変形 III に対応する絡み目の変形 III_S

前節の三葉結び目の図式の変形を例に，ライデマイスター変形についてさらに詳しく見ていくことにします。**図 8.19** は，**図 8.8** の灰色の矢印の変形をすべて取り出して，①〜⑧の番号を付けたものです。紙面上なので重ねて確認すること

[*1] 空間（space）内の絡み目の変形ということで S を付けて区別することにします。

はできませんが，どの変形においても，2つの図式は○で囲われた部分のみが異なり，○の外側（○の内側以外の灰色の部分）はぴったり一致しています。

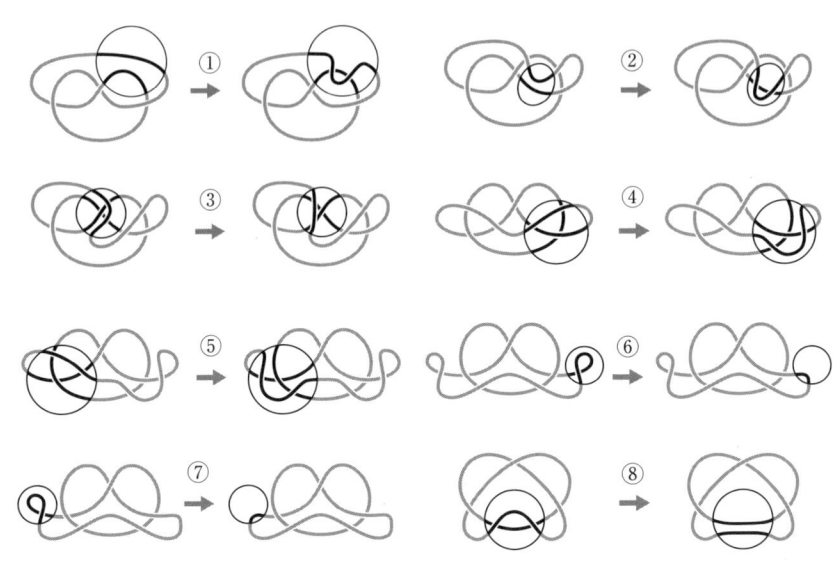

図 8.19 平面の同位変形で実現できない変形

①〜⑧の変形は，**図 8.9** のライデマイスター変形 I, II, III と非常によく似ていますがピッタリとは一致しません。つまり，図式の変形としてはライデマイスター変形とは異なる変形であるということになります。しかし，これら 8 つの変形のいずれも，平面の同位変形とライデマイスター変形で実現することができます。まずはそれを確認してみましょう。

図式が表す結び目を考えれば，⑥，⑦の変形は，**図 8.20** の捻りをとる変形⑥$_S$と⑦$_S$に対応しており，**図 8.19** の変形①，②，⑧は，**図 8.21** のように 2 本の紐を重ねたり，重なりを外したりする変形①$_S$，②$_S$，⑧$_S$に対応しており，③，④，⑤は，**図 8.22** のように結び目の交点の上を紐が越えるという操作に対応していることがわかります。つまり，⑥，⑦はライデマイスター変形 I$_S$ に，①，②，⑧はライデマイスター変形 II に，③，④，⑤はライデマイスター変形 III$_S$ に対応する変形になっています。

図 8.20 ⑥と⑦に対応する絡み目の変形⑥$_S$と⑦$_S$

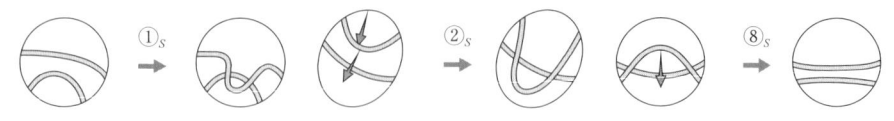

図 8.21 ①, ②, ⑧に対応する結び目の変形①$_S$, ②$_S$, ⑧$_S$

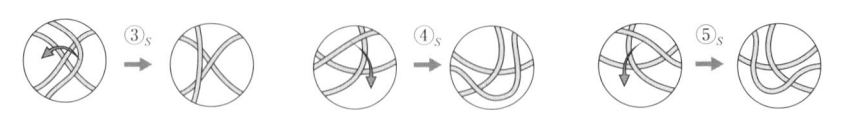

図 8.22 ③, ④, ⑤に対応する結び目の変形③$_S$, ④$_S$, ⑤$_S$

　しかし，変形①，②，⑧は**図 8.9** のライデマイスター II と 4 つの端点の位置が異なることからもわかるように，ライデマイスター変形 II と同じ変形とは言えません。つまり，このままだとこれらをライデマイスター変形 II と呼ぶことはできません。**図 8.21** で見たように，2 本の紐を重ねたり，重なりを解消したりするという意味で，II$_S$ と「同じ変形」と認識するのは自然なことです。絡み目で見ると「同じ変形」なのに，対応する図式の変形を考えると異なる変形と捉えなければならないのは非常に不便です。そこで，これらを「同じ変形」とみなすためにある約束をします。次の演習問題で，その約束のために必要な事実を確認しておきます。

演習問題 8.5 図式の変形①，②，⑧が平面の同位変形とライデマイスター変形 II で実現できることを確認してみましょう。

- -

解答 変形①，②，⑧の円周部分を固定した平面の同位変形で円の内側のみを動かし，**図 8.23** のように変形します。

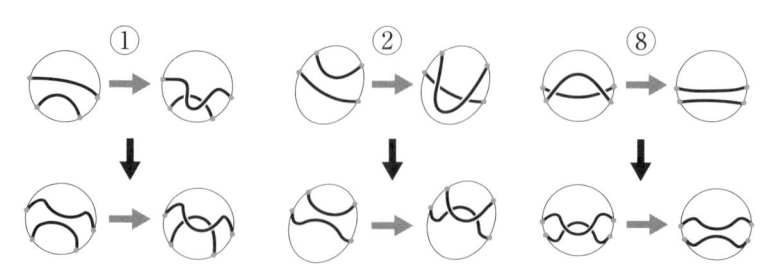

図 8.23 円周部分を固定した平面の同位変形で得られる変形

同位変形で変形した後に得られた変形には，ライデマイスター変形IIが適応できる部分を見つけることができます。**図 8.24** はライデマイスター変形IIを施す部分に○をしたものです。ライデマイスター変形IIは図式の中に，後述する**図 8.26** のどちらか一方を見つけ，そこをもう一方に置き換えるという操作なので，それぞれの変形の前後における○の位置と，その円周上の4つの端点（灰色の丸）の位置はピッタリ一致していなければならないことに注意してください。

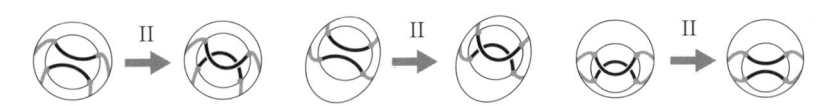

図 8.24　各変形の中のライデマイスター変形II

　つまり，変形①，②，⑧は**図 8.25** のように平面の同位変形とライデマイスター変形IIを組み合わせて実現できることがわかります。

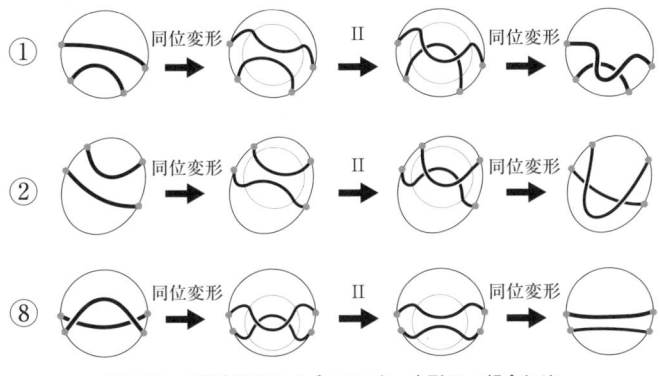

図 8.25　同位変形とライデマイスター変形IIの組合わせ

　変形①，②，⑧のように，平面の同位変形とライデマイスター変形IIで実現することができるとき，「平面の同位変形を用いること」は明記しなくてもよいと約束し，単に「ライデマイスター変形II」と呼んでもよいことにします。**図 8.26** の一番右の図式は，一番左の図式に同位変形を行った後で**図 8.9** のライデマイスター変形IIを施し，さらに同位変形を行い得られています。このとき「一番右の図式は一番左の図式にライデマイスター変形IIを施して得られる」と言ってよいということです。ライデマイスター変形Iとライデマイスター変形IIIについても同じように約束します。

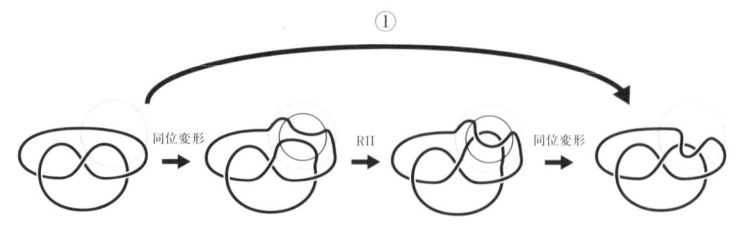

図 8.26 ライデマイスター変形 II と同位変形

　図 8.26 のライデマイスター変形 II を例に，以上のことをまとめてみましょう。本来は**図 8.9** の変形をライデマイスター変形 II と呼び，**図 8.27** の左右どちらかの部分があれば，ライデマイスター変形 II を行うことができます。

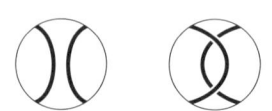

図 8.27　ライデマイスター変形 II を行える部分

　図 8.27 の一番左の図式は，○をした部分が，**図 8.26** の左側を半時計回りに少し回転させたものに一致しています。この○の中を取り除き，右側の部分を同じだけ回転させたものに置き換える変形とその逆の変形はライデマイスター変形 II です。つまり，**図 8.28** の黒い矢印に当たるような変形は，（最初の意味での）ライデマイスター変形 II です。

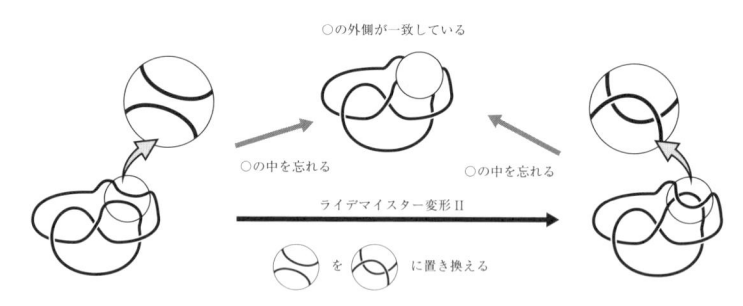

図 8.28　**図 8.9** のライデマイスター変形 II で移り合う図式

　しかし空間内で考えれば，同位変形で変形する前の図式の変形①もライデマイスター変形 II も 2 本の紐を重ねるという「同じ」変形になります。図式を変形して**図 8.9** にピッタリと一致する部分を作るのは大変です。そのため**図 8.29** のように同位変形の部分を省略した変形も「ライデマイスター変形 II」と呼ぶと約束することにしたのです。ライデマイスター変形 I と III に対しても同様です。

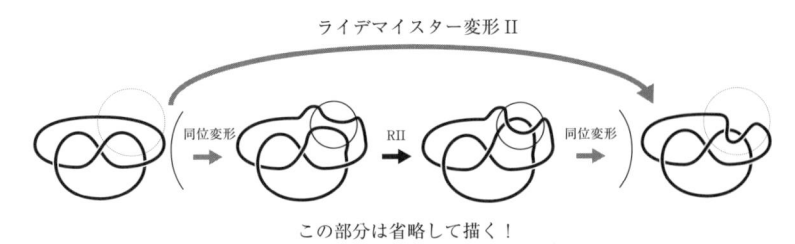

ライデマイスター変形II

同位変形 → RII → 同位変形

この部分は省略して描く！

図 8.29 同位変形の省略

慣れてくれば，1つの図式にライデマイスター移動を行う箇所と，行われた箇所の両方の○があっても混乱しなくなるため，**図 8.30** の変形の列は，**図 8.31** のように描いたりします。

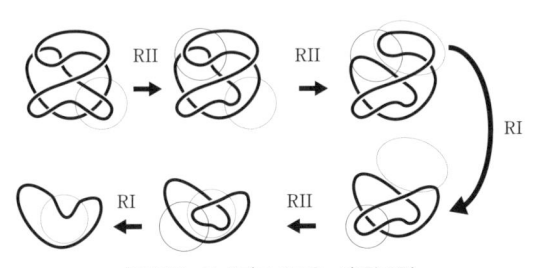

図 8.30 ライデマイスター変形の列

第8章

演習問題 8.6　次の図式の変形の列の①〜⑤の灰色の矢印はライデマイスター変形，黒い矢印は平面の同位変形です。灰色の矢印はライデマイスター変形の I, II, III のどれに当たるか考えてみましょう。ただし，前述したようにライデマイスター変形の「同位変形」の違いは許すことにします。

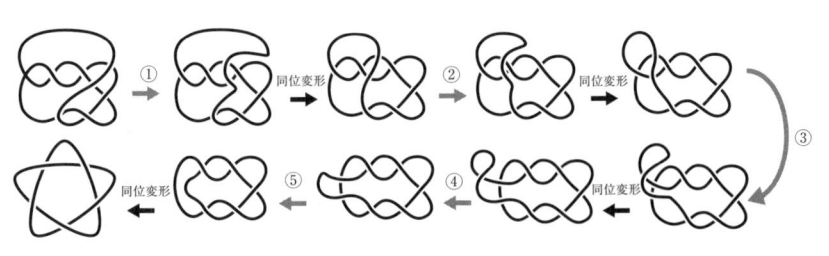

図 8.31 図式の変形の列

- -

解答　ライデマイスター変形はあくまでも「図式」の変形ですが，どのライデマイスター変形が行われているのかを考えるには，その図式が表す結

び目を考えてみるとよいでしょう。例えば①の変形の前後の図式から，結び目を復元したのが**図 8.32** です。矢印の後の結び目は○の中の 1 本の紐を交点の上を通るように移動して得られることがわかります。このような変形に対応する図式の変形が「ライデマイスター変形 III」でした。

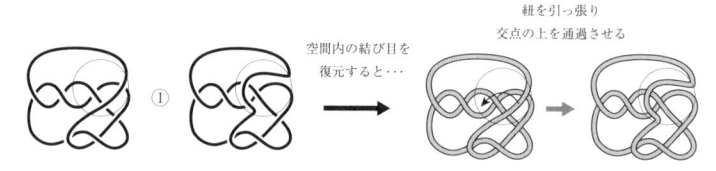

図 8.32 表す結び目を復元する

②〜⑤の変形についてもこのように，頭の中で結び目と結びつけることができると，どのライデマイスター変形に当たるのか捉えやすいです。①〜⑤の矢印の前と後で変化した部分に○をしたのが**図 8.33** です。矢印の前と後では○の外側はぴったり一致しているので，矢印の左の図式の○の中を置き換えることで矢印の右の図式は得られます。○の中をよく見ると，①，②，③はライデマイスター変形 III,④はライデマイスター変形 I,⑤はライデマイスター変形 I であることがわかるでしょう。

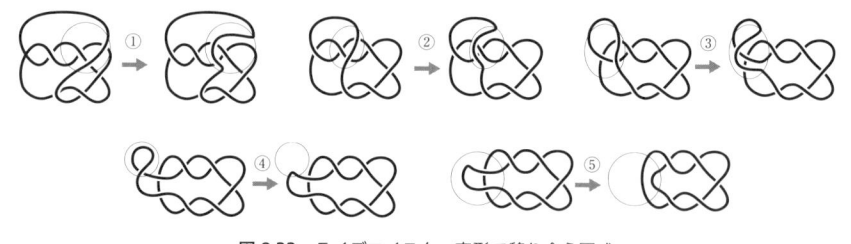

図 8.33 ライデマイスター変形で移り合う図式

図 8.9 とピッタリ一致する変形しかライデマイスター変形と呼ばないこととすると，**図 8.31** の最初の 2 つのライデマイスター変形は，**図 8.34** のように表さなければならなくなり，非常に面倒です。

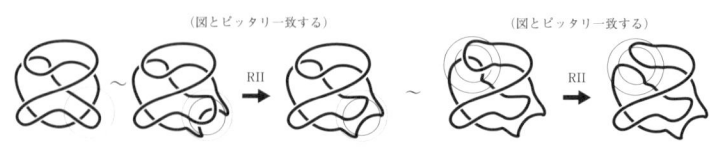

図 8.34 **図 8.9** とピッタリ一致するライデマイスター変形

そのため，今後は「同位変形を用いること」は明記せず，暗黙の了解で使用していくことになります。

8.3 ライデマイスター変形を使ってみよう

始めに，ライデマイスター変形を使う際の注意点を述べておきます。慣れるまでは，絡み目の図式の変形と空間内の絡み目の変形は混同しやすいです。例えば図 8.35 の図式の変形はライデマイスター変形ではありません。黒い部分に着目し，空間内で考えると，左の図式は捻りをとるという変形に対応し，右の図式は重なりを外すという変形に対応しており，灰色の部分を忘れればライデマイスター変形になっています。しかしライデマイスター変形は，図式のある部分を置き換えるという操作でした。そのため，図式の一部を忘れてライデマイスター変形に見えても，それはライデマイスター変形と呼ぶことはできないのです。

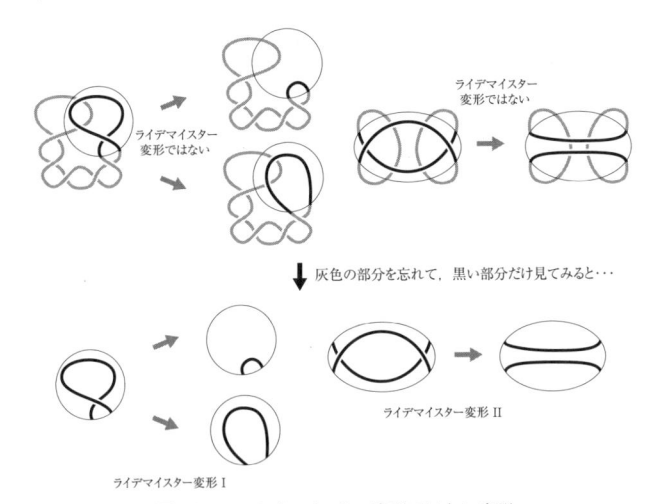

図 8.35 ライデマイスター変形ではない変形

同じ絡み目を表す図式を関係付けるには，平面の同位変形とライデマイスター変形があれば十分であることを保証しているのが，ライデマイスターの定理と呼ばれる次の定理です。

【ライデマイスターの定理】
2 つの図式が同じ絡み目を表すための必要十分条件は，その 2 つの図式が有限回の同位変形とライデマイスター変形で移り合うことです。

ライデマイスターの定理は，ある絡み目の図式と別の絡み目の図式が同じ絡み目を表すことを示したいとき，空間内の絡み目を復元することなく，図式を単なる平面図形として扱い証明できるということを主張しています。ただし実際は，空間内の絡み目をイメージせずに図式を変形することは少ないです。ライデマイスター変形は「図式の一部を置き換える変形である」ということを意識するようにしてください。ライデマイスター変形を扱う際は「絡み目の図式の変形」と「絡み目の変形」を混同して扱うことなく，「平面上の同位変形」と「円板内の図形を単に置き換える変形」だけを使用しなくてはなりません。**図 8.35** のような行ってはいけない変形は，ライデマイスター変形と平面の同位変形の列に書き直すことができます。

演習問題 8.7　　図 8.35 の「ライデマイスター変形でない変形」を実現するようなライデマイスター変形と平面の同位変形の列を見つけてください。

- -

解答　　図 8.36 のように変形することで実現することができます。

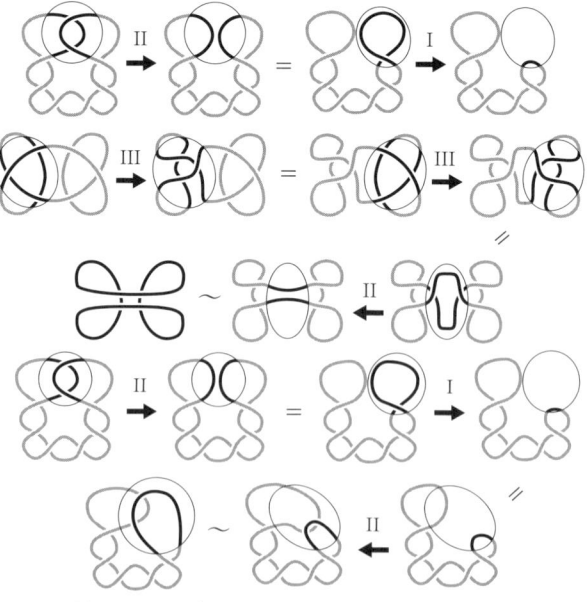

図 8.36　ライデマイスター変形と平面の同位変形の列

演習問題 8.8 次の図式は自明な結び目を表します。それぞれを自明な図式に変形するような同位変形とライデマイスター変形の列を見つけてください。

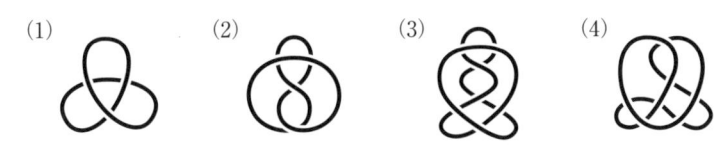

(1)　　　　(2)　　　　(3)　　　　(4)

図 8.37 自明な結び目

解答 図 **8.38** のように変形することでいずれも自明な図式に変形することができます。

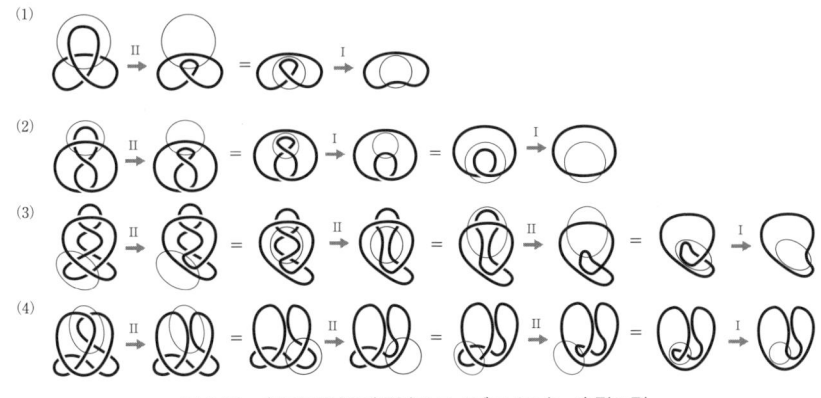

図 8.38 自明な図式に変形するライデマイスター変形の列

演習問題 8.9 次の図式は自明な絡み目を表します。それぞれを自明な図式に変形するような, 同位変形とライデマイスター変形の列を見つけてください。

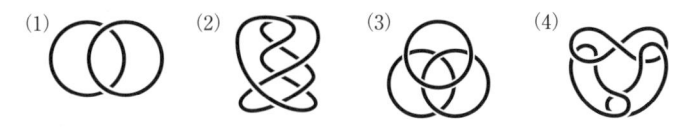

(1)　　　　(2)　　　　(3)　　　　(4)

図 8.39 自明な絡み目

解答 図 **8.40** のように変形することでいずれも自明な図式に変形することができます。

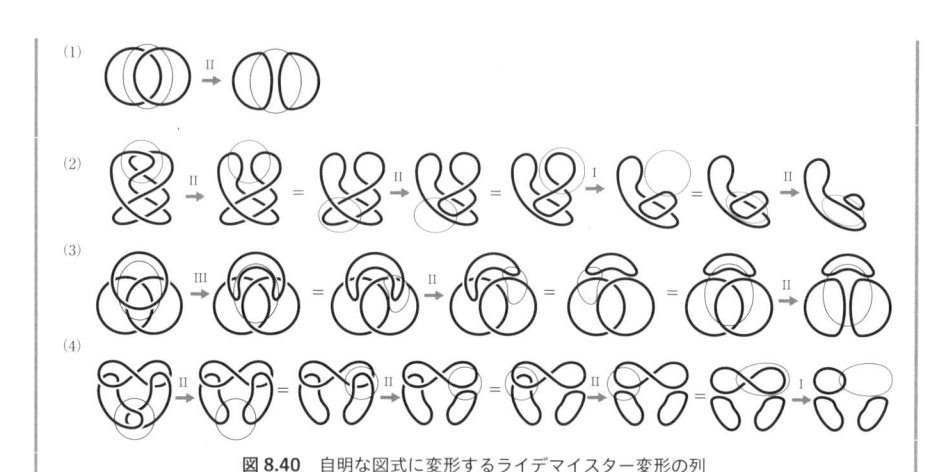

図 8.40 自明な図式に変形するライデマイスター変形の列

演習問題 8.10 図 8.9 において，括弧が付いているライデマイスター変形 III が，平面の同位変形と，他のライデマイスター変形で実現できることを示してください。

解答 図 8.41 のように，平面の同位変形と，他のライデマイスター変形のみを使用して，括弧の付いたライデマイスター変形を実現することができます。

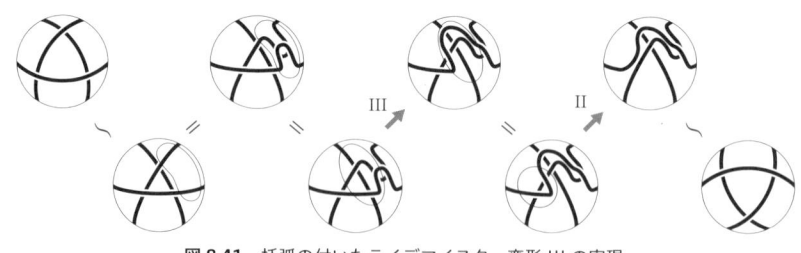

図 8.41 括弧の付いたライデマイスター変形 III の実現

このことより，括弧の付いているライデマイスター変形 III は，ライデマイスター変形の仲間に入れなくてもかまわないことになります。

① 交点を増やすライデマイスター変形しか行うことができない図式

以下の図式は複雑に見えますが，実は自明な結び目を表しています。この図式をライデマイスター変形の列で自明な結び目図式に変形することを考えてみま

す。また，「交点の数が単調に減り，最終的に 0 個になるような変形列は存在しない」ことが，少し考えるとわかります。

図 8.42 ライデマイスター変形で交点の数を減らすことのできない自明な結び目の図式

演習問題 8.11 図 8.42 の自明な結び目の図式をライデマイスター変形の列で自明な図式に変形する際に，交点の数が単調に減り，最終的に 0 個になるような変形列は存在しないのはなぜでしょうか。

- -

解答 交点の数を減らすことのできるライデマイスター変形は**図 8.43** の 3 つ，交点の数を変えない変形はライデマイスター変形 III のみです。

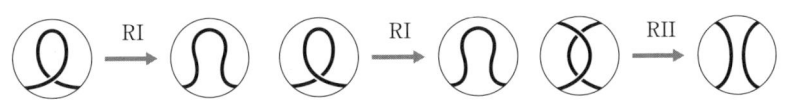

図 8.43 交点の数を減らせるライデマイスター変形

図 8.43 の 3 つのライデマイスター変形もしくは，ライデマイスター変形 III を適応できなければ，交点の数を増やさずに自明な図式に変形することはできないことが言えます。図式が 1 辺形もしくは 2 辺形を持たなければ，これらのライデマイスター変形を行うことができません[2]。そこで，図式の面が何辺形かを見ていくことにします。**図 8.44** の各面に振った数字がその面の辺の数です。1 辺形と 3 辺形はなく，2 辺形は 1 つの無限面を含んだ 6 つであることがわかります。

図 8.44 図式の面の形

---

[2] 2 辺形があっても，交点の数を減らすライデマイスター変形が行えるとは限らないことに注意してください。

1 辺形がないので交点の数を減らすライデマイスター変形 I は行うことはできず，3 辺形がないのでライデマイスター変形 III も行うことができません。無限面である 2 辺形はどのように交点の上下の情報が与えられていても，ライデマイスター変形 II を行うことができません。また無限面でない 5 つの 2 辺形は，交点の上下の情報がライデマイスター変形に現れる 2 辺形と異なることが確認できます。

　つまり，この図式に行うことができるのは「交点の数を増やすライデマイスター変形 I」もしくは「交点の数を増やすライデマイスター変形 II」のいずれかになります。つまり，この交点が 9 個の図式をライデマイスター変形を用いて変形しようとすると，自明な図式にするまでに必ず交点の数が 10 個以上の図式に変形しなければならないということがわかります。

演習問題 8.12　　次の 2 つの図式が同じ結び目を表すことを，ライデマイスター変形を用いて示してください。

図 8.45　同じ結び目

- -

解答　いずれの図式にも，交点を減らすライデマイスター変形 I，II およびライデマイスター変形 III を行うところがありません。そのため，最初に行えるのは，平面の同位変形か，交点を増やすライデマイスター変形 I または II だけです。ここでは**図 8.46** のように，左の図式にライデマイスター変形 I を行い，ライデマイスター変形 III が行える部分を作るところから変形を始め，右の図式に変形しています。

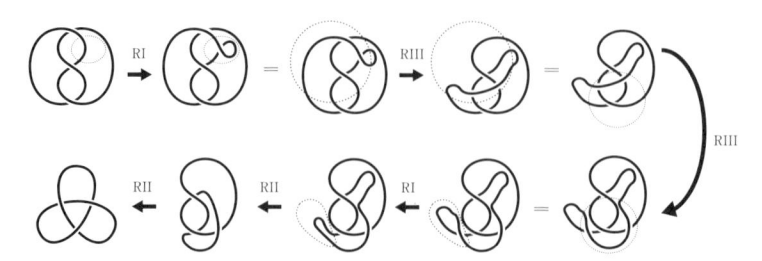

図 8.46　交点の数を増やしてからの変形

演習問題 8.13 図 8.42 の自明な結び目の図式を自明な結び目図式に変形するライデマイスター変形と，平面の同位変形の列を見つけてください。

解答 例えば**図 8.47** のような，ライデマイスター変形と平面の同位変形の列が存在します。

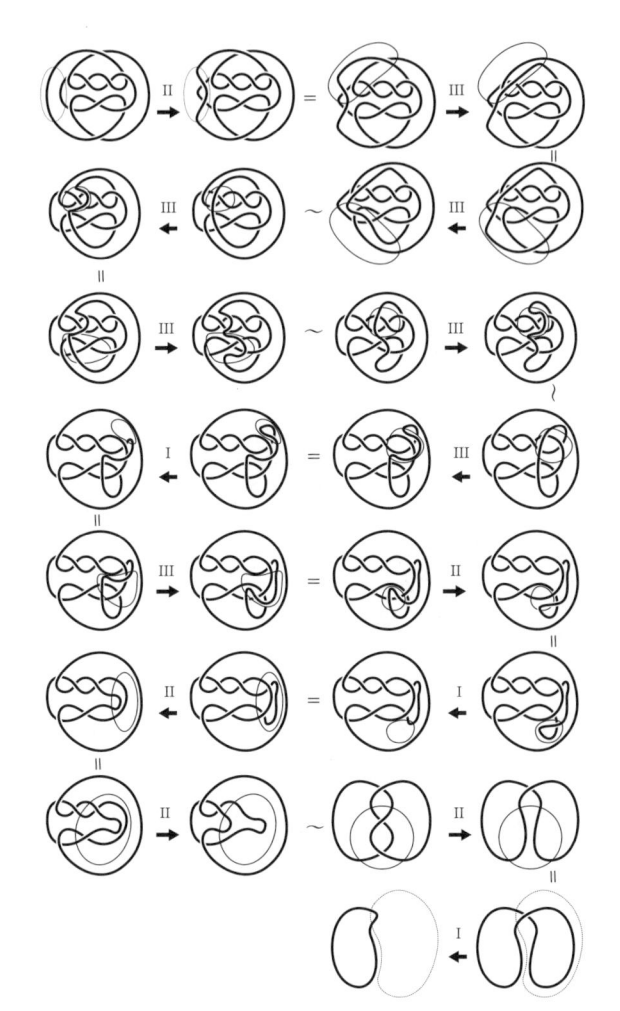

図 8.47 自明な図式に変形するライデマイスター変形と平面の同位変形の列

演習問題 8.14 次の 2 つ図式が同じ 2 成分絡み目を表すことをライデマイスター変形を用いて示してください。

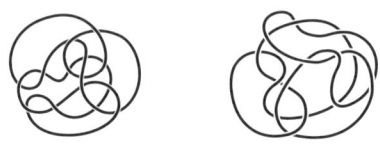

図 8.48　同じ 2 成分絡み目を表す

解答　例えば，右の図式を左の図式に変形する**図 8.49** のようなライデマイスター変形と，平面の同位変形の列が存在するので，これらが同じ絡み目を表す図式であることがわかります。

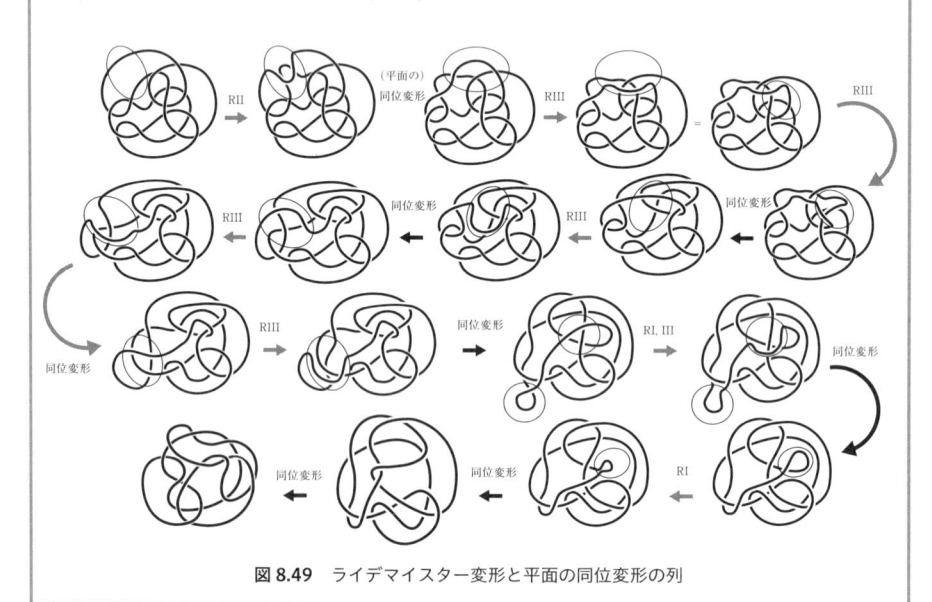

図 8.49　ライデマイスター変形と平面の同位変形の列

第
8
章

絡み目の指紋 !?

絡み目は「変装」が得意であり，空間内で動かすとさまざまな見た目に変化します。そんな絡み目たちを見て，どの絡み目が同じ絡み目で，どの絡み目が異なる絡み目なのかを判定することはできるでしょうか。2 つの絡み目が同じ絡み目であることは，見た目を同じにすることで示せましたが，異なることを示すにはどうすればよいでしょうか。

絡み目を人間に置き換えて考えてみましょう。人間が絡み目のように変装が得意かどうかはわかりませんが，帽子をかぶったり，サングラスをかけたり，髪を染めたり，ひげを生やしたり，さまざまな方法で見た目は変えることができます。しかし，どんなに見た目を変えたとしても，変えることができないものがあります。例えば指紋は変えることができません。絡み目を区別するには「不変量」と呼ばれる変装しても変えることができない「指紋のようなもの」を利用します。本章では，不変量とは何かを具体例を用いて説明していきます。

9.1 不変量とは

人間のように絡み目にも「指紋」があれば，見た目に惑わされることなく，絡み目が異なることを見抜くことができそうです。人間には変装しても変わらないものが，指紋以外にもたくさんあります。その中には，指紋より調べやすいものもあれば，調べにくいものもあります。うまく調べることができなければ，それを利用することはできないので，まずは簡単に調べられるものから考えてみることにします。

> **演習問題 9.1**　「指紋」以外で，人間が変装しても変えることができない
> ものは何でしょうか。
>
> -
>
> **解答**　生年月日，DNA，血液型，指紋などがあります。

　生年月日，DNA，血液型，指紋はいずれも人間が変装しても変えることができないもの，つまり「不変量」です。不変量というのは，文字どおり「変わらない量」のことです。一般に「数学における不変量」とは，数学的な対象に対して何らかの量や性質を対応させたもののことを指します。ただし，同じ対象に対しては，同じ量や性質が対応しなければなりません。不変量といっても「量」だけでなく「性質」など変わらない「何らかのもの」を対応させるので，慣れるまでは変な感じがするかもしれません。まずは，不変量の考え方に慣れてもらうために，例え話として人間の不変量について説明し，それから数学における不変量を説明することにします。

① 人間の不変量

　ここでは簡単な「人間の不変量」を紹介します。まずは人間に対して「ABO血液型[*1]つまり A 型，B 型，O 型，AB 型を対応させるということを考えてみます。同じ人間の血液型はいつどこで調べても同じ型[*2]なので，この対応は人間の不変量と言えます。小説などで残された血痕の血液型を調べ，容疑者を絞ったり，逆に犯人の血液型と異なることで容疑を晴らしたりする場面を見たことはないでしょうか。犯人と血液型が同じだからといって犯人であると結論づけることはできませんが，犯人と血液型が異なれば，犯人でないと証明できます。これは血液型を人間の不変量としてうまく用いていると言えます。このことは簡単に理解できても，数学における不変量となると混乱する人が多いようです。この後の数学の不変量についての説明で頭が混乱するようなことがあったら，人間の不変量に置き換えて考えてみると理解しやすくなるかもしれません。

　人間の不変量とはならないものについても確認しておきます。人間に対して「身長」を対応させるということを考えてみます。一般に，身長や体重は同じ人間でも成長するに従い増えていきます。またそれだけでなく体重は，食べすぎたり汗をかいたりしただけで変化してしまうことからも，人間の不変量とは言えないことがわかります。

---

*1　一般に「血液型」と呼ばれているものです。

*2　造血幹細胞移植を受けた方は，血液型が変わる可能性があるので正確には不変量と言えません。

既に述べたように，生年月日，指紋，DNA も人間の不変量です。これらが不変量であることを確認することは簡単です。例えば，生年月日について考えてみます。同じ人間の生年月日は，いつどこで調べても同じですので，この対応も人間の不変量と言えます。「生まれた年」「生まれた月」「生まれた日」もそれぞれ人間の不変量になっています。この 3 つの不変量をこの順に並べることで生年月日という不変量を得ることができます。このようにいくつかの不変量を組み合わせて不変量を作ることもよくあります。不変量を用いると，人間をいくつかのグループに分けることが可能となります。例えば，ABO 血液型は人間を 4 つのグループに分けることができます。他にも血液型には「Rh 血液型」と呼ばれるものもあります。献血や血液検査のときに「Rh+・Rh−」が記載されているのを見たことはないでしょうか。Rh 血液型には D, C, c, E, e の 5 つの代表的な抗原があり，その中で D 抗原を持つ人が Rh+，持たない人が Rh − です。つまり，Rh 血液型を用いれば，人間全体を「Rh+」と「Rh −」の人の 2 つのグループに分けることができるわけです。ABO 血液型と Rh 血液型に相関関係はないので，A 型の人は「Rh+」の人と「Rh −」の人の 2 つのグループに分かれます。B 型，O 型，AB 型の人も同様です。そのためこの 2 つを組み合わせることで，人間を 8 つのグループに分けることができます。

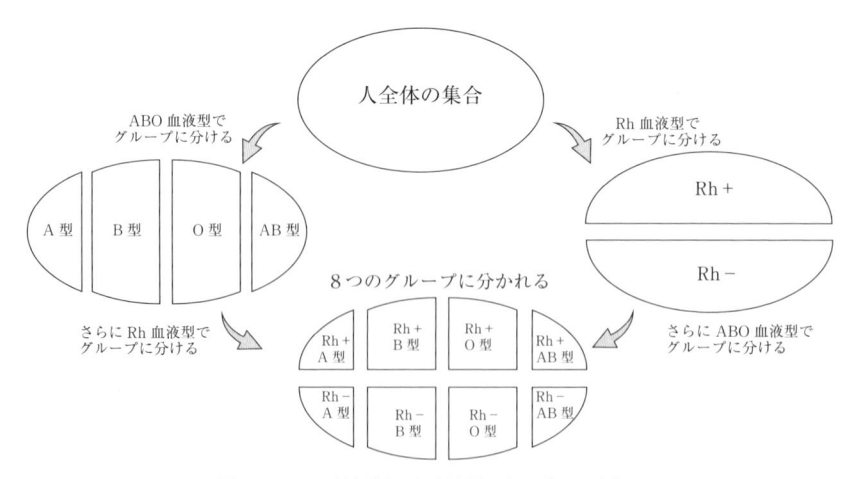

図 9.1 ABO 血液型と Rh 血液型によるグループ分け

つまり Rh 血液型も使うことで，ABO 血液型のみを使用するより細かい分類を与えることができるということです。では，2 つの不変量を組み合わせると，いつでも 1 つの不変量を用いるよりも細かい分類を与えることができるでしょう

か。3つの人間の不変量である ABO 血液型，生年月日，干支を例にとり見ていくことにしましょう。ABO 血液型は人間を4グループに，干支は人間を12グループに，分けることができます。また生年月日は人間を干支で分類するよりも多くのグループに分けることができます。これらの不変量の内，2つの不変量を組み合わせることを考えてみましょう。

演習問題 9.2　干支と ABO 血液型を組み合わせると，人間をいくつのグループに分けることができるでしょうか。

- -

解答　干支は人間を12個のグループに，ABO 血液型は人間を4つのグループに分けることができます。また両者の間に相関関係がないので，干支で分類した12個のグループそれぞれをさらに血液型で4つに分類することができます。つまり，$12 \times 4 = 48$ 個のグループに分類することができます。

　このように，不変量を組み合わせることで，より細かい分類を与えることが可能となる場合があります。しかし，不変量を組み合わせても分類が細かくならない場合もあります。

演習問題 9.3　生年月日と干支のように，人間の不変量で組み合わせても，一方の不変量が与える分類と同じ分類しか与えることができない不変量の組を挙げてください。

- -

解答　例えば，「生年月日と干支」「誕生日と12星座」「生まれ年の偶奇と干支」なども，一方の不変量が与える分類と同じ分類しか与えることしかできません。

　生年月日が同じ人同士は生まれ年が同じなので，必然的に干支も同じになります。つまり生年月日に干支を組み合わせても，生年月日による分類と同じ分類しか与えることはできません。誕生日が同じであれば12星座は同じになるため，誕生日に星座を組み合わせても，12星座が与える分類と同じ分類しか与えることとはできません。

> **演習問題 9.4**　「干支」に「生まれ年の偶奇」を組み合わせても，干支による分類と同じ分類しか与えることしかできない理由を答えてください。
>
> ----
>
> **解答**　x 年生まれと同じ干支となるのは $x + 12y$ 年生まれです。x が偶数なら $x = 2x'$ となる整数 x' が存在するので，$x + 12y = 2x' + 12y = 2(x' + 6y)$ となり $x + 12y$ も偶数となります。x が奇数なら $x = 2x' + 1$ となる整数 x' が存在するので，$x + 12y = 2x + 1 + 12y = 2(x' + 6y) + 1$ となり $x + 12y$ も奇数となります。よって，干支が同じなら，生まれ年の偶奇は一致することがわかります。

　人間全体は，生まれ年[*3] の偶奇では 2 グループに，十二支では 12 グループに分けることができます。生まれ年の偶奇によりグループ分けしてから，さらに十二支でグループ分けをすることを考えると，偶数年生まれのグループと奇数年生まれのグループのそれぞれを，より小さい 6 個のグループに分けることができます。なぜなら，「子，寅，辰，午，申，戌」は偶数年で，「丑，卯，巳，未，酉，亥」は奇数年だからです。このようなとき，干支は生まれ年の偶奇よりも「狭い意味で強い不変量」である，あるいは干支は生年月日よりも「狭い意味で弱い不変量」であると言います。これはもちろん十二支によるグループ分けに一致します。逆に十二支によりグループ分けしてから，生まれ年の偶奇でグループ分けをすることを考えると，既存のグループは分割されることなく残ります。

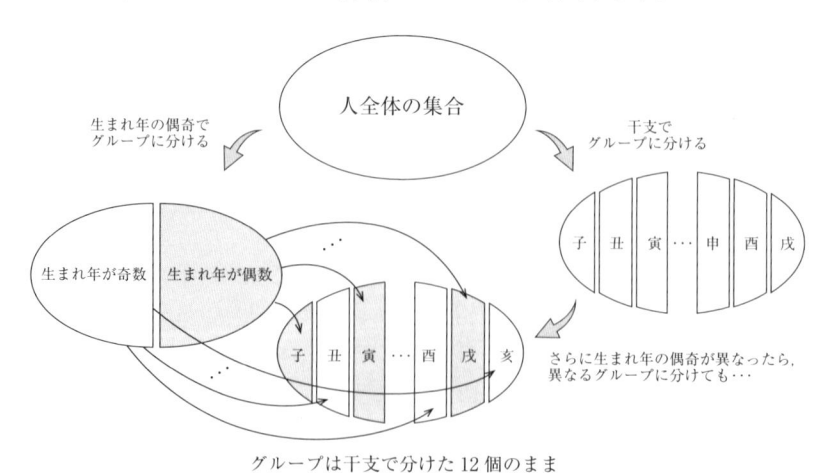

図 9.2　十二支と生まれ年の偶奇によるグループ分け

----

*3　ここでは「生まれ年」を西暦で考えています。

それに対し，ABO 血液型と Rh 血液型は，ABO 血液型の方が Rh 血液型より，人間全体の集合を多くのグループに分けます。既に見たようにどちらで先にグループ分けしても，既にできたグループは分割されることなく，そのまま残ることはありません。このようなとき，ABO 血液型は Rh 血液型より「広い意味で強い不変量」である，あるいは Rh 血液型は ABO 血液型よりも「広い意味で弱い不変量」であると言います。狭い，広いは省略して単に「強い」「弱い」ということも多いです。

　最後に人間に対して「指紋」を対応させるということを考えてみます。指紋は「終生不変」であることが知られているので，この対応は人間の不変量と言えます。実は指紋は「万人不同」であるそうです。つまり，人間ひとりひとりは異なる指紋を持つので，指紋が一致すれば同じ人間であると言うことができます。このように不変量の中でも，その値が一致していることで「同じ」であることが判定できる不変量は「完全不変量」と言います。その他に「ゲノムデータ」なども，人間の完全不変量[*4]として知られているようです。

② 平面図形の不変量

　不変量を数学的に考える際には，扱う数学的対象について「いつ同じとみなすのか」を定めておかないといけません。それが，人間の不変量を考えるときとの大きな違いです。まずは扱う数学的対象を平面上の「三角形」として，平面上の三角形に対する不変量を考えてみましょう。例えば「2 つの三角形が合同である」ときに「同じ」であるとみなすことにします。合同な三角形であれば，いつ求めても変わらないものが「三角形の合同に関する不変量」となります。では，三角形の合同に関する不変量を考えてみましょう。三角形に対して「内角のうち一番小さい値」を対応させてみます。合同である三角形の 3 つの内角はそれぞれ等しいので，一番小さい値はもちろん一致します。よってこれは合同に関する不変量であると言うことができます。次は三角形に対して「3 辺の長さのうち一番短いものの値」を対応させてみます。合同である三角形は 3 辺の長さはそれぞれ等しいので，「3 辺の長さのうち一番短いものの値」は等しくなります。よってこれも合同に関する不変量であると言えます。

---

*4　一卵性双生児は区別できないので，正確には完全不変量ではありません。

> **演習問題 9.5** 三角形の合同に関する完全不変量を挙げてみましょう。

> **解答** 三角形に対して「3辺の長さを小さい順に並べた3つ値の組」は合同に関する完全不変量です。三角形の合同条件（三辺相等）を思い出すと，その理由がわかります。一方，一番小さい角の大きさは完全不変量ではありません。なぜなら，1つの角の大きさが一致しても，合同な三角形とは限らないからです。

では「2つの三角形が相似である」ときに同じであるとみなすことにしたらどうでしょう。このとき，三角形の相似に関する不変量を考えてみます。三角形に対して「3つの内角の一番小さいものの値」を対応させてみます。相似である三角形の3つの内角のうち一番小さいものの値は等しいので，頂点角の最小値は三角形の相似に関する不変量であると言えます。それに対し，三角形に対して「3辺の長さのうち一番小さいもの値」を対応させると，三角形を相似比2倍で変化させると，辺の長さの最小値も2倍となり，値が変わってしまいます。つまり，3辺の長さのうち一番小さいものの値は相似に関する不変量とは言うことはできません。以上のことより「同じであるとみなす基準」を変えると，不変量であったものが不変量でなくなることがあるということがわかります。

> **演習問題 9.6** 三角形の相似に関する完全不変量を挙げ，挙げた答えが三角形の合同に関する不変量であるかどうかも考えてみましょう。それが合同に関する不変量である場合は，完全不変量であるかどうかも考えてみましょう。

> **解答** 三角形に対して「頂点角を小さい順に並べた3つ値の組」は相似に関する完全不変量です。三角形の相似条件（三角相等）を思い出すと，その理由がわかります。
> 　2つの三角形は合同ならば相似であるので，挙げた答えは合同に関する不変量にもなっています。しかし，相似であるけれども合同でない三角形が存在するので，挙げた答えが合同に関する完全不変量ではないことがわかります。

9.2 絡み目やその図式の不変量

不変量とは考えている対象に対応させた何かしらの「値」であり，特定の変形を行っても，その値が変わらないもののことでした。その特定の変形は，対象物

をある意味で「変えない」ものを考えます。ここまでは不変量という言葉を使用してきませんでしたが、既に絡み目やその図式の不変量は目にしています。まずは、図式や結び目の不変量について確認していくことにします。

① 絡み目の不変量

　絡み目は空間内で紐を動かし見た目を変えても「同じ絡み目」と考えます。この「紐を動かす」という変形で変化しない絡み目に関する値が「絡み目の不変量」です。

　2.1 節（14 ページ）で学んだ絡み目の成分数は絡み目の不変量です。成分数は、絡み目をどのように変形しても変わらないからです。**図 2.7**（15 ページ）の上の段の絡み目は 2 成分の絡み目、下の段の絡み目は 3 成分の絡み目でした。このことから、上の段の絡み目は下の段の絡み目と同じ絡み目ではないということが結論付けられます。一方で絡み目の図式の連結成分数は、その図式が表す絡み目の不変量ではありません。ここで言う連結成分数とは、図式をグラフとみなしたときの連結成分数のことです。例えば 3 成分の自明な絡み目は**図 9.3** のように連結成分が 1, 2, 3 の図式を持ちます。

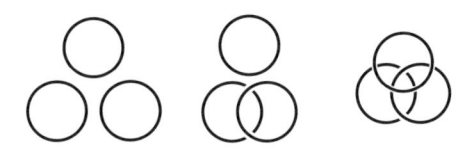

図 9.3　連結成分数の異なる（3 成分の自明な絡み目の）図式

　このことから、連結成分数がその図式が表す絡み目の不変量とはならないことがわかります。つまり連結成分数が異なる図式だからと言って、異なる絡み目の図式であると結論付けることはできません。

　演習問題 9.7　　図式の交点の数は、その図式が表す絡み目の不変量でしょうか。

- -

　解答　絡み目を変形し図式をとりなおすことで、さまざまな交点の数の図式を描くことができます。よって、図式の交点の数は、その図式が表す絡み目の不変量ではありません。例えば、与えられた図式に交点の数を増やすライデマイスター変形 I を施しても、その図式が表す絡み目は変わらないことからもわかるでしょう。

> **演習問題 9.8** 絡み目の最小交点数は絡み目の不変量でしょうか。
>
> ------
>
> **解答** 最小交点数は絡み目の不変量です。最小交点数とは，その絡み目が表す図式の中で最も交点が少ないものの交点の数のことなので，同じ絡み目であれば常に一定の値をとるからです。

② 絡み目の図式の不変量

　平面の同位変形で移り合う絡み目の図式は「同じ」図式と約束しました。つまり，絡み目の図式の不変量とは，絡み目の図式に関する何らかの値で，平面の同位変形で変化しないもののことです。

> **演習問題 9.9** 絡み目の図式の不変量を挙げてください。
>
> ------
>
> **解答** 6.3 節（131 〜 133 ページ）でも触れた，絡み目の図式の同位変形により変化しない量は，絡み目の図式の不変量となります。例えば，絡み目の図式の交点の個数や面の個数は絡み目の図式の不変量です。

　絡み目とその図式は混同されがちです。自分が扱っているものが絡み目自体なのか図式なのかを，常に意識するように心掛けてください。

第 9 章のまとめ

(1) 不変量とは，考えている対象に対応させた何かしらの「値」であり，対象が「同じ」ときその値が変化しないもののことである。

(2) 不変量が異なる値をとるものは「異なる」と言える。不変量の値が同じだからと言って「同じ」とは限らない。

(3) 絡み目の不変量とは，絡み目を空間内で変形して見た目を変えても変化しない何らかの量のことである。

(4) 絡み目の図式の不変量とは，絡み目の図式を平面の同位変形で見た目を変えても変化しない何らかの値のことである。

その絡み目、ホントに絡まってる？

3.3 節（50 ページ）で提示した問題 1 の解答が「異なる」であることは予想がつくでしょう。しかし，前述したように**図 10.1** の 2 つの絡み目（ホップ絡み目と自明な 2 成分絡み目）が異なることはきちんと証明しなければならない事実です。本章では，「簡易版絡み数」という 2 成分絡み目の不変量を紹介し，それを用いることで，この 2 つの 2 成分絡み目が異なる絡み目であることを証明します。

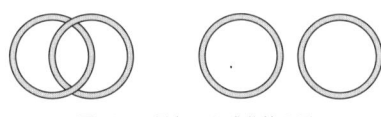

図 10.1 異なる 2 成分絡み目

10.1 簡易版絡み数とは

2 成分絡み目には「絡み数の絶対値」という有名な不変量があります。しかし，その不変量を定義するためには，「有向絡み目」という概念を新たに導入する必要があり，少々面倒です。そこで「絡み数の絶対値」の偶奇に着目した不変量を紹介します。本書ではそれを「簡易版絡み数」と呼ぶことにします。簡易版絡み数とは，2 成分絡み目に「0」または「1」を対応させる不変量です。つまり，簡易版絡み数により，すべての 2 成分絡み目を 0 が対応する絡み目を，1 が対応する絡み目の 2 つのグループに分けることができます。不変量としては少し弱いのですが，定義が簡単で計算しやすいというメリットがあります。また，2 成分絡み目を 2 つのグループにしか分けることができませんが，**図 10.1** の 2 つの絡み目が異なることを証明することができます。つまり，簡易版絡み数を用いることで 3.3 節（50 ページ）で提示した問題 1 の解答を与えることができるのです。次節では，始めに簡易版絡み数の求め方について説明して，その後，簡易版絡み

数の定義を与えることにします。

10.2 簡易版絡み数を求めてみよう

　簡易版絡み数は，2成分絡み目のどの図式からでも求めることができます。まず，簡易版絡み数を求めたい2成分絡み目の図式を1つ描きます。最初にどのような図式を描くかで，求めやすさが変わってくるので，慣れてきたら簡易版絡み数を求めやすい図式を描くことまで考えるとよいでしょう。描いた図式の1つの成分を黒に，もう一方を灰色に塗り分けると，どのような図式であっても交点は**図 10.2** の4種類になります。

このように色付けられた
交点の数を数える

図 10.2　交点の種類

　ここでは黒と灰色を使用していますが，好きな2色を使ってもらってかまいません。塗り分けた図式の交点のうち，一番左のような黒が上を通る交点の個数を数えます。その個数を2で割った余りが「簡易版絡み数」です。簡易版絡み数が2成分絡み目の不変量となることは，第12章で証明します。簡易版絡み数を求めるには，なるべく交点の数が少ない図式から求めるほうが効率的ですが，ここではホップ絡み目の簡易版絡み数を**図 10.3** の4つの図式から求めていくことにします。

第
10
章

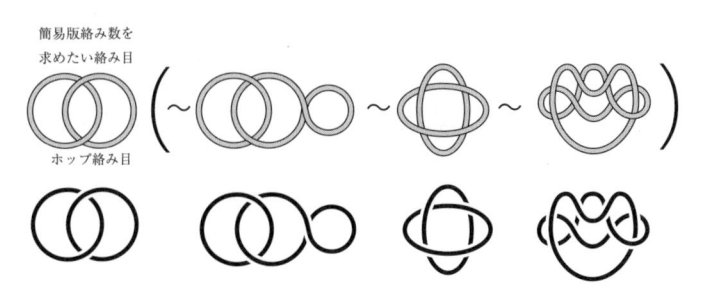

簡易版絡み数を
求めたい絡み目

ホップ絡み目

図 10.3　ホップ絡み目とその図式

演習問題 10.1 次はホップ絡み目の図式です。各図式において，成分を2色に塗り分け，図 10.2 の一番左の枠で囲われた交点のように色付けられた交点の個数をそれぞれ求めてください。

図 10.4 ホップ絡み目の図式

解答 図 10.5 のように塗り分けた場合は，○をした交点の数を数えればよいので，左から1個，1個，3個，5個が答えとなります。

図 10.5 数えるべき交点

ただし，図 10.6 のように成分の色を入れ替えると，数えるべき交点の個数は変わり，すべて1個となることに注意してください。

図 10.6 成分の色を入れ替えた図式

　このように塗り分け方によって黒が灰色の上を通る交点の個数は変化することがありますが，その個数の偶奇は変化しないことが知られています。このことは証明が必要ですが，少し難しいので本書では証明は省略します。

　演習問題 10.1 で求めた数を2で割ると，その余りはすべて1になります。このことからホップ絡み目の簡易版絡み数の値は1であることがわかります。ホップ絡み目のどのような図式から，簡易版絡み数を求めてみてもその値は1であることが確認できるので，いろいろな図式を描いて試してみてください。

演習問題 10.2 (1)〜(5) の2成分絡み目の図式が表す絡み目の簡易版絡み数を求めてください。

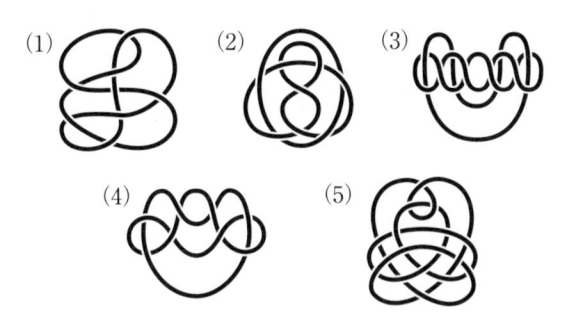

図 10.7　2 成分絡み目の図式

解答　まずは，与えられた各図式の成分を灰色と黒に塗り分けます。塗り分けた図式において黒が上を通る交点，つまり**図 10.8** の○をした交点の個数を数えると (1) は3個，(2) は2個，(3) は6個，(4) は3個，(5) は7個になります。この個数を2で割った余りが簡易版絡み数の値となるので，(1)，(4)，(5) は1であり，(2)，(3) は0であることがわかります。

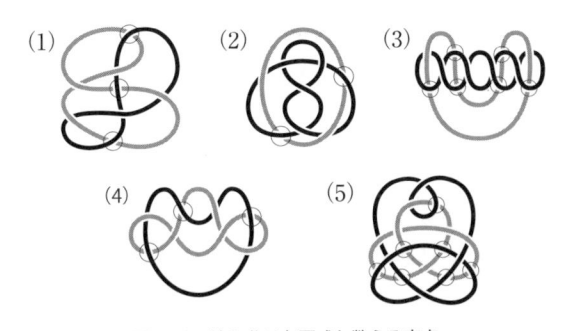

図 10.8　塗り分けた図式と数える交点

図 10.9 は塗り分けた色を入れ替えた図式です。色を入れ替えると○をした交点で黒が上を通ることになります。黒が上を通る交点の数は (1) は3個，(2) は2個，(3) は2個，(4) は3個 (5) は3個となり，変わるものもあれば，変わらないものもあります。いずれの場合も色を入れ替える前後で，2で割った余りは変わらないことが確認できるでしょう。

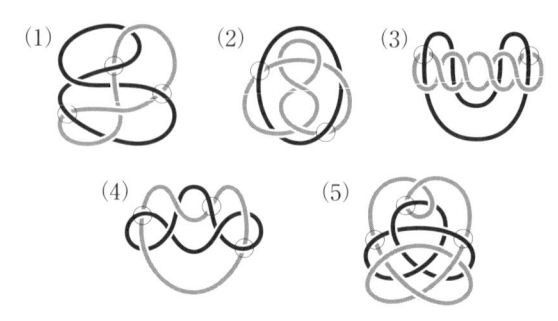

図 10.9　塗り分けた図式と数える交点

演習問題 10.3　次の図式は自明な 2 成分絡み目を表しています。以下の問いを考えてください。

（1）上の 2 成分絡み目の図式から簡易版絡み数を求めてください。

（2）上の図式が自明な 2 成分絡み目を表していることを確認してください。

図 10.10　自明な 2 成分絡み目

- -

解答

（1）**図 10.11** のように成分を黒と灰色に塗り分けると，黒い弧が灰色の弧の上を通る交点の数は 8 個であることがわかります。8 を 2 で割った余りは 0 なので，簡易版絡み数の値は 0 となります。

図 10.11　複雑な図式から簡易版絡み数を求める

（2）この図式の表す絡み目は，空間内の同位変形で**図 10.12** のように変形することで，自明な 2 成分絡み目であることがわかります。

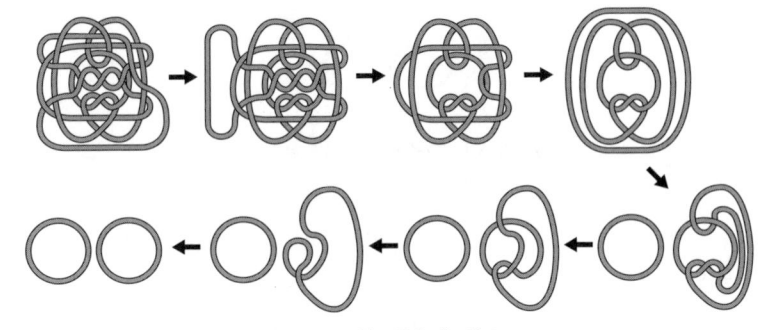

図 10.12　絡み目を「ほどく」

演習問題 10.3 の図式の表す絡み目は，自明な 2 成分絡み目なので自明な図式を持ちます。自明な図式は，各成分を 2 色に塗り分けても**図 10.13** のように数えるべき交点がないので，簡易版絡み数は 0 であることがすぐにわかります。

図 10.13　数えるべき交点のない図式

演習問題 10.3 の図式は，自明な絡み目を表すと知らなければ，交点を減らせることがすぐにはわからないかもしれません。しかし，図式の中には交点の数を減らせることが簡単にわかるものもあります。簡易版絡み数などの不変量を求める際は，図式をよく見て減らすことができる交点がないかを探すのがよいでしょう。

演習問題 10.4　**ホワイトヘッド絡み目の簡易版絡み数を求めてください。**

図 10.14　ホワイトヘッド絡み目

解答　成分を灰色と黒に塗り分けた図式を考えます。この図式において黒が上を通る交点，つまり**図 10.15** の○をした交点の個数は 2 個です。よって，この絡み目の簡易版絡み数は 0 であることがわかります。

図 10.15　ホワイトヘッド絡み目の図式

　これより，ホワイトヘッド絡み目と自明な 2 成分絡み目の簡易版絡み数は一致することがわかります。つまり，簡易版絡み数ではホワイトヘッド絡み目が「絡んでいるか」「絡んでいないか」は判定できません。

演習問題 10.5　次の 2 成分絡み目の簡易版絡み数を求めてください。

図 10.16　2 成分絡み目

解答　ここでは図 10.16 からそのまま図式を描いて求めてみます。成分を灰色と黒に塗り分けた図式を考えると，黒が上を通る交点，つまり図 10.17 の○をした交点の個数は 7 個であることがわかります。よって，この絡み目の簡易版絡み数は 1 であることがわかります。

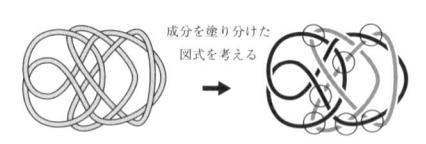

成分を塗り分けた
図式を考える

図 10.17　図式をとり簡易版絡み数を求める

　この演習問題では図 10.16 の絡み目に対して，図 10.17 のようにそのまま図式を取ったので，7 個の交点を数えることになりました。しかし前述したように，図式を変形することで，数えるべき交点の数を減らせる場合があります。例えば図 10.18 のように変形すると，○をした 3 個の交点が数えるべき交点となります。変形後の図式を用いて計算しても，簡易版絡み数の値が 1 であることがわかります。

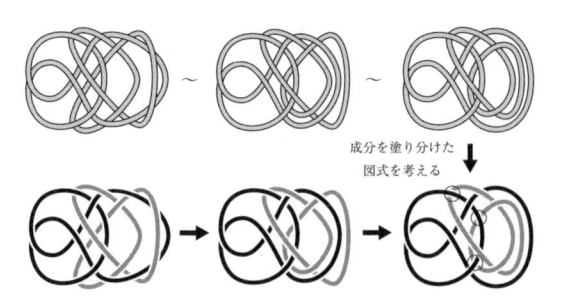

図 10.18 変形してから簡易版絡み数を求める

演習問題 10.6 次の 2 成分絡み目の簡易版絡み数を求めてください。

図 10.19 2 成分絡み目

解答 **図 10.20** のいずれの図式においても，○をした交点の個数を数え
て簡易版絡み数を求めると 0 となることがわかります。

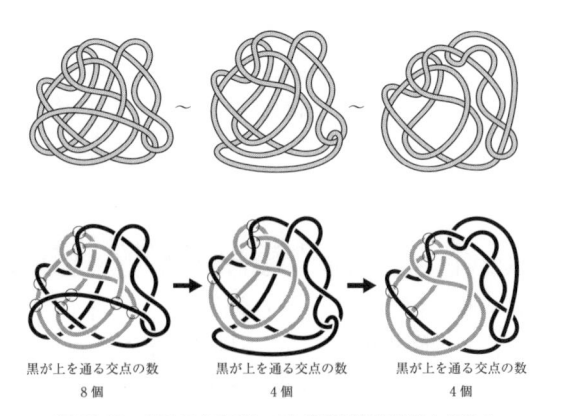

黒が上を通る交点の数　　　黒が上を通る交点の数　　　黒が上を通る交点の数
　　　8 個　　　　　　　　　　4 個　　　　　　　　　　4 個

図 10.20 絡み目を変形してから簡易版絡み数を求める

　どのように変形したら求めやすいかは，人によって異なるので，いろいろ
と考えてみてください。

10.3 計算例とそこからわかること

10.1 節では簡易版絡み数の計算方法を学び，いくつかの 2 成分絡み目に対して，簡易版絡み数を求めてみました。ここではその計算結果からどのようなことを，結論付けることができるのかを，自明な 2 成分絡み目，ホップ絡み目，ホワイトヘッド絡み目を例に見ていきます。

自明な 2 成分絡み目の簡易版絡み数の値は演習問題 10.3（202 ページ）で求めたように 0，ホップ絡み目の簡易版絡み数は演習問題 10.1（200 ページ）で求めたように 1，ホワイトヘッド絡み目の簡易版絡み数は演習問題 10.4（203 ページ）で求めたように 0 でした。この計算結果からわかるのは，自明な 2 成分絡み目とホップ絡み目が異なることと，ホップ絡み目とホワイトヘッド絡み目が異なることです。

自明な 2 成分絡み目とホワイトヘッド絡み目が異なるかどうかについては，簡易版絡み数から何もわかりません。次章で紹介する「三彩色可能性」と呼ばれる不変量を用いると，両者が異なる絡み目であることを証明することができます。

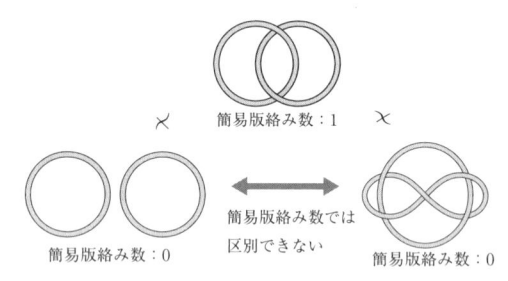

図 10.21 簡易版絡み数からわかること

第 10 章のまとめ

(1) 簡易版絡み数とは，0 または 1 という値をとる 2 成分絡み目の不変量である。つまり，どの図式から求めても同じ値をとる。

(2) 簡易版絡み数の値は 2 成分絡み目の図式の成分を黒と灰色で塗り分け，黒い成分が上を通る交点の数を 2 で割って求める。つまり簡易版絡み数の値は，0 または 1 となる。

(3) 自明な 2 成分絡み目の簡易版絡み数の値は 0 である。つまり簡易版絡み数の値が 1 の絡み目は，自明な絡み目でないことがわかる。

第11章

その結び目、ホントに結ばれている？

2.2 節（20 ページ）で述べたように，三葉結び目は「ほどくことができない」ということ，つまり自明な結び目と三葉結び目は「異なる結び目である」ということは，数学においては証明が必要な事実です。ここでは，三葉結び目がほどけないことを数学的に厳密に証明していきます。

図 11.1 三葉結び目はほどくことができない

11.1 絡み目の三彩色可能性とは

絡み目の図式に，ある条件を満たすように 3 色で色を付けていけるかどうかを調べることで，その図式が表す絡み目が解けているかどうかを調べます。まずは，どのような条件を満たすように絡み目の図式に色を付けていくのかを見ていきます。

① 絡み目の図式の三彩色

図式の弧それぞれを，3 色で塗り分けることを考えます。なお 3 つの色は，「黒，赤，青」や「赤，青，黄色」など，好きなものを選んでかまいません。本書はモノクロなので「黒，濃灰色，灰色」の 3 色を使用することにします。

絡み目の図式の弧それぞれを，用意した 3 色のいずれかで塗ることを「彩色」と呼びます。彩色された図式が，各交点の周りの 3 本の弧において，

（i）すべて同じ色が塗られている。

（ii）異なる 3 色が塗られている。

のいずれかを満たしているとき，その図式は「彩色条件を満たす」と言います。つまり，彩色条件を満たしている図式の交点の周りは，次の 6 つのいずれかのように彩色されていることになります。

図 11.2　交点の彩色パターン

演習問題 11.1　すべての交点において彩色条件の（ii）を満たすように，次の図式を彩色してください。

図 11.3　異なる 3 色で塗る

- -

解答　彩色条件の（ii）を満たす彩色の仕方は 1 通りではないことに注意してください。例えば 3 色すべてを使い**図 11.4** のように彩色すれば，どの交点でも彩色条件の（ii）を満たします。ただし，これらの塗り方は「色の入れ替え」を行っているだけなので，本質的には同じです。

図 11.4　彩色条件（ii）を満たす彩色

---

　3 つの「色」として，**図 11.5** のように 3 つの数字 0, 1, 2 を考えることもあります。この場合は「弧に色を塗る」というよりも「弧に数字を割り当てる」と言ったほうが自然かもしれません。

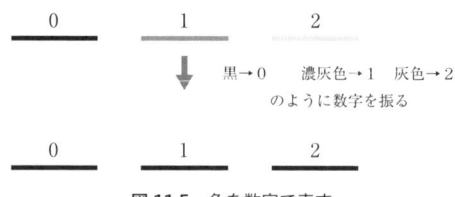

図 11.5　色を数字で表す

　実際にノートに描いたりする際は，色を使って塗り分けるよりも，数字を用いると図示するのが簡単です。演習問題 11.1 の解答は，数字を用いると**図 11.6** のようになります。

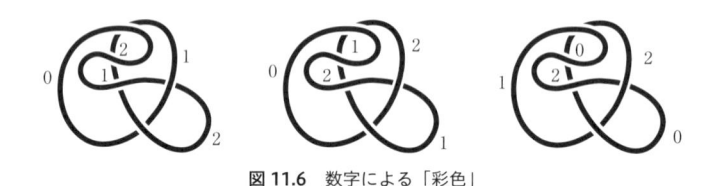

図 11.6　数字による「彩色」

　本書では，「黒，濃灰色，灰色」の 3 色で弧を彩色していきますが，同時に 0, 1, 2 の数字も使っています。この準備のもとで，絡み目が異なることを示す道具となる，「絡み目の図式の三彩色可能性」を導入します。

【三彩色可能性】
　絡み目の図式が三彩色可能であるとは，次の 2 つの条件を満たすように，図式を彩色できるときに言います。言い換えると，図式の弧それぞれに，次の 2 つの条件を満たすように，3 色いずれかの色を塗ることができるときに言います。
(1)　彩色された図式が彩色条件を満たしている。すなわち，各交点において彩色条件 (i), (ii) のいずれかを満たしている。
(2)　2 つ以上の色を用いて彩色されている。

　条件 (2) は，図式の弧がすべて同じ色に塗られていない，と言い換えることができます。この 2 つの条件を満たすように彩色された図式を，「三彩色された図式」と呼ぶことにします。絡み目の図式が「三彩色不可能」であるとは，三彩色可能性の 2 つの条件を満たすように 3 色で塗れないときに言います。つまり，三彩色不可能であるとは，三彩色可能でないということです。三彩色可能か不可能であるかを判断する対象としているのは図式ですが，次の定理より，三彩色可

能か不可能かは絡み目ごとに定まることがわかります。

【定理】
　与えられた2つの絡み目に対し，それぞれの図式をとります。2つの絡み目が同じ絡み目であれば，その2つの図式の三彩色可能性は一致します。

　この定理より，ある絡み目が与えられると，その絡み目のすべての図式が三彩色可能であるか不可能であるかのどちらかであるとわかります。図11.7の上段の左端は右手系三葉結び目の図式であり，三彩色可能であることがわかるように彩色されています。残りの図式も右手系三葉結び目の図式なので，この定理よりすべて三彩色可能であるはずです。実際に彩色して確認してみてください。

図11.7　右手系三葉結び目の図式

　絡み目の図式に対して「三彩色可能」という概念を導入しましたが，絡み目に対しても「三彩色可能」という概念を導入しておきます。絡み目が三彩色可能であるとは，その絡み目が三彩色可能な図式を持つときに言います。前述したように，絡み目が1つでも三彩色可能な図式を持てば，その絡み目のすべての図式が三彩色可能であることがわかっています。なので，与えられた絡み目が三彩色可能かどうかを判断するためには，その絡み目の好きな図式を選び三彩色可能な図式かどうかを調べればよいとわかります。三彩色可能性は絡み目を，三彩色可能な絡み目と不可能な絡み目の2グループに分けられる不変量と捉えることができます。つまり，三彩色可能性は絡み目の分類に利用できるということです。

　「三彩色可能性」を「不変量」と呼ぶのは慣れるまでは違和感を覚えるかもしれませんが，次のように簡易版絡み数と対応させて考えてみるとイメージしやすいかもしれません。簡易版絡み数は2成分の絡み目に「0」または「1」を割り当てます。つまり簡易版絡み数を用いることで，2成分絡み目を「0」が割り当てられるものと，「1」が割り当てられるものの2グループに分類できます。これと

同様のことが「三彩色」にも考えられるわけです。絡み目の図式の三彩色を考えることで，図式が三彩色可能な絡み目に「可能」，図式が三彩色不可能な絡み目に「不可能」というラベルを割り当てることができます。つまり三彩色を用いると，絡み目を「可能」というラベルが割り当てられるものと，「不可能」というラベルが割り当てられるものの2つのグループに分類することができるのです。

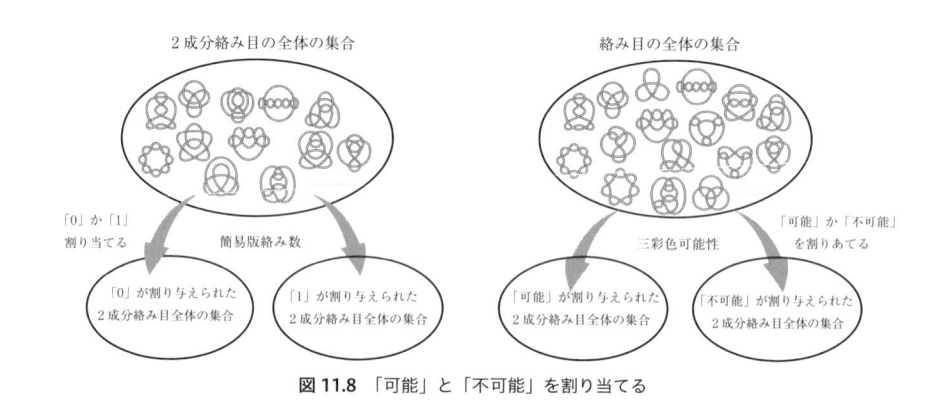

図 11.8 「可能」と「不可能」を割り当てる

11.2 三彩色可能かどうか調べてみよう

ここでは，例を見ながら，実際に絡み目が三彩色可能かどうかを調べていきます。

前節で見たように，右手系三葉結び目は三彩色可能です。左手系三葉結び目も三彩色可能であることは，図 11.9 のように3色で彩色条件を満たすように塗り分けた図式を持つことからわかります。

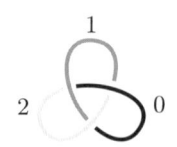

図 11.9 三彩色された左手系三葉結び目の図式

しかしわざわざ彩色しなくても，左手系三葉結び目が三彩色可能であることはすぐにわかります。右手系三葉結び目と左手系三葉結び目のどちらか一方の図式が3色で条件を満たすように塗り分けることができれば，もう一方も三彩色可能であることは，次のような考察ですぐにわかります。図 11.10 のように三彩色された右系三葉結び目の図式の左側に対称軸をとり，線対称移動を施せば，三彩色された右手系三葉結び目の図式を得られるからです。

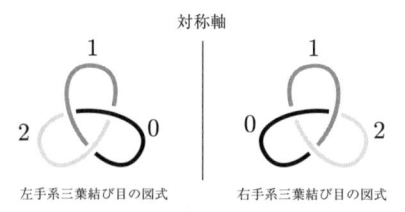

対称軸

左手系三葉結び目の図式　　　右手系三葉結び目の図式

図 11.10　線対称移動な 2 つの図式

演習問題 11.1　結び目 7_7 は三彩色可能であることを示してください。

解答　結び目が三彩色可能であることを示すには，条件を満たすように彩色できる図式が 1 つでも存在することを示せばよいです。このことを示すには，その結び目の図式を 1 つとり，それを実際に彩色していきます。図式はどのような図式を選んでもよいのですが弧の数が少ないものを選ぶとよいでしょう。例えば 7_7 結び目は**図 11.11** のように 3 色で塗り分けることができる図式を持つので，三彩色可能であることがわかります。

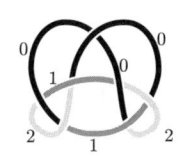

図 11.11　三彩色された 7_7 結び目

　このような塗り分けを探す際には，手当たり次第に塗って調べていくのでは見落としが生じる場合があります。そのため**図 11.12** に従って，次のような手順で考えるとよいでしょう。

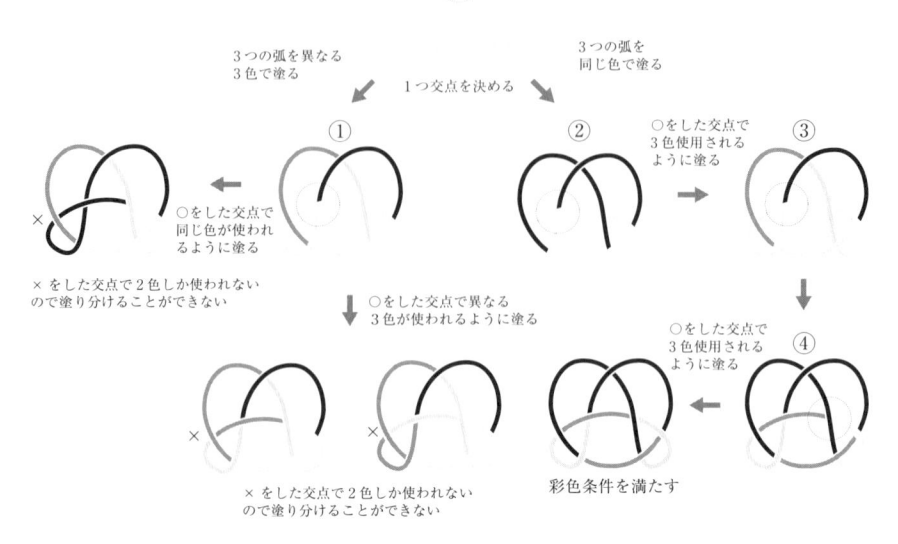

図 11.12　三彩色の手順

　交点を 1 つ選びます。例えば**図 11.12** 上部の「○をした交点」を選んだとします。この交点に集まる弧の色の塗り方は，異なる 3 色で塗るか同じ色で塗るかのいずれかです。まず異なる 3 色で塗る場合①から考えます。①で「○をした交点」に着目すると，残りの弧にどのように色を塗っても，彩色条件を満たさないことがわかります。色の入れ替えを行っても，結果は同じです。次に同じ色で塗る場合②を考えます。②で「○をした交点」は異なる 3 色で塗るしかなく，新たに 2 つの弧の色が決まり③を得ます。この時点で 2 色以上用いていることに注意してください。③で「○をした交点」も異なる 3 色で塗るしかなく，さらに 1 つの弧の色が決まり④を得ます。④で「○をした交点」も異なる 3 色で塗るしかなく，最後の 1 つの弧の色も決まります。残りの 3 つの交点の状況を確認すると，この塗り方が彩色条件を満たしていることがわかります。

① ホップ絡み目の三彩色可能性

　次はホップ絡み目について見ていきます。ホップ絡み目は三彩色不可能な絡み目です。このことを示すには，「どのように塗っても条件を満たさない」ことを示さなければいけません。

　ホップ絡み目の最小交点数を実現している図式は 2 つの弧からなるので，色の塗り方は $9(=3^2)$ 通りでさほど多くありません。ここではすべての塗り方を描き，

調べてみることにします [*1]。**図 11.13** を見ると，彩色条件を満たす塗り方は存在しません。よって，ホップ絡み目は三彩色不可能であることがわかります。

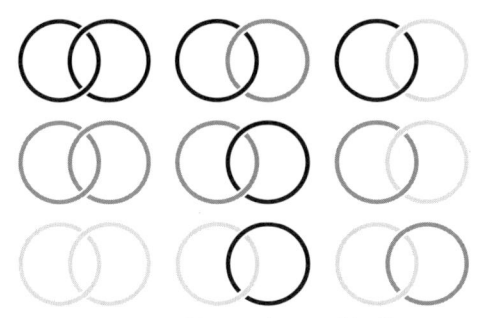

図 11.13　ホップ絡み目のすべての彩色パターン

② 八の字結び目の三彩色可能性

　次は八の字結び目について考えてみましょう。八の字結び目は三彩色不可能です。このことを示すには，ホップ絡み目のときと同様に「どのように塗っても条件を満たさない」ことを確かめます。しかし，弧が最も少なく描かれた八の字結び目の図式でも 4 つの弧を持ちます。つまり，81（= 3^4）通りのすべての塗り方が条件を満たさないことを確かめることになりますが，すべてを描きだすのは大変です。そこで，81 通りすべての描き方をすべて描きだすことなく，そのすべてが条件を満たさないことを示すことにします。図式から交点を選び，その交点の周りから彩色していくことにします。

　まず①の図式の○をした交点に集まる 3 つの弧を，異なる 3 色で彩色する場合を考えます。**図 11.16** の①の図式の○をした交点に集まる 3 つの弧を②のように異なる 3 色で塗ります。次に 2 つの弧のみが異なる 2 色に彩色されている交点に着目します。○をした交点に集まる弧のうち 2 つが 1 と 2 で彩色されているので，③のように残りの 1 つの弧を 0 で塗ります。すると×をした交点で彩色条件を満たしません。つまりこの塗り方では彩色条件を満たすようには彩色できないことが言えます。

　次に①の図式の○をした交点に集まる 3 つの弧を，同じ色で塗る場合を考えます。下の図の①の図式の○をした交点に集まる 3 つの弧を②のように同じ色 0 で塗ります。すると○をした交点では 2 つの弧が同じ色で塗られているので 3 つ目

[*1]　一般的にはすべての塗り方を調べるという証明法はとりません。ここではあえて書き下すことの大変さを体験してもらおうと思います。

の弧も③のように同じ色で塗ることになります。そうすると1色でしか塗られていないことになるので，三彩色可能の条件を満たしません。

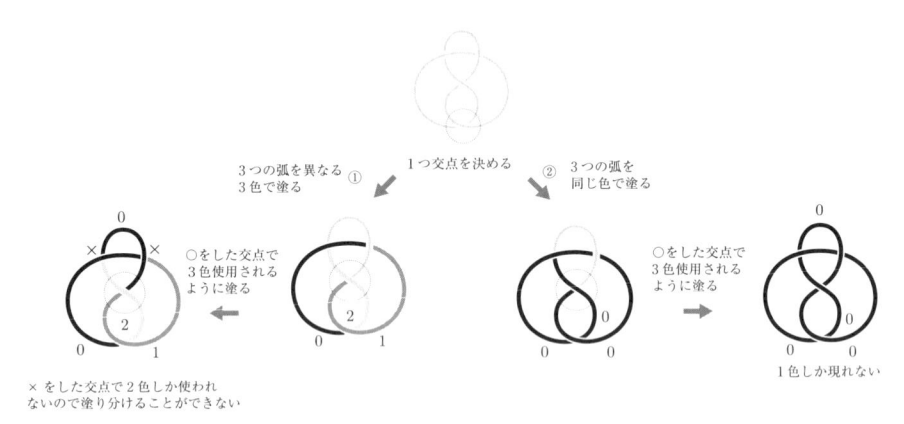

図 11.14　彩色の手順

③ 三彩色可能性の演習問題

ここでは三彩色可能か不可能かを判定する練習として，以下の4つの問題を考えてみましょう。

演習問題 11.3　図 11.13 のように9種類の塗り方をすべて確かめることなく，ホップ絡み目が三彩色不可能であることを示してください。

解答　ホップ絡み目の最小交点数を実現する図式を考えます。この図式は弧が2つしかありません。よって3色すべてを用いて彩色することは不可能です。弧を異なる2色で塗ると彩色条件を満たしません。彩色条件を満たすには1色で塗るしかありません。よってこの図式は三彩色不可能であることがわかります。

演習問題 11.4　次の結び目 6_1 が三彩色可能か不可能か判定してください。

図 11.15　結び目 6_1

自然な図式をとります。ここでは**図 11.16** の①の図式の○をした交点の周りから彩色していきます。②のように集まる 3 つの弧を異なる 3 色で塗ります。次に 2 つの弧のみが異なる 2 色に彩色されている交点に着目します。○をした交点に集まる弧のうち 2 つが 1 と 2 で彩色されているので，残りの 1 つの弧を③のように 0 で塗ります。このとき○をした交点には 0 と 1 の 2 色が使われているので残りの 1 つの弧を 2 で塗ることになります。さらに○をした交点に集まる弧のうち 2 つの弧が 0 と 2 で塗られているので，残りの 1 つは④のように 1 で塗ることになります。このようにして塗られた図式は彩色条件を満たすように 3 色で塗られていることがわかります。よって，この結び目は三彩色可能であることがわかります。

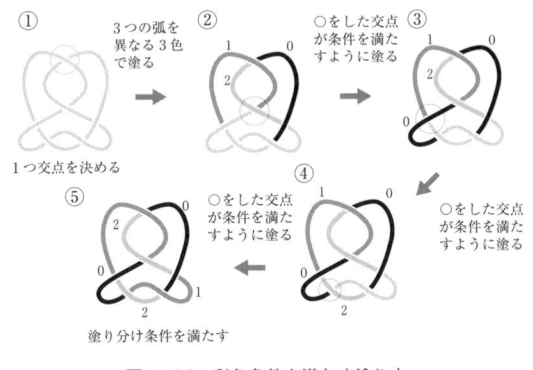

図 11.16　彩色条件を満たす塗り方

演習問題 11.5　次の結び目 6_2 が三彩色可能か不可能か判定してください。

図 11.17　6_2 結び目

自然な図式をとり，○をした交点の周りから彩色していくことにします。まずは 3 色で彩色する場合を考えます。**図 11.18** の①の図式の○をした交点に集まる 3 つの弧を②のように異なる 3 色で塗ります。次に 2 つの弧のみが異なる 2 色に彩色されている交点に着目します。○をした交点に集まる弧のうち 2 つが 1 と 2 で彩色されているので，③のように残りの 1 つの

弧を 0 で塗ります。さらに○をした交点に集まる弧のうち 2 つの弧が 0 で塗られているので④のように残りの 1 つも同じ色である 0 で塗ることになります。すると○をした交点に集まる 2 つの弧は 0 で塗られているので，⑤ように残り 1 つの弧も 0 で塗らなければなりませんが，そうするとをした交点は彩色条件を満たしません。つまりこの塗り方では彩色条件を満たすようには彩色できないことが言えます。

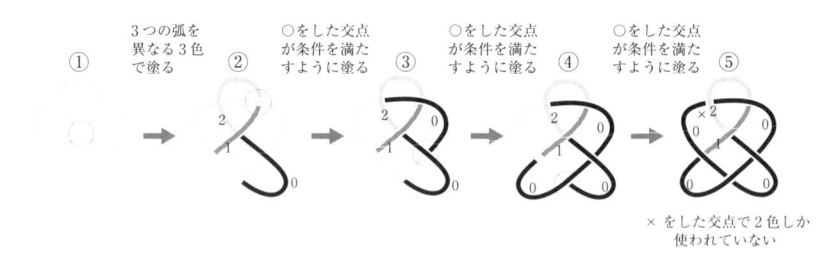

図 11.18　彩色条件を満たさない塗り方

　よって次に，①の図式の○をした交点に集まる 3 つの弧を同じ色で塗る場合を考えます。下の図の①の図式の○をした交点に集まる 3 つの弧を②のように同じ色 0 で塗ります。すると○をした交点では 2 つの弧が同じ色で塗られているので，3 つ目の弧も③のように同じ色で塗ることになります。次に 2 つの弧が同じ色に彩色されている○がされた交点に着目します。彩色条件を満たすには④のように残りの 1 つの弧も 0 で塗らなければなりませんが，そうすると 1 色でしか塗られていないことになるので，三彩色可能の条件を満たしません。よって，この結び目は三彩色不可能であることがわかります。

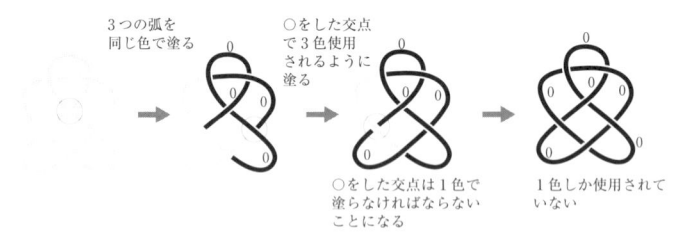

図 11.19　彩色条件は満たすが，1 色しか使用されない塗り方

次の結び目は三彩色可能か不可能でしょうか。

図11.20 三彩色可能か？

解答 自然な図式を描き，演習問題11.4と同様に彩色条件を満たすように3色で弧を塗っていくことで判定してもよいのですが，少し工夫をして考えてみましょう。この結び目を変形していくと，6_2結び目であることがわかります。6_2結び目が三彩色不可能であることは演習問題11.5で既に示しているので，この結び目は三彩色不可能であることがわかります。

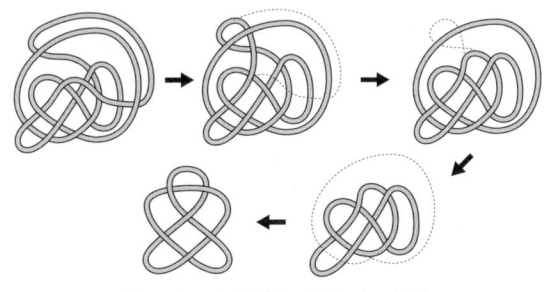

図11.21 6_2結び目であることの確認

11.3 三彩色可能かどうかの判定結果とそこからわかること

11.1節で絡み目の三彩色可能性を定義し，11.2節で絡み目が三彩色可能か不可能かの判定方法を学び，いくつかの絡み目の三彩色可能性を明らかにしました。ここでは，その判定結果から何が結論付けられるのかを見ていきます。

まずは，自明な結び目，三葉結び目，八の字結び目について考えてみましょう。それぞれの三彩色可能性は不可能，可能，不可能でした。この結果からわかるのは，自明な結び目と三葉結び目が異なることと，三葉結び目と八の字結び目が異なることです。自明な結び目と八の字結び目が異なるかどうかについては，三彩色可能性から何もわかりません。実際のところ，両者は異なる結び目なのですが，本書で紹介する不変量では区別することはできません。

次に，自明な 2 成分絡み目，ホップ絡み目，ホワイトヘッド絡み目について考えてみましょう。それぞれの三彩色可能性を計算すると，可能，不可能，不可能となります。この結果からわかるのは，自明な 2 成分絡み目とホップ絡み目が異なることと，自明な 2 成分絡み目とホワイトヘッド絡み目が異なることです。これは簡易版絡み数では示すことができなかった事実です。ホップ絡み目とホワイトヘッド絡み目が異なるかどうかについては，三彩色可能性からは何もわかりません。ところが，前章の最後で述べたように，簡易版絡み数を用いると両者を区別することができます。つまり，本書で紹介した 2 つの不変量を組み合わせることにより，3 つの 2 成分絡み目を互いに区別することができるのです。

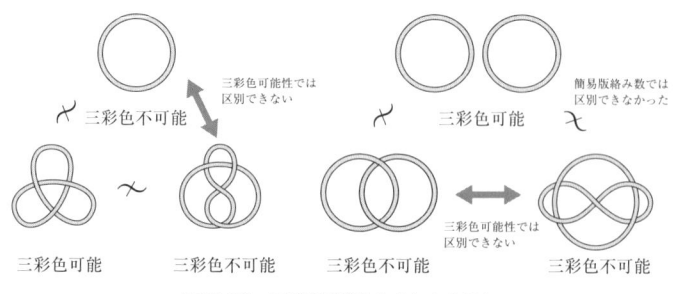

図 11.22　三彩色可能性からわかること

第 11 章のまとめ

（1）絡み目の三彩色可能性は，可能または不可能という「値」をとる絡み目の不変量と捉えられる。

（2）絡み目の三彩色可能性は，図式の三彩色可能性から計算できる。絡み目のどの図式を用いても正しく求めることができる。

（3）絡み目の図式の三彩色可能性は，その図式の弧それぞれに，ある条件を満たすように，3 色いずれかの色を塗ることができるかどうかを調べることにより判断することができる。

（4）自明な結び目は三彩色不可能である。よって三彩色可能な結び目は解けないことがわかる。

第 12 章

不変性の証明

　既に紹介したように，簡易版絡み数は 2 成分絡み目の不変量であり，三彩色可能性は絡み目の不変量です。ここでは，簡易版絡み数が 2 成分絡み目の不変量であることと，三彩色可能性が絡み目の不変量であることを証明します。絡み目に対応させた「ある量」が不変量であることを示すためには，その絡み目のどのような図式から求めても変わらないことを示す必要があります。そこで重要な役割を果たすのが，第 8 章で紹介したライデマイスターの定理です。ライデマイスター変形は 2 つの絡み目が同じ絡み目であることを示すための道具だと思われがちですが，それだけではないのです。本章では，ある値が絡み目の不変量となることをどのように示していくのか，なぜライデマイスターの定理が重要なのかを見ていきます。

12.1 　簡易版絡み数の不変性の証明

　簡易版絡み数が不変量であることを示すには，すべての 2 成分絡み目において，その絡み目のどのような図式を考えてもその値が同じであることを示す必要があります。2 成分絡み目を 1 つ考えただけでも，図式は無数に考えることができるので，そのひとつひとつに対し簡易版絡み数を決定し，すべてが一致することを確認するのは不可能です。そこで役立つのが「ライデマイスターの定理」です。

　与えられた絡み目はどのような図式をとっても，それらはいつでも平面の同位変形とライデマイスター変形の有限列で移り合うというのが，ライデマイスターの定理の主張でした。平面の同位変形とライデマイスター変形を行い絡み目の図式を変形しても簡易版絡み数の値が変化しないことが言えれば，ライデマイスターの定理より簡易版絡み数が 2 成分絡み目の不変量であることが従います。つまり，平面の同位変形とライデマイスター変形 I, II, III のそれぞれが簡易版絡み数の値を変えないことを示せばよいのです。

① 平面の同位変形について

　平面の同位変形によって，各交点における上下の情報は変わりません。よって，平面の同位変形は簡易版絡み数を変えないことがわかります。

② ライデマイスター変形 I について

　ライデマイスター変形 I は，どちらか一方の成分に交点を新たに作ったり消したりする操作なので，両方の成分からなる交点の数に影響を与えません。よって簡易版絡み数の値が変わらないことがわかります。

③ ライデマイスター変形 II について

　ライデマイスター変形 II に現れる弧が黒もしくは灰色のどちらか 1 色のみで塗られた弧だけであれば，現れる交点は数える必要のない交点のみなので簡易版絡み数を変えません。ライデマイスター変形 II に現れる交点に 2 色が使用されている場合は，**図 12.1** の 2 通りの場合が考えられます。

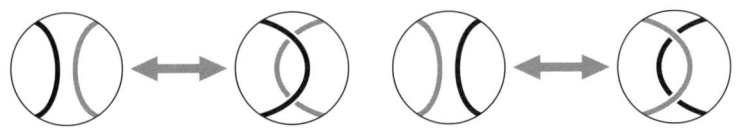

図 12.1　2 色で塗られたライデマイスター変形 II

　図 12.1 の左のライデマイスター変形 II の場合，矢印の左側は交点を持たず，矢印の右側は「黒が灰色の上を通る交点」を 2 つ持ちます。右のライデマイスター変形 II の場合，矢印の左側は交点を持たず，矢印の右側は「灰色が黒の上を通る交点」を 2 つ持ちます。つまり「黒が灰色の上を通る交点の個数」の変化は 0 か 2 ということになります。簡易版絡み数は，「黒が灰色の上を通る交点の個数を 2 で割った余り」なので，ライデマイスター変形 II は簡易版絡み数の値を変えないことがわかります。

④ ライデマイスター変形 III について

　図 12.2 のようにライデマイスター変形 III に現れる交点に，a, b, c, a', b', c' と名前を付けておきます。このとき，交点 a, b, c において黒が上を通る交点の個数と，交点 a', b', c' において黒が上を通る交点の個数が一致すればライデマイスター変形 III を行っても，簡易版絡み数の値は変化しないことがわかります。

図 12.2　交点の対応

　ライデマイスター変形 III に対応する絡み目の一部を考え，現れる 3 本の紐には濃い灰色，灰色，薄い灰色の 3 色で色を付け，ライデマイスター変形に現れる交点 a, b, c, a', b', c' に対応する「絡み目（の一部の）紐の重なり」にも a, b, c, a', b', c' と名前を付けたのが次の図です。

ライデマイスター変形 III

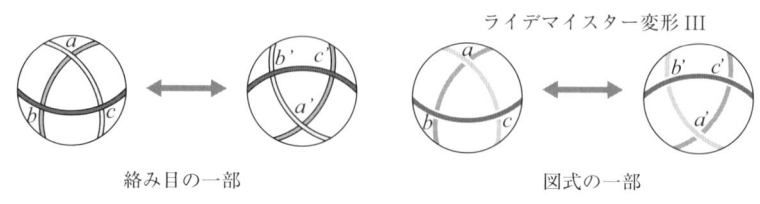

絡み目の一部　　　　　　　　　　　図式の一部

図 12.3　紐の対応

　そうすると a と a' はどちらも薄い灰色が灰色の紐の上を通り，b と b' はどちらも濃い灰色が灰色の紐の上を通り，c と c' はどちらも濃い灰色が薄い灰色の紐の上を通っていることがわかります。図式においても同様のことが言えます。

　簡易版絡み数を求めるためには，図式の各成分を異なる 2 色に塗り分けます。つまり，濃い灰色，灰色，薄い灰色の 3 色で塗られている弧のうち，ある 1 色で塗られている弧が黒色，残り 2 色で塗られている弧が灰色で塗られることになりますが，交点 a と a'，b と b'，c と c' において現れる 2 色とその上下関係は一致していたので，塗り分けた後に黒が灰色の上を通る交点の数は変化しません。

　具体例で確認してみましょう。**図 12.4** のように 2 色に塗り分けられたこの図式の濃い灰色に対応する部分は黒で，残りの 2 色，つまり灰色と薄い灰色に対応する部分は灰色に塗られています。例えば図式をとる前の紐の重なり b と b' においては濃い灰色の紐が上を通っています。この図式では，濃い灰色の部分は黒で塗られることになるので，b と b' においては黒が上を通ることがわかります。

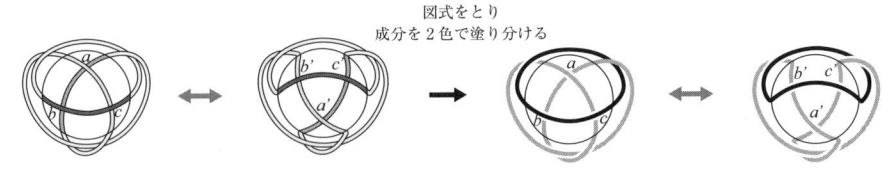

図式をとり
成分を 2 色で塗り分ける

図 12.4　成分を塗り分ける

①〜④とライデマイスターの定理より，簡易版絡み目が 2 成分絡み目の不変量であることがわかります。

12.2　三彩色可能性の不変性の証明

三彩色可能性が絡み目の不変量であることを証明するには，2 つの図式が 1 回の平面の同位変形もしくはライデマイスター変形で移り合うときに，「一方の図式が三彩色可能であれば，もう一方の図式も三彩色可能である」と言えればよいことが，ライデマイスターの定理よりわかります。簡易版絡み数のときと同様に，平面の同位変形とライデマイスター変形 I, II, III が三彩色可能性を保つことを確認していきます。

① 平面の同位変形について

三彩色可能の条件を満たすように塗られている図式に平面の同位変形を行ったとします。同位変形を行う前と後では，使う色の数は変わらず，図式の交点に使われる色や交点の上下の情報は 1 対 1 に対応します。また交点同士をつないでいる曲線の色や，つながり方も変わりません。よって，同位変形で三彩色可能性は保たれることがわかります。

具体例で確認してみましょう。**図 12.5** では同じ番号の交点，同じ番号の弧がそれぞれ対応しているので，変形前に交点周りで 3 色使用されていれば変形後も 3 色使用されており，1 色しか使用されていなければ，変形後も 1 色しか使用されていないことがわかります。

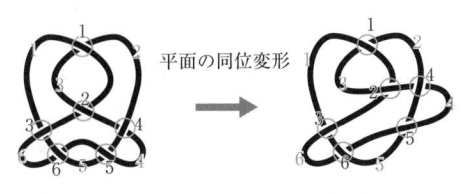

平面の同位変形

図 12.5　平面の同位変形による対応

② ライデマイスター変形 I について

　三彩色可能の条件を満たすように塗られている図式に対し，ライデマイスター変形 I を行って得られる図式もまた三彩色可能であることを示します。ここでは，円の外側の塗り方を変えないようにして，内側の塗り方を調べることにします。

　ライデマイスター変形 I を行って新しい交点ができたとします。変形を施す弧が a で塗られていたとすると，円の外側の塗り方は変わってはいけないので，円の外側につながる弧も a で塗られていることになります。このとき，この図式は**図 12.6** のように円の外側に向かって a で塗られていくことになるので，変形後も変形に現れる弧の外側の部分は a で塗られることになります。つまり変形後の円の中の弧も両端から a で塗られなければいけないので，新しく現れる交点の周りは a のみで塗られることになりますが，これは彩色条件を満たします。よって，交点を増やすライデマイスター変形 I は三彩色可能性を保つことがわかります。

図 12.6　交点を増やすライデマイスター変形 I は三彩色可能性を保つ

　ライデマイスター変形 I で交点が取り除かれたとしましょう。この交点は 2 つの弧からなるので，異なる 3 色で塗ることはできず，すべて同じ色で塗られていることになります。同じ色 a で塗られているとすると，円の外側の塗り方は変わってはいけないので，円の外側につながる弧も a で塗られていることになります。つまり，この図式は円の外側に向かって a で塗られていくことになるので，変形後も円の外側の部分は a で塗られていなければなりません。よって，変形後は**図 12.7** のように，円の中の弧も両端から a で塗られることになり，彩色条件を満たすことがわかります。

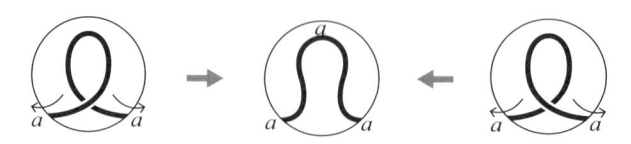

図 12.7　交点を減らすライデマイスター変形 I は三彩色可能性を保つ

いずれの場合も，変形前の図式は（円の内側と外側を合わせると）少なくとも2色で塗られているので，変形後も2色以上で塗られています。よって，変形後も三彩色可能の条件を満たすことが確認できました。

③ ライデマイスター変形 II について

三彩色可能の条件を満たすように塗られている図式に対し，ライデマイスター変形 II を行って得られる図式もまた三彩色可能であることを示します。ここでも，円の外側の塗り方を変えないようにして，内側の塗り方を調べることにします。まずはライデマイスター変形 II を行って新しく2個の交点ができた場合を考えます。

元の2本の弧が同じ色 a で塗られているとすると，変形を行った後は灰色の弧以外の色は a でなければいけません。**図 12.8** のように色が決まっていない弧には a を塗ると彩色条件を満たすことがわかります。

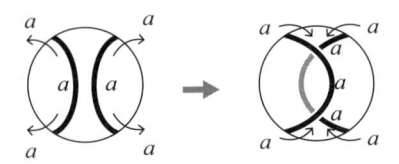

図 12.8　同じ色の弧に関する交点を増やすライデマイスター変形 II

元の2本の弧が異なる色 a, b で塗られているとすると，円の外側につながる弧も同じ色で塗られるので，変形を行った後は灰色の弧以外は**図 12.9** のようになります。まだ彩色されていない灰色の弧を残りの1色で塗れば彩色条件を満たすことがわかります。

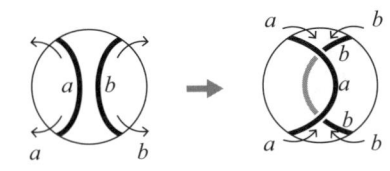

図 12.9　異なる色の弧に関する交点を増やすライデマイスター変形 II

次に，ライデマイスター変形 II を行って交点の数が減る場合について見ていきます。変形前のすべての弧が同じ色 a で塗られている場合，円の外側につながる弧は a で塗られることになります。変形後も**図 12.10** のように円の外側につながる弧は a で塗られているので，そのまま2つの弧を a で塗ることで彩色条件を満たすように彩色できることがわかります。

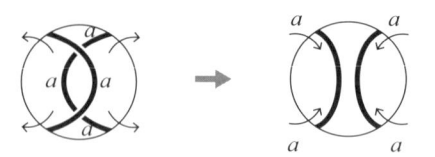

図 12.10 同じ色で塗られている交点を減らすライデマイスター変形 II

　変形前の弧が 1 色で塗られていない場合は，2 つの交点に 3 色すべてが使われている**図 12.11** のような塗り方になります。

図 12.11　3 色使われているライデマイスター変形 II を行う弧

　変形前の外側につながる弧の色から変形後の円の内側の弧の塗り方を定めると，**図 12.12** のように彩色条件を満たすことがわかります。

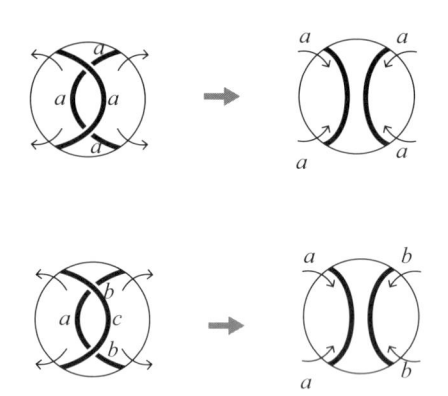

図 12.12　ライデマイスター変形 II の前号

　いずれの場合も，変形前の図式は（円の内側と外側を合わせると）少なくとも 2 色で塗られているので，変形後も 2 色以上で塗られています。よって，変形後も三彩色可能の条件を満たすことが確認できました。

④ ライデマイスター変形 III について

　三彩色可能の条件を満たすように塗られている図式に対し，ライデマイスター

変形 III を行って得られる図式もまた三彩色可能であることを示します。ここでも，円の外側の塗り方を変えないようにして，内側の塗り方を調べることにします。ライデマイスター変形 III は，弧の図を「紐」として認識すると 3 つの「紐」に関する変形なので，変形の前後で紐の端点の色が一致すればよいです。まずは変形前の弧の**図 12.13** の○をした端点に着目して，まずは確認すべき場合がいくつあるかを考えます。

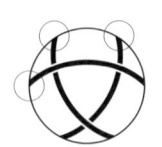

図 12.13　3 つの端点に着目する

　色の入れ替えを考慮すれば，**図 12.15** の 5 つの場合を考えれば十分であることがわかります。ただしこれ以降，図の中の a, b, c は異なる 3 色を表すものとします。

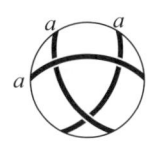 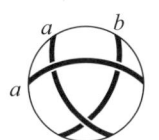 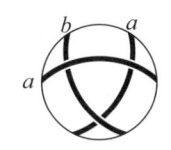 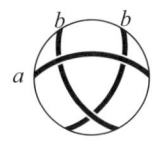 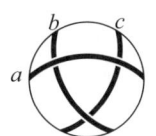

図 12.14　考えるべき場合

演習問題 12.1　図 12.14 のそれぞれに対し，残りの弧を条件を満たすように彩色してください。

- -

解答　図 12.14 の 5 つの場合のそれぞれに対し，彩色条件を満たすように残りの弧を彩色すると**図 12.15** のようになります。

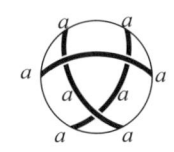 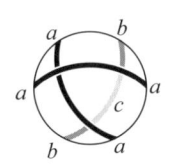 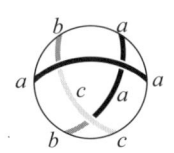 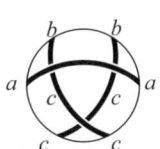 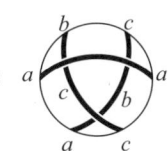

図 12.15　彩色した図

次に変形後を見てみます。変形の前後で円の外側の塗り方を変えないようにすると，外側につながる弧の色は変形前に塗られた色から決まります。よって，**図12.16** のまだ彩色されていない白い弧を彩色条件を満たすように塗ることができれば，図式全体で彩色条件を満たすことがわかります。

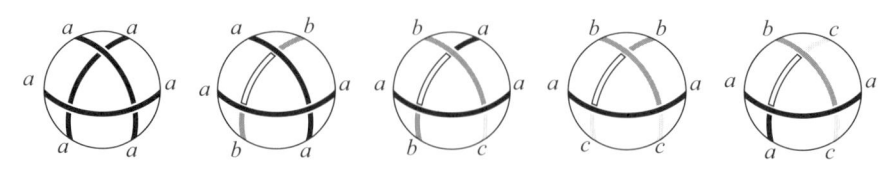

図 12.16　ライデマイスター変形 III 適応後の図 12.15

　図12.16 において 2 つの弧しか塗られていない交点を選び，同じ色が使われている場合はその色で，異なる色で塗られている場合は残りの 1 色で塗ることができれば彩色条件を満たすことがわかります。

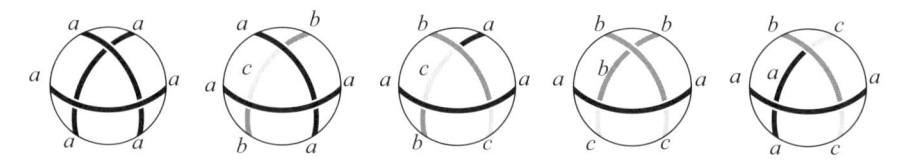

図 12.17　三彩色されたライデマイスター変形 III 適応後の図 12.15

　いずれの場合も，変形前の図式は（円の内側と外側を合わせると）少なくとも 2 色で塗られているので，変形後も 2 色以上で塗られています。よって，変形後も三彩色可能の条件を満たすことが確認できました。

　以上より，三彩色可能性は絡み目の不変量であることがわかります。

第 12 章のまとめ

（1）ライデマイスターの定理は，絡み目に対応させた「ある量」が不変量であることを示すために重要な役割を果たす。

（2）ライデマイスターの定理より，絡み目に対応させた「ある量」が不変量であることを証明するには，その量が平面の同位変形とライデマイスター変形で変わらないことを示せばよいことが言える。

第 **13** 章

絡み目を解こう

　近年，結び目理論を用いた分子生物学の研究が注目されています。トポイソメラーゼと呼ばれる酵素は DNA を切断し再結合しますが，DNA 結び目（環状のDNA）を効率的に解くことが実験で観察されています。しかし「この酵素がどのような仕組みで DNA 結び目を解いていくのか」は，まだよくわかっていません。この現象を解明するために，結び目理論で昔から知られていた「交差交換」という操作を，「酵素の DNA への作用」の数学的モデルと捉え，結び目理論を応用することが考えられています。本章では，結び目を解くことができる交差交換という操作を導入し，実際に結び目を解いてみます。また，いくつかの新しい不変量を導入します。

13.1　交差交換と結び目解消数

　1937 年にヴェント（Hilmar Wendt）は，「交差交換」と呼ばれる，結び目の図式の交点の上下を入れ替える**図 13.1** のような操作を定義しました。

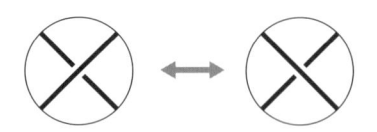

図 13.1　交差交換

　例えば三葉結び目の標準的な図式は，**図 13.2** の○をした交点において交差交換を施すことで自明な結び目の図式にできます。例えば，**図 13.2** のように交差交換を施した後にライデマイスター変形 I, II を施すことで，自明な図式にできることが確認できます。

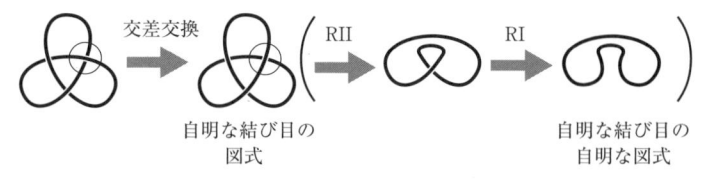

図 13.2　三葉結び目を解く交差交換

図 13.3 の 8_3 結び目の図式は，○をした 2 個の交点に交差交換を施すことで自明な結び目の図式にできます。

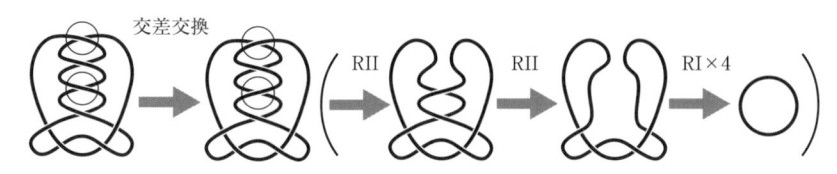

図 13.3　8_3 結び目を解く交差交換

図 13.3 の 8_3 結び目の図式は，1 回の交差交換では自明な結び目の図式にできません。このことは，この図式の交点それぞれに対し，交差交換を行ってできる結び目の図式を自明な結び目の図式にできないことで確認できますが，後述する演習問題 13.8 の解答と同様の考え方で，もっと効率的に確認することができます。交差交換は，絡み目の図式に対しても同様に定義することができます。

演習問題 13.1　次の図式に交差交換を施し，自明な結び目の図式にしてください。また，得られた図式が自明な結び目を表すことも確認してください。

図 13.4　結び目図式

- -

解答　例えば，**図 13.5** のように○をした交点に交差交換を施すことで，自明な結び目の図式を得ることができます。これが自明な結び目の図式であることは，**図 13.5** のようにして確認することができます。

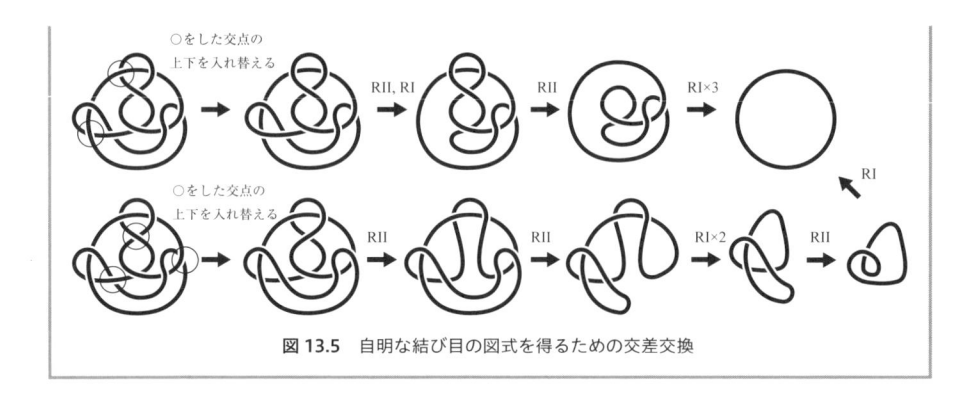

図 13.5 自明な結び目の図式を得るための交差交換

　筆者が演習問題 13.1 の解答を与える際は，交差交換後に「交点の数を減らすライデマイスター変形 II」が適用できるように交点を選び，自明な結び目の図式を得ようと考えました。しかし，交差交換後に自明な結び目の図式を得ることができる交点の選び方は他にもあります。誰がやっても同じ交点を選べるような「統一的な方法」があるのでしょうか。また三葉結び目と 8_3 結び目については，交差交換で自明な結び目の図式にできることを示しましたが，他の結び目についてはどうでしょうか。ここでは，この 2 つの問いに対して，肯定的な解答を与えます。

　一般にどんな結び目の図式も，いくつかの交点の上下を変えることで，自明な結び目の図式にすることができます。このことを証明するには，すべての結び目の射影図は，うまく上下を付けることで自明な結び目の図式が得られることを証明できれば十分です。

演習問題 13.2　なぜ，自明な結び目の図式を得られることを証明できれば，どんな結び目の図式もいくつかの交点の上下を変えることで，自明な結び目の図式にできることを証明できるのでしょうか。

- -

解答　元の図式の交点で，上下の情報が得られた自明な結び目の図式と異なる部分の交点に交差交換を施すことで，自明な結び目の図式を得られるからです。

　ここからは与えられた結び目の射影図から自明な結び目の図式を得るための統一的な方法を与えることを考えます。

　結び目の射影図が与えられたとき，次のように上下を付けることで，自明な結

び目の図式を得ることができます。**図 13.6** のように図式上にスタート地点を定め，さらに進む方向を決めます。スタート地点から決めた向きに沿って進み，初めて交点を通過するときに通過する線分が上となるように各交点に上下の情報を与えていきます。既に上下の情報を与えた交点を通過する際には，そのまま下側を通過していきます。すべての交点に上下の情報を与え，スタート地点に戻ってくると，自明な結び目の図式を得ることができます。

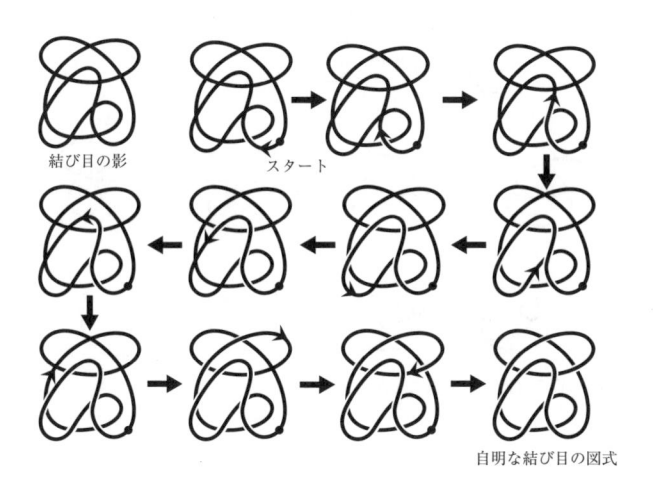

図 13.6 自明な結び目の図式を得るための上下の情報の与え方

演習問題 13.3 図 13.6 で得られた自明な結び目の図式を自明な図式に変形するライデマイスター変形と平面の同位変形の列を求めてください。

解答 例えば図 13.7 のようなライデマイスター変形と平面の同位変形の列で，自明な結び目の図式が得られます。

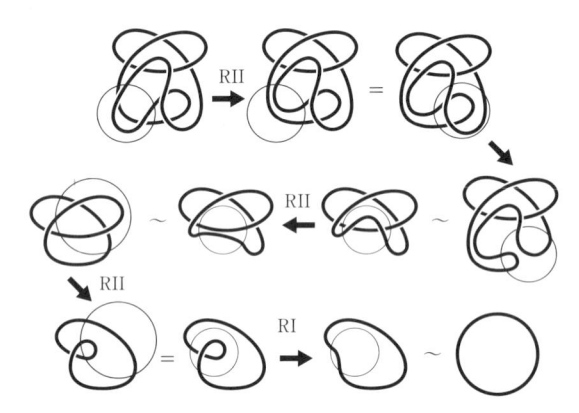

図 13.7 自明な結び目の図式を得るための同位変形とライデマイスター変形の列

　このように結び目の射影図に交点の上下の情報を与えることで，いつでも自明な結び目の図式を得られることは，次のように説明することができます。**図 13.8** の結び目は**図 13.5** の図式に対応する結び目ですが，交点の上下の付け方より，スタート地点から矢印に従いだんだんと高度を下げるように進んでいくと考えることができます。想像しにくい人は，スタート地点で切って，矢印の方向に進みながら端点を徐々に上に持ち上げると考えてみてください。ただし，そのままだと端点がつながっていないので，最後にまっすぐ上に上がって出発点に戻り端点をつないでください。そうすることで自明な結び目であることがわかります。

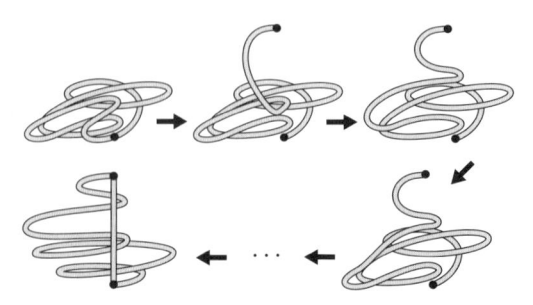

図 13.8 紐を絡まないように伸ばしていくことが可能

演習問題 13.4 次の結び目の図式に交差交換を施し，自明な結び目の図式にしてください。

図 13.9　結び目の図式

解答 図式から交点の上下の情報を忘れて得られる射影図を考えます。図 13.10 のようにスタート地点と方向を決め，射影図を辿りながら初めて交点を通過するときに，通過する線分が上となるように交点に上下の情報を与えていくことで，自明な結び目の図式を得ることができます。この図式と元の図式を見比べると，上下が入れ替わっている交点は○をした交点だとわかります。よって，元の図式の○をした交点の上下の情報を交差交換によって入れ替えれば，自明な結び目の図式を得ることができます。

上下の情報を忘れて　　　　自明な結び目の図式　　　　与えられている
得られる射影図　　　　　　　　　　　　　　　　　　　結び目の図式

交差交換

図 13.10　自明な結び目の図式を得るための交差交換

演習問題 13.4 の解答では，5 個の交点で交差交換を行うことで自明な結び目の図式にしていますが，実はもっと少ない交差交換で自明な結び目の図式を得ることができます。

演習問題 13.5 演習問題 13.4 の結び目図式を，自明な結び目の図式にするために必要な交差交換の最小数は 3 以下であることを示してください。

解答 例えば，図 13.11 で○をした 3 つの交点に交差交換を施すと自明な結び目の図式が得られるので，必要な交差交換の最小数は 3 以下であることがわかります。

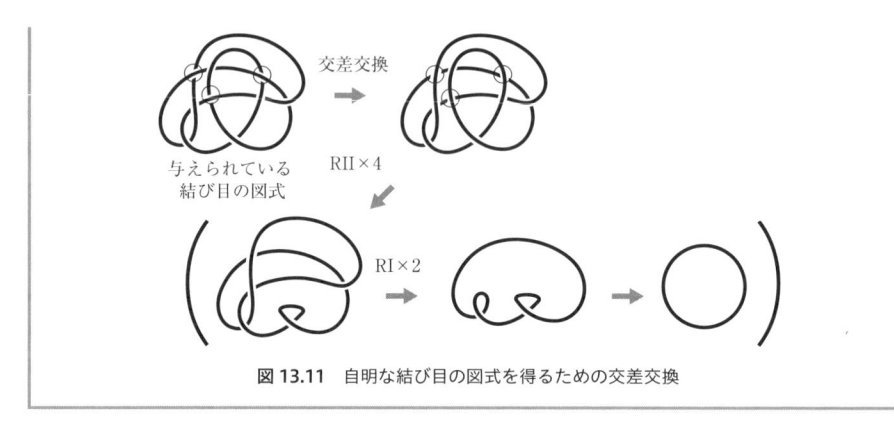

図 13.11 自明な結び目の図式を得るための交差交換

　しかし，このような交点を手当たり次第に探すのは効率的でないことも多いです。実は，自明な結び目の図式を得るために交差交換を行わなければならない交点の数が交点の数の半分以下であること，それを実現する交点を見つけることは難しくありません。演習問題 13.4 の結び目の図式を例に見ていきましょう。**図 13.10** の交差交換で得られた自明な結び目の図式の鏡像もまた，自明な結び目の図式です。図式の鏡像は交差点の上下の情報を入れ替えることで得られるので，**図 13.12** のように交差交換で入れ換えた交点は元の状態に戻り，入れ換えていない交点の上下の情報が逆になります。

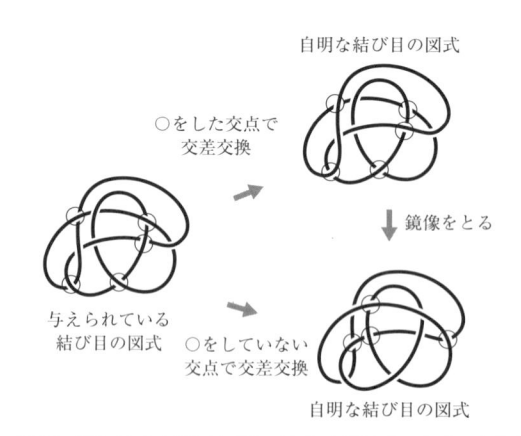

図 13.12　**図 3.11** の自明な結び目の図式の鏡像を得るための交差交換

　演習問題 13.4 の解答では，9 個の交点のうち 5 個に交差交換を施して自明な図式を得ています。交差点の上下を入れ替えていない 4 個の交点の上下を入れ替えると，得られた自明な結び目の図式の鏡像を得ることができます。一般に，与え

られた結び目の図式は交点の数の半分以下の交差交換で自明な結び目の図式にすることができます。

演習問題 13.6 どんな結び目の図式も，交点全体の半分以下の交点で交差交換をすることで，自明な結び目を表すことができます。そのような交点の選び方の手順を与えてください。

- -

解答 与えられた結び目の図式の交点の上下の情報を忘れて得られる射影図が自明な結び目になるように，13.1 節（235 ページを含むその前後）で説明した方法で交点に上下の情報を与えます。このようにして得られた自明な結び目の図式は，元の結び目の図式に何回かの交差交換を施すことで得られます。交差交換を施す交点の数が交点の数の半分以下なら，その交点の集合が求める集合となります。交差交換を施す交点が交点の数の半分以上なら，その交点以外の交点が求める交点の集合となります。なぜなら，交差交換を施す交点を入れ替えると，先ほど得られた自明な結び目の図式の交点の上下の情報を入れ替えたものを得ることができます。これもまた自明な結び目の図式になっているからです。

演習問題 13.7 次の結び目の図式のいくつかの交点に交差交換を施し，自明な結び目の図式にしてください。

図 13.13 結び目の図式

- -

解答 図式から交点の上下の情報を忘れて得られる射影図を考えます。**図 13.14** のようにスタート地点と進む方向を決め，射影図をたどりながら交点に上下の情報を決定していくことで，自明な結び目の図式を得ることができます。○をした交点を入れ換えることで元の図式を得られた自明な結び目の図式にすることができます。

図 13.14 自明な結び目図式を得るための交差交換

　演習問題 13.7 の解答では，12 個の交点に交差交換を施すことで自明な結び目の図式にしています。この図式の交点の数は 29 個なので，この 12 個という数は交点の数の半分以下です。しかし，この図式を自明な結び目の図式にするために必要な交差交換の最小数ではありません。このことは，**図 13.15** の○をした 7 個の交点を入れ替えることで，自明な結び目の図式にすることができることからわかります。

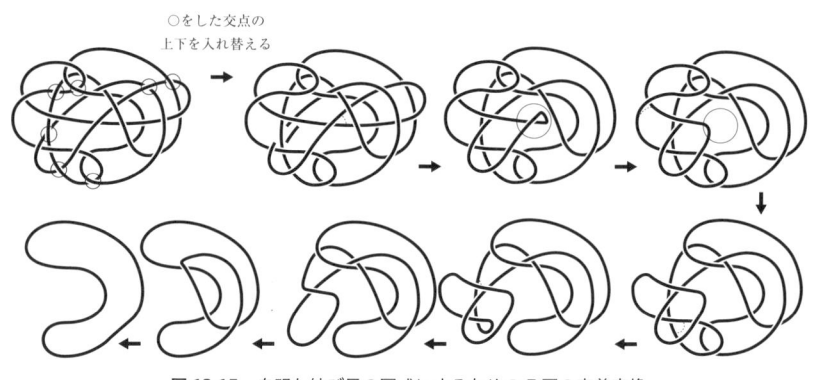

図 13.15 自明な結び目の図式にするための 7 回の交差交換

　また，この 7 という数は 12 より小さいですが，自明な図式を得るための交差交換の最小回数であるかどうかはわかりません。一般に，自明な結び目の図式にするために行う交差交換の最小回数を決定することは大変です。与えられた図式を自明な結び目の図式にするために行う交差交換の最小回数が n であることを示すには，どの $n - 1$ （> 0）個の交点の上下を入れ替えても自明な結び目の図式にはならないことを示さなければいけなからです。そのことを実感してもらうために次の問題を考えてみましょう。

演習問題 13.8 7_3 結び目の図式を自明な結び目の図式にするために必要な交差交換の最小回数は 2 回であることを示してください。ただし，巻末の表にある結び目が非自明であることは認めてかまいません。

図 13.16 7_3 結び目の図式

解答 自明な結び目の図式を得るために必要な交差交換の最小回数が 2 であることを示すためには，図式に 2 回の交差交換をうまく施すと自明な結び目を表すことを確認し，さらにその図式に 1 回の交差交換をどのように施しても自明な結び目を表さないことを示せばよいです。この図式は 7 個の交点を持つので，7 個の図式が非自明な結び目の図式であることを確認すればよいことになります。しかし，この図式の特徴に着目すると，2 つの結び目が自明でないことを示せば十分であることがわかります。この図式の交点は，**図 3.17** からもわかるように，結び目において 2 本の紐を捻って作られています。

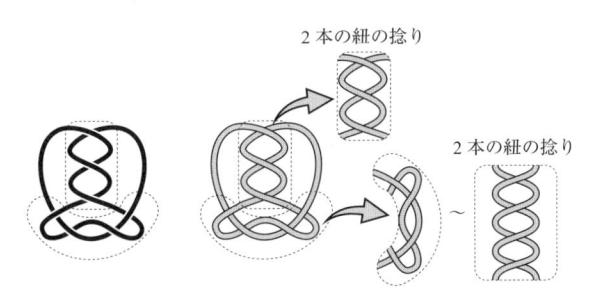

図 13.17 結び目 7_3 に含まれる 2 本の紐の捻り

この捻りに対し，図式を描いてから**図 13.18** のような交差交換を施すと 1 個の捻りを解消できることがわかります。図は 2 つの交点のうち○をした上の交点に交差交換を施した場合ですが，どちらも対称性があるので 180° 回転させると下の交点を交差交換した場合となるので，どちらか一方を考えれば十分です。

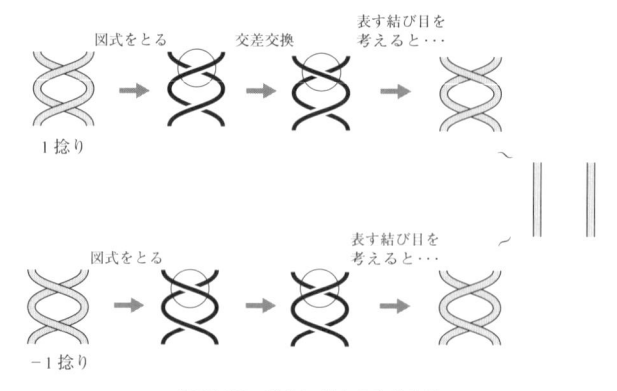

図 13.18　捻りに対する交差交換

　図 13.19 の 7_3 結び目は点線で囲われた 2 か所で 2 本の紐が捻られています。1 回の交差交換で捻りを 1 つ解消できると考えると，与えられた図式の 1 つの交点に交差交換を施した図式から得られる結び目は，**図 13.19** の 7_3 結び目の点線の枠内の捻りを 1 つ減らした結び目であるとわかります。これを変形すると，それぞれ 5_1 結び目または 5_2 結び目になります。どちらも自明な結び目ではないので，与えられた図式は 1 回の交差交換では自明な結び目にすることはできないことがわかります。

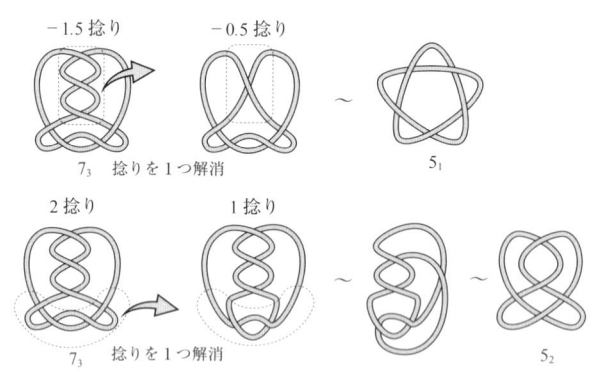

図 13.19　1 回の交差交換で得られる図式から得られる結び目

　また，2 回の交差交換で自明な結び目の図式にできることは，例えば**図 13.20** の○をした 2 つの交点に交差交換を施すことでわかります。よって，この図式を自明な結び目の図式にするために必要な交差交換の最小回数は 2 であると結論付けることができます。

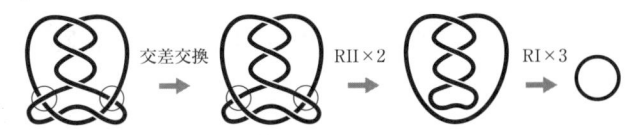

図 13.20 2 回の交差交換

　では，与えられた結び目の図式を「自明な結び目の図式にするために交差交換を施す交点の最小数」から元の結び目の何らかの有用な情報を得ることができるのでしょうか。残念ながら，図式を 1 つ固定しているため得られているのは，その図式に関する情報であり，元の結び目の情報を得ることはできません。具体例を見てみましょう。**図 13.21** の左の図式は，少なくとも 3 個の交点に交差交換を施さないと自明な結び目の図式になりません。一方，右の図式は 2 個の交点に交差交換を施せば，自明な結び目の図式にすることができます。

図 13.21　自明な結び目にするために施す交差交換の回数が異なる図式

　しかし，この 2 つの図式は同じ結び目の図式です。このことから，与えられた結び目の図式が「少なくとも n 個の交点に交差交換を施さないと自明な結び目の図式にならない」としても，結び目を変形して図式を取り直すと「$n-1$ 個以下の交点に交差交換を施せば自明な結び目の図式になる」可能性があることがわかります。そこで，与えられた結び目の「すべての図式」それぞれに対して「交差交換で自明な結び目の図式にするために必要な交点の最小数」を考え，さらにその中で一番小さい値を考えます。この値は，ある意味で結び目の複雑度を測っていると言えます。この値は「結び目解消数」と呼ばれ，結び目の不変量になります。

　結び目解消数は，次のように定義することができます。n を自然数とします。与えられた結び目に対し，n 個の交点に交差交換を施すと自明な結び目になる図式があり，さらに $n-1$ 個以下の交点に交差交換を施しても自明な結び目の図式を得られるような図式が存在しないとき，この結び目の結び目解消数が n であると言います。注意しなければならないのは $n-1$ 個以下には 0 個も含まれるということです。「0 個の交点に交差交換をする」ということは「交差交換をしない」ということです。これは，元の図式が自明な結び目の図式でない，つまり非自明な結び目の図式であるということを意味します。

演習問題 13.9 図 13.21 の 2 つの図式が表す結び目は，同じ結び目を表すことを示してください。

- -

解答 左の図式が表す結び目は**図 13.22** のように変形することで，右の結び目と同じ見た目にできるため，同じであることがわかります[*1]。右の図式から始めてもよいのですが，左の図式は交代的なので最小交点数を実現しています。そのため，左の図式より交点が多い右の図式が表す結び目を変形しました。

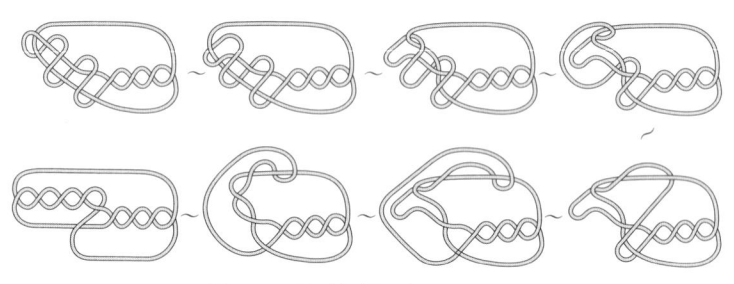

図 13.22 同じ結び目であることの証明

　図 13.22 の結び目の結び目解消数は 2 であることが知られています。結び目解消数が 2 ということは，この結び目は 2 個の交点に交差交換を施せば自明な図式になる図式を持ちますが，1 回の交差交換で自明な結び目の図式にできる図式は持たないということです。

　図 13.21 の右の図式は交差交換を 2 回施すと自明な図式になることは既に見ましたが，すべての図式が 1 回の交差交換では自明な結び目の図式にすることができないことは，ここまでの知識では残念ながら証明することはできません。一般に結び目解消数を決定することは難しい問題ですが，ここまでに学んだ知識のみで結び目解消数を決定できる結び目もあります。

演習問題 13.10 三葉結び目の結び目解消数が 1 であることを示してください。

解答 図 **13.2** のように三葉結び目の標準的な図式は，1 回の交差交換で自明な結び目の図式にすることができます。また，三葉結び目は自明な結び目とは異なります。つまりどの図式を考えても，交差交換 0 回では自明な結び目にはなり得ません。よって，三葉結び目の結び目解消数は 1 であると決定することができます。

演習問題 13.11 互いに異なる結び目解消数が 1 の結び目の列を構成してください。

解答 自然数 n に対し，n 半捻りのツイスト結び目を T_n と表すと，結び目の列 $T_1, T_2, T_3, \cdots$ は求めるものになります。このことを確認してみましょう。

T_n の「図 **13.23** で描かれた図式」は，〇をした交点で交差交換を行うと，自明な結び目を表します。このことは図 **13.23** のような図式の変形でも確認できますし，この交差交換に対応する結び目の変化が「ツイスト結び目のフック状の部分を外す」ことに対応していることからも確認できます。これで「T_n の結び目解消数が 1 以下である」ことがわかりました。

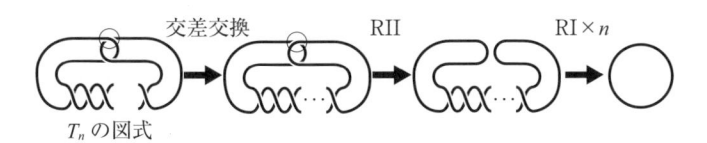

交差交換　　　RII　　　　RI×n

T_n の図式

図 13.23 ツイスト結び目

T_n は図 **13.23** のような既約な交代図式を持つので，最小交点数は $n + 2$ です。このことから「T_n が自明な結び目でない」ことと「自然数 n が異なれば結び目 T_n も異なる」ことが従います。さらに，前者（と図 **13.23** の直前の結論）から「T_n の結び目解消数が 1 である」ことがわかり，後者から「$T_1, T_2, T_3, \cdots$ が無限個の結び目の列である」ことがわかります。

　与えられた結び目の結び目解消数を求めるという問題は，今もなお結び目理論における難問とされています。

13.2 絡み目解消数

　ここでは結び目に限定することなく，絡み目について前節と同様のことを考えてみます。まずは絡み目の射影図から自明な絡み目の図式を得る方法について見ていきます。2成分以上の絡み目の射影図も，次の手順に従い交点に上下の情報を与えることによって自明な絡み目の図式にすることができます。射影図の各成分に1から順に番号を付け，成分ごとにスタート地点と進む方向を定めます。1が割り当てられた成分から順にスタート地点から向きに沿って進み，初めて交点を通過するときに通過する線分が上となるように上下の情報を与えていきます。既に上下の情報を与えた交点を通過する際には，そのまま下側を通過します。これを繰り返しスタート地点に戻ってきたら，2番目の成分に対しても同様に，スタート地点から向きに沿って進み交点に上下の情報を与えていきます。そして3番目，4番目，・・・と，すべての成分を辿り終えるまで繰り返して得られる絡み目の図式は，自明な絡み目の図式となります。

　具体例を使い確認してみましょう。以下では射影図の一部に交点の上下の情報を与えたものも図式と呼ぶことにします。**図13.24**は4成分の絡み目の射影図に，前述した方法ですべての交点に上下の情報を与えたものです。

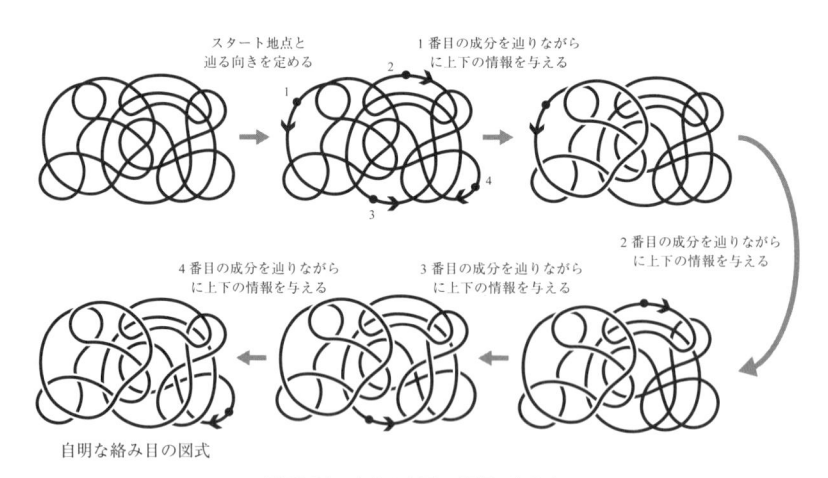

図 13.24　交点の上下の情報の与え方

　異なる成分同士の交点を忘れれば，交点における上下は13.1節（235ページ）で説明した上下の付け方に従っているので，この図式の各成分は自明な結び目の図式であることがわかります。また，1番目の成分より2番目の成分が，2番目の成分より3番目の成分が，3番目の成分より4番目の成分が下にあることは，

図**13.25** からも明らかです。よって，図**13.24** のように交点の上下の情報を与えた射影図は，自明な絡み目の図式になることがわかります。

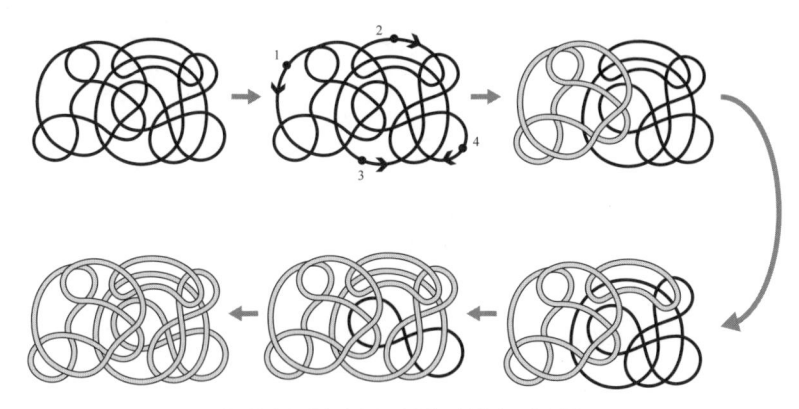

図 13.25 **図 13.24** の図式に対応する絡み目

この方法を利用して，次の 2 つの演習問題を解いてみましょう。上下を付ける成分の順番，向きによって得られる図式が異なってくるので，解答は一通りではありません。

演習問題 13.12 次の 2 成分絡み目の射影図に交点の上下の情報を与え，自明な絡み目の図式にしてください。

図 13.26 2 成分絡み目の射影図

- -

解答 図**13.27** のように，射影図の各成分に順番をとスタート地点を決め，手順に従い交点の上下の情報を与えることで，自明な 2 成分絡み目の図式を得ることができます。

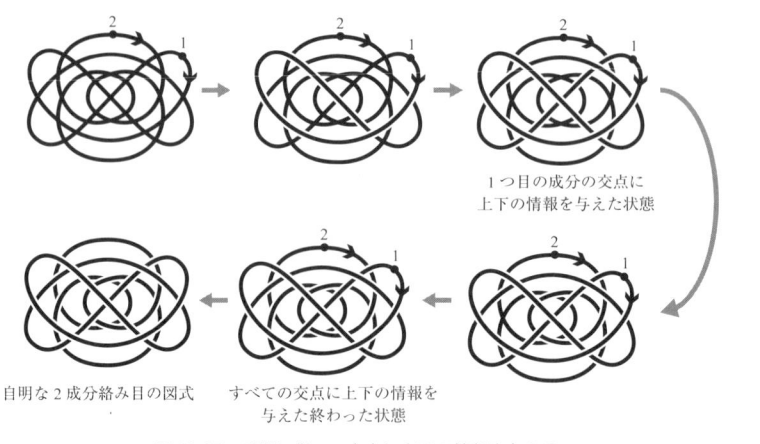

1つ目の成分の交点に
上下の情報を与えた状態

自明な 2 成分絡み目の図式　　すべての交点に上下の情報を
　　　　　　　　　　　　　　与えた終わった状態

図 13.27　手順に従って交点に上下の情報を与える

演習問題 13.13　次の絡み目図式を自明な絡み目にするためには，どの交点に交差交換を施せばよいかを答えてください。

図 13.28　絡み目図式

解答　図式の交点の上下の情報を忘れ射影図を考えます。**図 13.29** のように射影図の各成分に順序と向きを入れて，手順に従い交点に上下の情報を与えていくと自明な絡み目の図式を得ることができます。

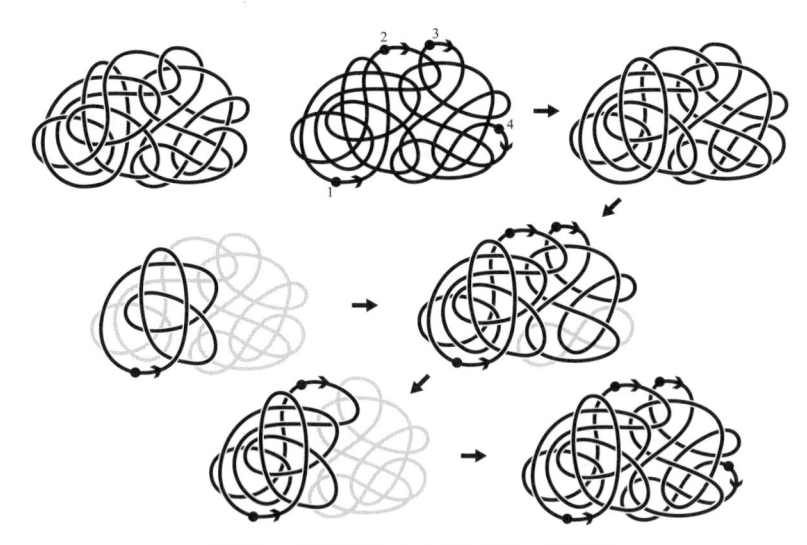

図 13.29　射影図の交点に上下の情報を与える手順

　得られた自明な絡み目の図式と，与えられた図式の対応する交点で上下の情報が入れ替わっている点が交差交換を施すべき交点となります。そのような交点は**図 13.30** の○をした交点であることがわかります。

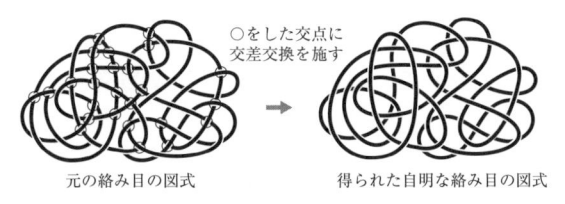

○をした交点に
交差交換を施す

元の絡み目の図式　　　　　　　　得られた自明な絡み目の図式

図 13.30　自明な絡み目の図式にするために交差交換を施す交点

　結び目解消数は，絡み目に拡張することができます。n を自然数としたとき，与えられた絡み目に対し，n 個の交点に交差交換を施すと自明な絡み目になる図式があり，さらに $n-1$ 個以下の交点に交差交換を施しても自明な絡み目の図式を得られるような図式が存在しないとき，この絡み目の「絡み目解消数」は n であると言います。

解答　**図 13.31** のように，ホップ絡み目の標準的な図式は 1 回の交差交換で自明な絡み目の図式にすることができます。またホップ絡み目の簡易版絡み数の値は 1 なので，自明な絡み目ではありません。つまり交差交換 0 回では自明な絡み目にはなり得ません。よって，結び目解消数は 1 であると決定することができます。

図 13.31　自明な絡み目の図式にするために交差交換を施す交点

① 交差交換と簡易版絡み数

　交差交換は，図式が表す絡み目を解いたり，より「簡単」なものにすることができます。交差交換が図式が表す絡み目を変えても，不変量の値を変えないことがあります。このことを利用すると不変量を求めることが楽になる場合があります。

演習問題 13.15　簡易版絡み数の値を変えない交差交換の例を挙げてください。

解答　2 成分絡み目の図式に対し，同じ成分同士の交点での交差交換は，簡易版絡み目を変えません。**図 13.32** の交差交換は同じ成分同士の交点に対して行っているので，簡易版絡み数の値に影響を与えないことがわかります。

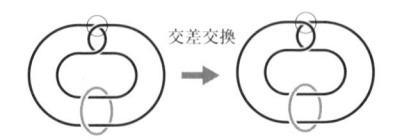

図 13.32　簡易版絡み数の値を変えない交差交換

　簡易版絡み数を求めるために数えるのは，「異なる成分」からなる交点のみなので，同じ成分上の交点の上下をどのように入れ換えても，簡易版絡み数の値には影響を与えません。同じ成分上の交差交換を「自己交差交換」と呼びます。

図 13.33 は，成分を黒と灰色に塗り分けたホワイトヘッド絡み目の図式です。この図式を用いて簡易版絡み数は既に演習問題 10.4（203 ページ）で求めていますが，ここでは交差交換を利用して求めてみます。**図 13.33** で○をしている交点は黒 1 色しか使用されていません。つまり簡易版絡み数には影響を与えない交点です。他の交点の上下の情報は一致しているので，この 2 つの図式から求める簡易版絡み数は一致することがわかります。

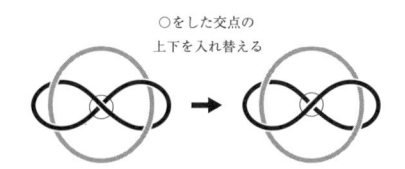

図 13.33　簡易版絡み数が一致する絡み目

　右の絡み目の図式が表す絡み目は，**図 13.34** のように変形すると自明な絡み目であることがわかるので，簡易版絡み数の値は 0 です。よって左の絡み目の図式が表す絡み目（ホワイトヘッド絡み目）の簡易版絡み数も 0 であることがわかります。

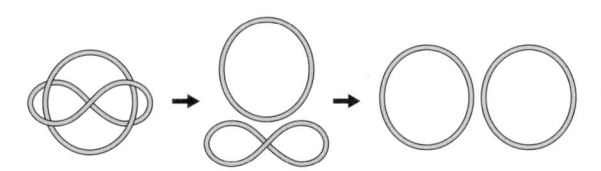

図 13.34　自明な 2 成分絡み目

　一見すると複雑に見える絡み目も，図式を自己交差交換で別の絡み目の図式に変えることで，簡易版絡み数を簡単に求めることができる場合があります。例えば**図 13.35** の絡み目の簡易版絡み数は 0 であることがすぐにわかります。

図 13.35　簡易版絡み数が 0 の絡み目

図 13.36 のような図式を描き，〇をした交点で自己交差交換を行います。得られた図式の表す絡み目が元の絡み目とは異なる絡み目だとしても，簡易版絡み数の値は変わりません。なので，元の絡み目の簡易版絡み数を求める代わりに，自己交差交換で得られた図式から簡易版絡み数を求めることができます。

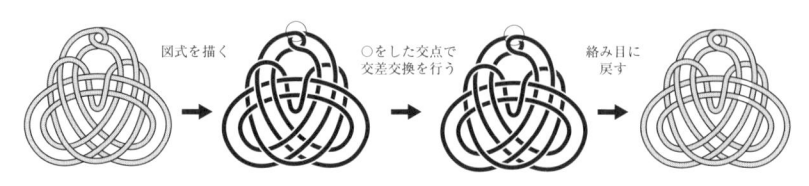

図 13.36　簡易版絡み数の値が一致する 2 成分絡み目

　簡易版絡み数は絡み目の不変量なので，空間内で絡み目を変形してから図式を取って求めても同じ値になります。**図 13.36** の一番右の絡み目は**図 13.37** のように変形することで，自明な 2 成分絡み目であることがわかります。

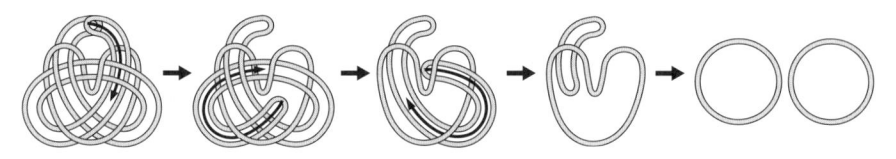

図 13.37　自明な 2 成分絡み目

　自明な 2 成分絡み目の簡易版絡み数は 0 なので，**図 13.35** の 2 成分絡み目の簡易版絡み数の値は 0 であると結論付けることができるのです。既に簡易版絡み数を求めた絡み目の中にも，自己交差交換を用いるとより簡単に簡易版絡み数を求めることができるものがあります。例えば，演習問題 10.6（205 ページ）で簡易版絡み数を求めた 2 成分絡み目の簡易版絡み数は，**図 13.38** のように，自己交差交換を施して得られる図式（が表す絡み目）を変形し，見た目を簡単にして得られる図式からも求めることができます。

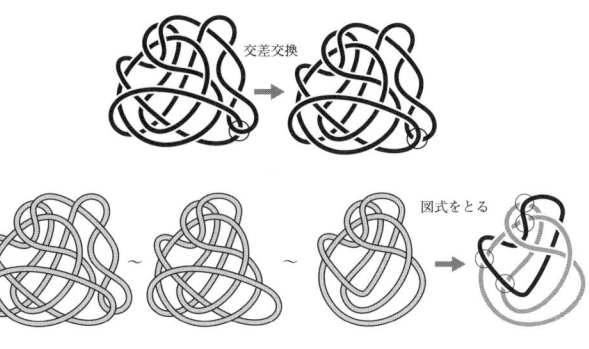

図 13.38　自己交差交換を施してから簡易版絡み数を求める

演習問題 13.16　次の絡み目の簡易版絡み数の値を求めてください。

(1)　(2)

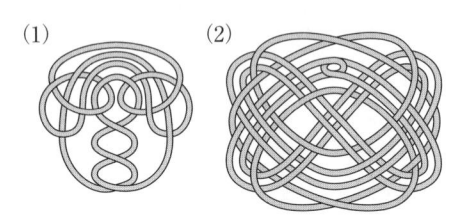

図 13.39　絡み目の簡易版絡み数

解答

(1) **図 13.40** のように，この絡み目の図式をとり○をした交点で自己交差交換を行います。自交差交換を行った後の図式が表す絡み目の簡易版絡み数は，元の絡み目の簡易版絡み数の値と変わらないので，この絡み目の簡易版絡み数を求めていきます。

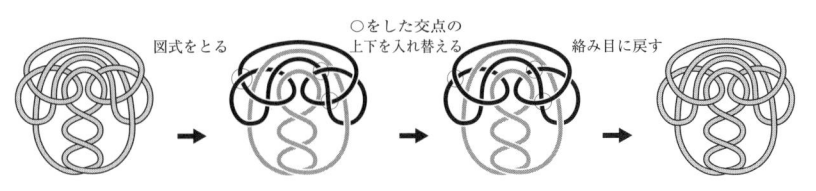

図 13.40　自己交差交換による変形

　図 13.41 のように絡み目を変形してから図式をとり，簡易版絡み数の値を求めます。数えるべき交点は○をした 2 個なので，この絡み目の簡易版絡み数の値は 0 であることがわかります。

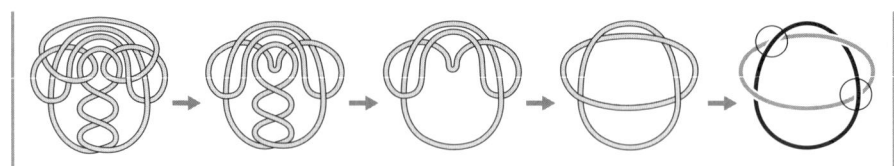

図 13.41　自己交差交換を利用して簡易版絡み数を求める

(2) そのまま図式をとり，**図 13.42** で○をした部分に対する交点を入れ替えると，薄い灰色の成分が分離することがすぐにわかります。この変形は自己交差交換により実現できます。よって簡易版絡み数は 0 であることがわかります。

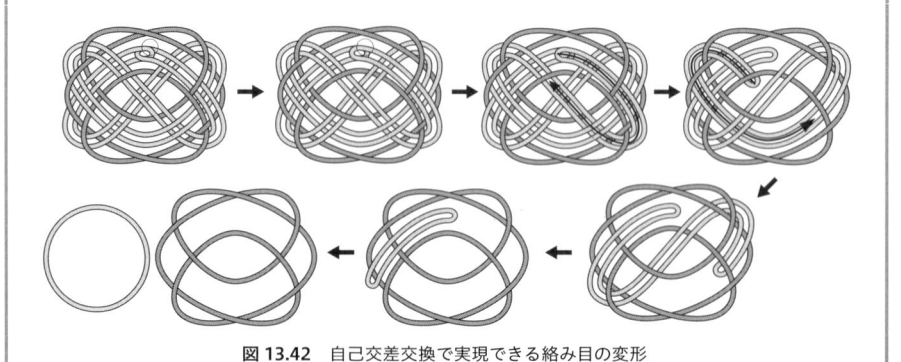

図 13.42　自己交差交換で実現できる絡み目の変形

　演習問題 13.16 に限らず，問われたことを定義に従ってそのまま行うのではなく，ワンクッションおいてから取り掛かると，簡単に解くことのできる問題は他にもありました。これは，結び目理論に限らず，さまざまな分野において言えることです。本書を通して「結び目理論」だけでなく，そのような考え方についても理解してもらえたなら嬉しく思います。

(1) 絡み目の図式のある交点で，その交点の上下の情報を入れ替える操作を交差交換と呼ぶ。

(2) 交点にうまく上下の情報を与えることで，絡み目の射影図は自明な絡み目を表す図式にすることができる。

(3) 結び目 K の結び目解消数が n であるとは，K のある図式は「n 個の交点に交差交換を施すと，自明な結び目を表す」が，K のどの図式も「$n-1$ 個以下の交点に交差交換を施しただけでは，自明な結び目を表さない」ときに言う。絡み目に対しても同様に定義する。

(4) 自己交差交換は絡み目を変えることがあるが，2 成分絡みの簡易版絡み数の値を変えない。

第13章

付録　結び目と絡み目の表

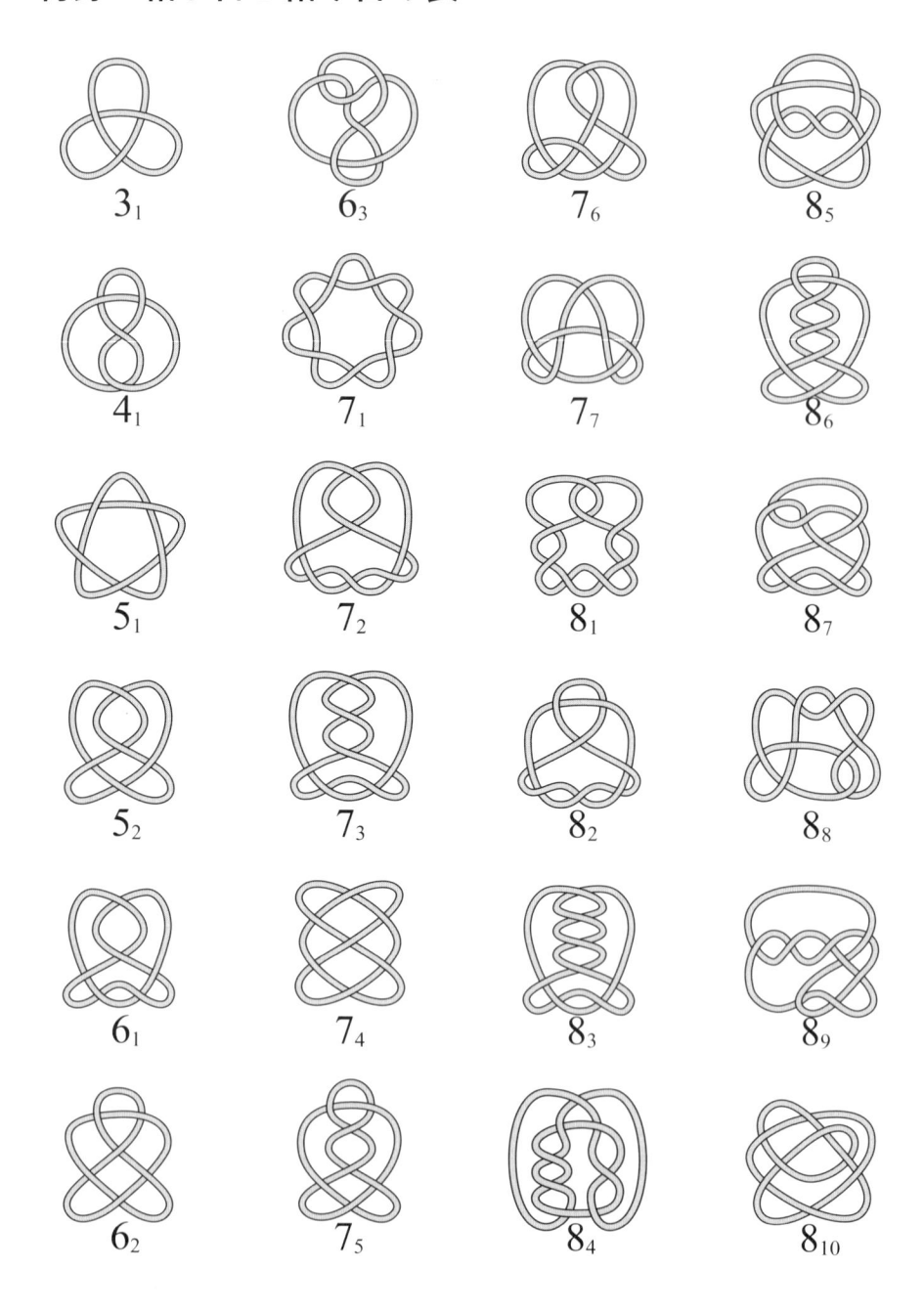

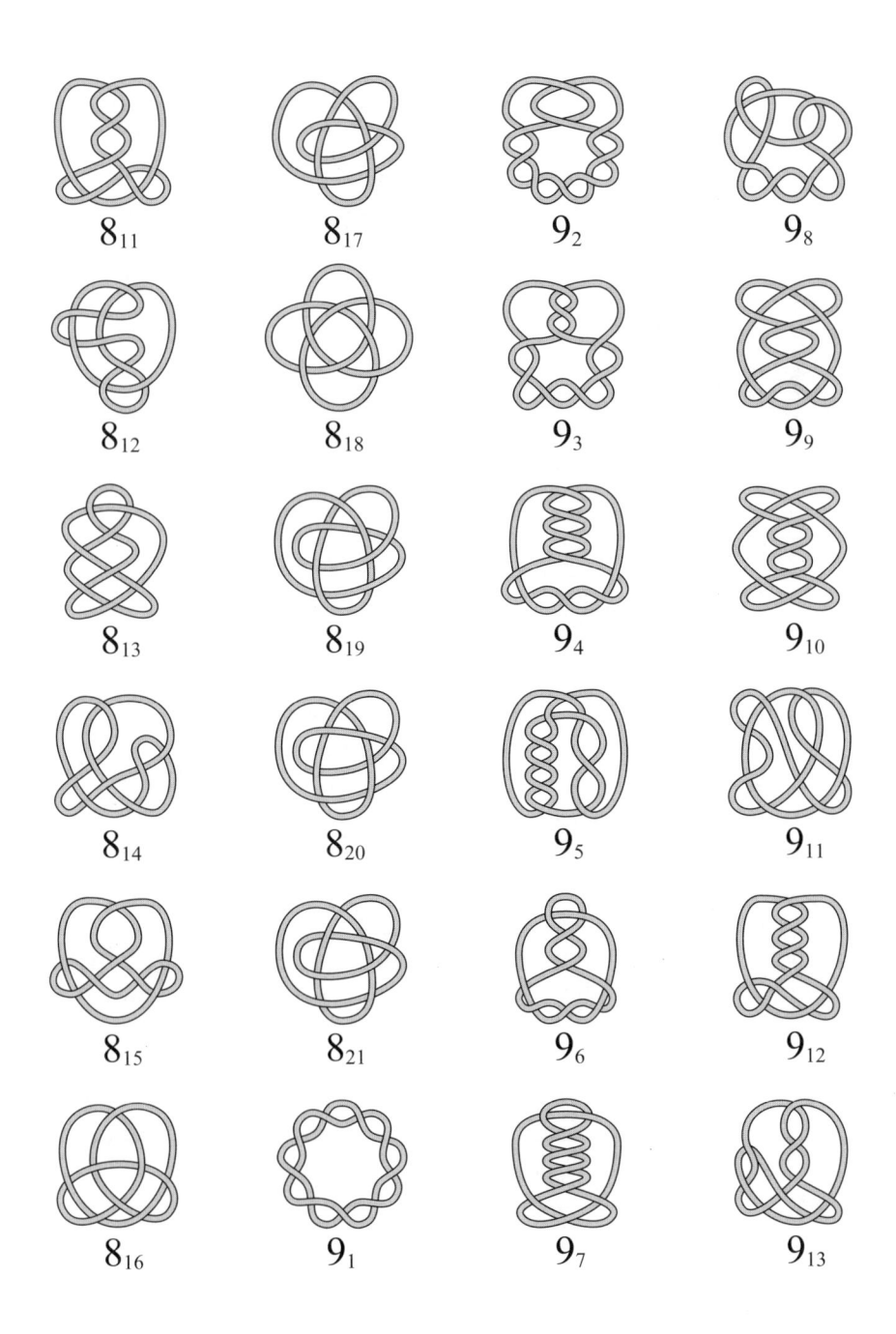

8_{11}　　8_{17}　　9_2　　9_8

8_{12}　　8_{18}　　9_3　　9_9

8_{13}　　8_{19}　　9_4　　9_{10}

8_{14}　　8_{20}　　9_5　　9_{11}

8_{15}　　8_{21}　　9_6　　9_{12}

8_{16}　　9_1　　9_7　　9_{13}

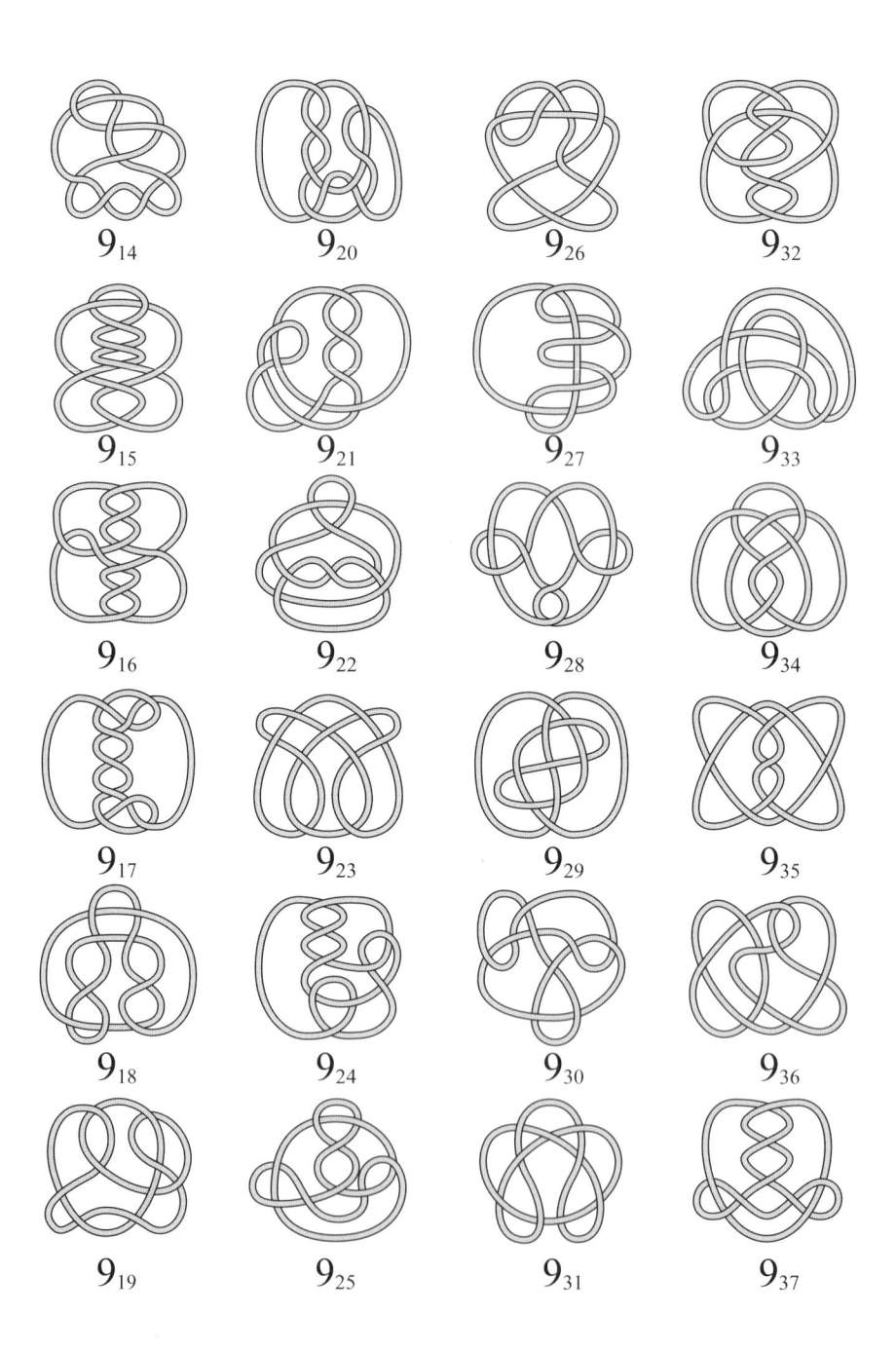

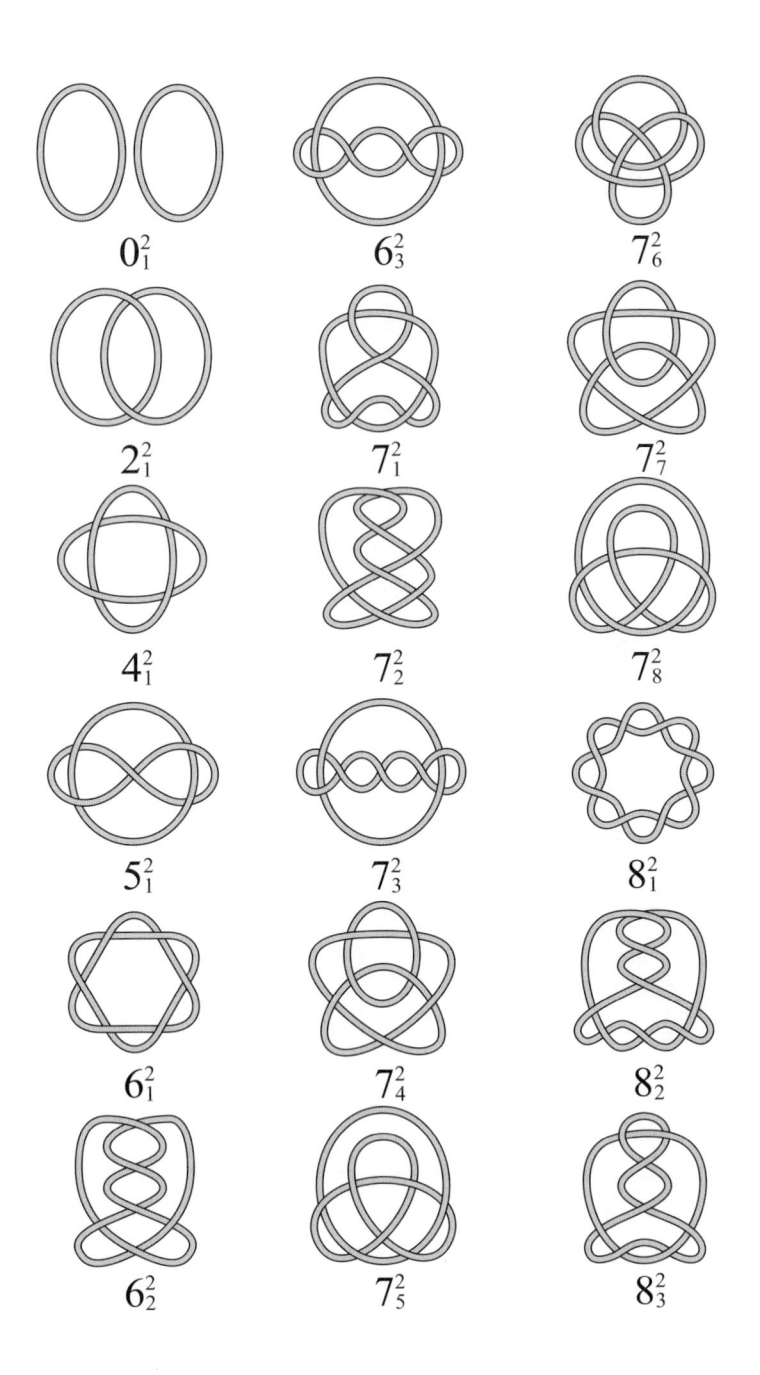

$$0_1^2 \qquad 6_3^2 \qquad 7_6^2$$

$$2_1^2 \qquad 7_1^2 \qquad 7_7^2$$

$$4_1^2 \qquad 7_2^2 \qquad 7_8^2$$

$$5_1^2 \qquad 7_3^2 \qquad 8_1^2$$

$$6_1^2 \qquad 7_4^2 \qquad 8_2^2$$

$$6_2^2 \qquad 7_5^2 \qquad 8_3^2$$

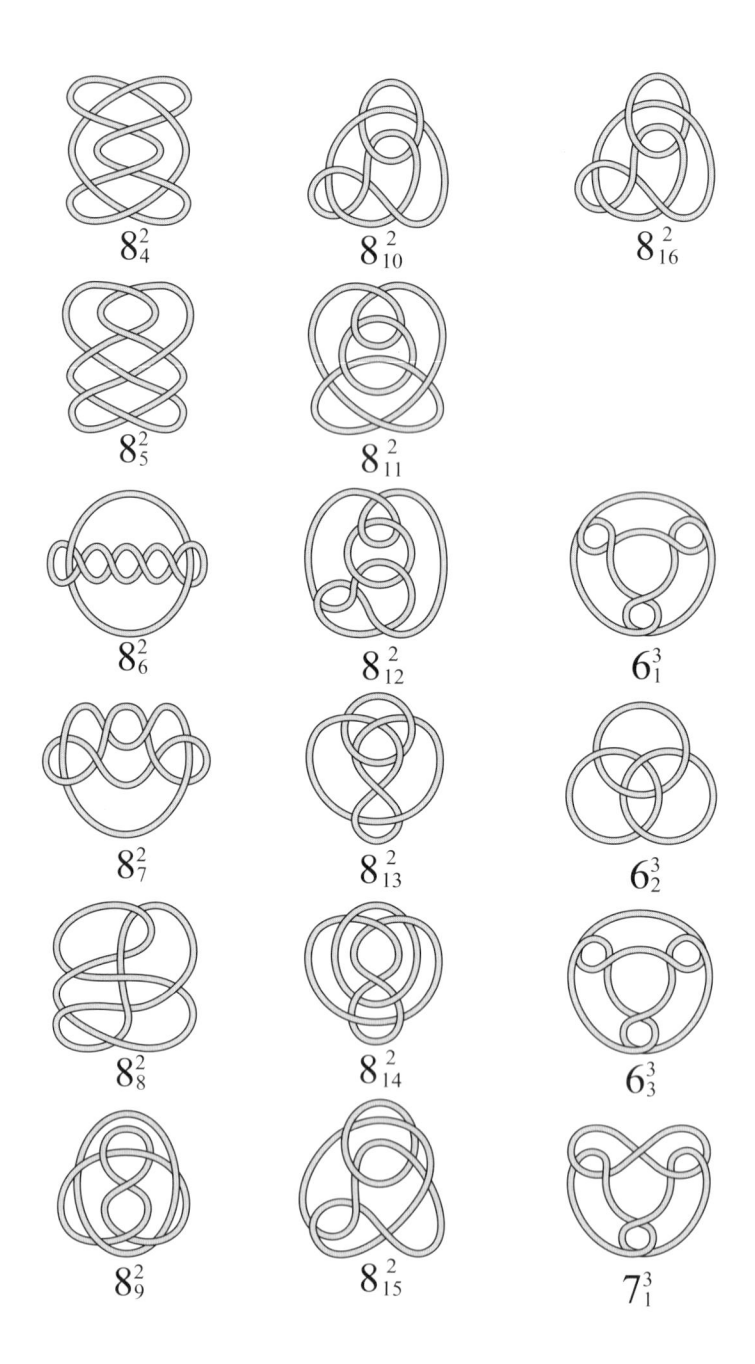

$$8^2_4 \qquad 8^2_{10} \qquad 8^2_{16}$$

$$8^2_5 \qquad 8^2_{11}$$

$$8^2_6 \qquad 8^2_{12} \qquad 6^3_1$$

$$8^2_7 \qquad 8^2_{13} \qquad 6^3_2$$

$$8^2_8 \qquad 8^2_{14} \qquad 6^3_3$$

$$8^2_9 \qquad 8^2_{15} \qquad 7^3_1$$

索引

261

〈著者略歴〉

新庄　玲子（しんじょう れいこ）

2006年 早稲田大学大学院教育学研究科博士後期課程修了。博士（学術）。早稲田大学教育学部助手等を経て，2013年に国士舘大学理工学部講師。その後，2017年より同准教授。数学を生かしたしたデザインで，テキスタイルや雑貨デザイン等の受賞歴がある。2023年度数学セミナー（日本評論社）の表紙イラストを担当するなど，イラストレーターとしても活動。本書のイラストも手掛けている。

田中　心（たなか こころ）

2006年 東京大学大学院数理科学研究科博士課程修了。博士（数理科学）。日本学術振興会特別研究員，学習院大学理学部助手・助教を経て，2008年に東京学芸大学教育学部講師。その後，同准教授を経て，2024年より同教授。2009年度日本数学会賞建部賢弘賞奨励賞受賞。数学番組の監修やワークショップの講師など，アウトリーチ活動も行っている。

絵で学ぶ数学　結び目理論 −この紐、ほどけますか？−

2024 年 10 月 25 日　　　第 1 版第 1 刷発行

著　　者　　新庄玲子・田中　心
発 行 者　　村上和夫
発 行 所　　株式会社　オーム社
　　　　　　郵便番号　101-8460
　　　　　　東京都千代田区神田錦町 3-1
　　　　　　電話　03(3233)0641(代表)
　　　　　　URL　https://www.ohmsha.co.jp/

組版　トップスタジオ　　印刷・製本　壮光舎印刷
ISBN978-4-274-23247-3　Printed in Japan

本書の感想募集 https://www.ohmsha.co.jp/kansou/

本書をお読みになった感想を上記サイトまでお寄せください。
お寄せいただいた方には、抽選でプレゼントを差し上げます。